高等学校工程管理系列经典教材

建设监理概论

（第三版）

赵亮　刘光忱　编著

CONSTRUCTION SUPERVISION

CONSPECTUS

大连理工大学出版社

图书在版编目(CIP)数据

建设监理概论 / 赵亮，刘光忱编著. — 3 版. — 大
连：大连理工大学出版社，2017.7(2018.12 重印)
高等学校工程管理系列经典教材
ISBN 978-7-5685-0953-4

Ⅰ. ①建… Ⅱ. ①赵… ②刘… Ⅲ. ①建筑工程－监
督管理－高等学校－教材 Ⅳ. ①TU712

中国版本图书馆 CIP 数据核字(2017)第 161319 号

大连理工大学出版社出版
地址:大连市软件园路 80 号 邮政编码:116023
发行:0411-84708842 邮购:0411-84708943 传真:0411-84701466
E-mail:dutp@dutp.cn URL:http://dutp.dlut.edu.cn
大连日升彩色印刷有限公司印刷 大连理工大学出版社发行

幅面尺寸:180mm×255mm 印张:20 字数:487 千字
2009 年 4 月第 1 版 2017 年 7 月第 3 版
2018 年 12 月第 2 次印刷

责任编辑:邵 婉 王 元 责任校对:元 源
封面设计:波 朗

ISBN 978-7-5685-0953-4 定 价:45.00 元

工程管理系列经典教材编委会成员名单

序

　　新一版"高等学校工程管理系列经典教材"又一次整装出发！

　　我国工程管理专业自 1999 年开始招生已经走过了 12 年,我们的工程管理系列教材自 1998 年问世也已经走过了 13 年;2003 年第二次作了大规模升级整合,主要选取一批多次再版的优秀精品教材。现在,又一次升级改造的"高等学校工程管理系列经典教材"面世！我们继承原有特色,一套好的教材源于多年教学第一线的淬炼和修改,源于教师多年的点滴积累和心得,更源于专业师生多年的认可和使用;我们发挥专业特点,一套适用的教材首先来自于专业教师"发黄发旧"的讲义或讲稿、来自于基于工程管理"工作过程"的系统分析和实践分工,更来自于我们对卓越的"管理工程师"培养的理解和期许;我们要做得更好,一套高层次的教材不仅融入理论的把握、实践的积淀和教师的辛苦,更需要普遍的共识和认可。新一版"高等学校工程管理系列经典教材"基于我们新的努力和探索,基于沈阳建筑大学工程管理专业作为国家工程管理专业人才培养模式创新实验区、作为国家级教学团队、作为国家级特色专业的建设和成果总结。

　　我们主要面向建设工程领域,面向就在我们周边热火朝天的城市建设、基础设施建设和房地产开发等领域。人类赖以生存的现代工程建设产品(建筑物、构筑物等)的建成,往往需要消耗大量的人力、物力资源和需要一定的建造时间,更需要专业优化和管理。伴随着社会经济生产的发展和物质文化生活水平的不断提高,人类对工程建设产品的功能和质量要求越来越高,同时又期望工程建设周期尽可能短、投资尽可能少、效益尽可能好,更期望高水平的专业监督和管理。特别是近年来,随着经济体制改革、产业结构升级优化和改善民生的不断深入,我国基本建设投资和工程建设管理体制发

1

生了深刻的变化。工程建设投资主体多元化、投资决策分权化和工程发包方式多样化以及工程建设承包市场国际化的进一步发展,使得工程建设领域对具有合理知识结构、较高业务素质和较强管理能力的高级管理人才的需求越来越大,也使得我们有责任创新工程管理高层次人才培养,满足社会对工程管理专业人才的需要。

我们主要面向应用型高层次专业人才培养,面向高等学校工程管理专业教育的基础和实践。高等学校工程管理学科领域肩负着培养和造就大批具备工程技术、经济与法律的基本知识,掌握现代管理科学理论、方法和手段,能够在现代工程建设领域从事工程项目决策和工程项目全过程及重要节点管理的高级管理人才的艰巨任务。提高高等教育人才培养质量,教材建设是一个绝对基础又十分关键的因素。

本次的全新修订,在大连理工大学出版社的倡导下,由辽宁地区设置工程管理专业的部分高校专家组成了工程管理系列经典教材编委会(简称编委会),由沈阳建筑大学管理学院院长、工程管理专业负责人刘亚臣教授任主任委员。在编委会的精心组织下,通过编委们的辛勤劳动,将陆续出版能够完整涵盖工程管理学科知识体系的系列精品教材。从近5年国内许多高校的使用情况反馈来看,该套系列教材的知识体系科学、完整,具有较高的学术理论水平和较强的教学适用性,教材的质量得到广大同行和读者们的充分认可。我们会继续坚持并发展!

正是基于以上的理解和努力,在总结教材编写和使用经验以及采纳各高校师生使用反馈意见和建议的基础上,本编委会决定对"高等学校工程管理系列经典教材"进一步调整升级,形成新的"高等学校工程管理系列经典教材",共包括:《土木建筑工程概论》《土木工程施工技术》《工程经济学》《工程项目融资》《工程估价》《工程建设法学》《工程招投标与合同管理》《工程项目管理》《国际工程管理》《工程管理信息系统》《工程项目咨询概论》《建筑企业管理》《房地产开发与经营》《工程管理概论》《建设监理概论》《工程伦理学》等16本教材。其中部分图书为国家规划教材和省部级精品教材。

新系列教材的作者们,力求最大限度地汲取本学科领域的最新科研成果,强化现代工程建设管理基本理论知识的科学性、系统性和操作技术的针对性、实用性,使其成为我国高等学校工程管理专业人才培养的经典系列教材,为工程管理学科和专业发展,为工程建设领域培养高级管理人才做出贡献。

新系列教材的编写,再次得到大连理工大学出版社和沈阳建筑大学、大连理工大学、辽宁工程技术大学、辽宁大学、辽宁石油化工大学、沈阳工业大学、辽宁工业大学、辽宁省住房和城乡建设厅主管部门及相关企业领导、专家们的大力支持,在此深表谢意。

走过12年的工程管理专业在我国仍是一个崭新的学科领域,其学科内涵和理论与实践知识体系尚在不断发展之中,加之时间有限,尽管作者们做出了极大努力,但新系列教材不妥之处仍在所难免,恳请各位同行和读者提出宝贵意见。

工程管理系列经典教材编委会
2011 年 1 月于沈阳建筑大学管理学院

第三版前言

《建设监理概论》(第一版)自 2009 年出版以来,得到广大读者的关注和肯定,被部分院校选作工程管理和相关专业的教材,同时也被人事建设工程监理工作的相关人员当作参考工具。

《建设监理概论》(第二版)2012 年出版,第二版继承了第一版的编写体系,对部分章节的内容进行了整合和补充。

2013 年 5 月 13 日住房城乡建设部发布公告,自 2014 年 3 月 1 日起实施国家标准《建设工程监理规范》(GB/T 50319—2013),该规范是在《建设工程监理规范》(GB 50319—2000)基础上进行修订的。修订的主要内容有:增加了相关服务和安全生产管理的内容;调整了部分章节的名称;删除了部分不协调或与法律、法规、政策、标准不一致的内容;强化了可操作性。

同年,住房城乡建设部和财政部颁布"关于印发《建筑安装工程费用项目组成》的通知"(建标〔2013〕44 号)调整了建设安装工程费用的构成。

为了与新的法律、法规相适应,故此在《建设监理概论》(第二版)的基础上出版《建设监理概论》(第三版)。第三版的基本框架不变,全书包括建设工程监理概述、建设监理单位组织、现场监理机构组织、建设工程监理业务管理、建设工程目标控制、建设工程投资控制、建设工程质量控制、建设工程进度控制、建设工程合同管理、建设工程安全管理、建设工程信息管理和建设工程监理组织协调。根据《建设工程监理规范》(GB/T 50319—

2013)修订了一些术语,删除了部分不协调或与法律、法规、政策、标准不一致的内容。根据《建筑安装工程费用项目组成》(建标〔2013〕44号)修订了第6章建设工程投资控制和第9章建设工程合同管理的相关内容。同时根据《工程监理企业资质管理规定》修订了第2章建设监理单位组织的相关内容。

本书由沈阳建筑大学赵亮、刘光忱编著。各章编写分工如下:第1、4、5、7、8、10章由刘光忱编写,第2、3、6、9、11、12章由赵亮编写。沈阳建筑大学管理学院研究生李雪参与第2章及附录的编写,金山参与第6章、第9章的编写。

在修订本书的过程中,我们得到了沈阳建筑大学管理学院老师的大力协助,并参考了大量相关资料和书籍,在此表示深深的谢意。

由于作者水平有限,难免有不足之处,在此恳请广大读者和同仁多提保贵意见。

编著者
2017年6月

第一版前言

20世纪80年代的中国，经济体制改革风起云涌。建设领域的改革更是高潮迭起，从项目承包制起步到初步建立起完备的、基本与社会主义市场经济体制相适应的管理体制——项目法人制、招投标承包制、建设工程监理制等，为我国20年来持续的大规模基本建设提供了制度保证。

建设工程监理制度在我国推行20年以来，经历了试点、稳步发展、全面推行等阶段，在工程建设中发挥了重要作用。随着建设工程监理工作社会化、专业化以及规范化、正规化的不断深入，建设工程监理制度引起了全社会的广泛关注和重视，得到了广大建设单位的认可，已经形成了规模较大的建设工程监理行业。为了满足社会对这方面人才的需求，许多高等院校在本科教学中引入了建设工程监理课程，本教材正是为了适应社会和高等院校的需求而编写的。

本书主要围绕建设工程监理基本知识、建设工程监理目标控制、建设工程投资控制、建设工程质量控制、建设工程进度控制、建设工程合同管理、建设工程安全管理、建设工程信息管理、建设工程组织与协调、建设工程业务管理等10个方面内容进行阐述的。旨在使工程管理专业及其他相关专业学生了解和熟悉我国建设工程监理制度，掌握建设工程监理的基本理论和方法，加强法律、合同、质量、安全等方面的意识，强化建设工程管理的技能，提高建设工程项目投资、质量、进度、安全控制能力，能够运用所学知识解决建设工程实际问题。

本书由沈阳建筑大学赵亮、刘光忱编著。各章节编写分工如下：第1章、第2章、第3章、第6章、第8章由赵亮编写，第4章、第5章、第7章、第9章、第10章由刘光忱编写。

本书在编写过程中，得到了许多同仁的帮助和指导，并参考了许多相关资料和书籍，谨此表示诚挚的感谢。

本书在编写过程中难免存在不妥之处，敬请广大读者和同仁多提宝贵意见。

编著者

2009年1月于沈阳

目　录

第 **1** 章

建设工程监理概述

1.1 建设工程监理基本概念与性质

1.1.1 建设工程监理的基本概念

1. 建设工程监理定义

建设工程监理是指具有相应资质的工程监理企业,接受建设单位的委托,承担其项目管理工作,并代表建设单位对承建单位的建设行为进行监控的专业化服务活动。建设工程监理关系如图 1-1 所示。

图 1-1 建设工程监理关系示意图

此概念中的建设单位,也可称为业主或项目法人,它是委托监理的一方。建设单位在工程建设中拥有确定建设工程规模、标准和功能,以及选择勘察、设计、施工和监理单位等工程建设中重大问题的决定权。工程监理企业是指取得企业法人营业执照,具有监理资质证书的依法从事建设工程监理业务活动的经济组织。承建单位主要是指直接与建设单位签订咨询合同、建设工程勘察合同、设计合同、材料设备供应合同或施工合同的单位。

2. 建设工程监理概念内涵

(1)建设工程监理的行为主体是监理单位

按照《中华人民共和国建筑法》第三十一条规定,实行监理的建设工程,由建设单位委托具有相应资质条件的工程监理单位进行监理。建设工程监理的行为主体是工程监理企业,这是我国建设工程监理制度的一项重要规定。因此,建设工程监理不同于建设行政主管部门对建设工程的监督管理,也不同于建设单位自己对建设工程的监督管理,以及总包单位对分包单位的监督管理,它是由特定主体所进行的监督管理行为,即建设工程监理是指专门由工程监理企业代表业主所进行的监督管理活动。

(2)建设工程监理实施的前提需要建设单位的委托和授权

按照《中华人民共和国建筑法》第三十一条规定,建设单位与其委托的工程监理企业应当订立书面建设工程委托监理合同,即建设单位的书面委托监理合同是建设工程监理实施的前提。只有建设单位在监理合同中对工程监理企业进行委托与授权,工程监理企业才能在委托的范围内,根据建设单位的授权,对承建单位的工程建设活动实施科学管理。

(3)建设工程监理是具有明确依据的监督管理活动

监理的依据主要有两个方面:

①建设工程委托监理合同和有关的建设工程合同是建设工程监理的最直接依据。工程监理企业只能在监理合同委托的范围内监督管理承建单位履行其与建设单位所签订的有关建设工程合同。有关的建设工程合同,包括咨询合同、勘察合同、设计合同、设备采购合同和施工合同。

②工程建设文件,包括批准的可行性研究报告、建设项目选址意见书、建设用地规划许可证、建设工程规划许可证和批准的设计文件,以及施工许可证等。

(4)建设工程监理是针对工程建设项目所进行的监督管理活动

在我国的建设监理制度中,监理的工作范围主要由两个方面决定:一是工程类别,包括房屋建筑工程、水利水电工程、市政公用工程、公路工程和机电安装工程等。工程监理企业只能在资质审批的工程类别内进行监理活动。二是工程建设阶段,包括工程建设投资决策阶段、勘察设计招投标与勘察设计阶段、施工招投标与施工阶段(包括设备采购与制造和工程质量保修)。但由于目前我国的监理工作在工程建设投资阶段、勘察设计招投标与勘察设计阶段尚不够成熟,因此我国目前主要进行的是建设工程施工阶段的监理活动。工程监理企业必须对监理合同委托的监理阶段进行监理。

此外,按照《建设工程监理范围和规模标准规定》,我国强制实行监理的范围包括:

①国家重点建设工程,即依据《国家重点建设项目管理办法》所确定的对国民经济和社会发展有重大影响的骨干项目。

②项目总投资额在3000万元以上的大中型公用事业工程,包括供水、供电、供气、供热等市政工程项目,科技、教育、文化等项目,体育、旅游、商业等项目,卫生、社会福利等项目,以及其他公用事业项目。

③成片开发建设的建筑面积在5万平方米以上的住宅建设工程。

④利用外国政府或者国际组织贷款资金的项目,包括使用世界银行、亚洲开发银行等国际组织贷款资金的项目,使用国外政府及机构贷款资金的项目,使用国际组织或者国外政府援助资金的项目。

⑤国家规定必须实行监理的其他工程,包括学校、影剧院、体育场馆项目和总投资额在3000万元以上关系社会公共利益、公众安全的基础设施项目,包括煤炭、石油、化工、天然气、电力、新能源等项目,铁路、公路、管道、水运、民航以及其他交通运输业等项目,邮政、电信枢纽、通信、信息网络等项目,防洪、灌溉、排涝、发电、引(供)水、滩涂治理、水资源保护、水土保持等水利建设项目,道路、桥梁、地铁和轻轨交通、污水排放及处理、垃圾处理、地下管道、公共停车场等城市基础设施项目,生态环境保护项目,以及其他基础设施项目。

（5）建设工程监理在现阶段主要发生在实施阶段

现阶段,我国建设工程监理主要发生在工程建设的实施阶段,即设计阶段、招标阶段、施工阶段以及竣工验收和保修阶段。也就是说,监理单位在与建设单位建立起委托与被委托、授权与被授权的关系后,还必须要有被监理方,需要与在项目实施阶段出现的设计、施工和材料设备供应等项目承包单位建立起监理与被监理的关系。这样监理单位才能实施有效的监理活动,协助建设单位在预定的投资、进度、质量目标内完成建设项目。

（6）建设工程监理是微观性质的监督管理活动

建设工程监理是针对一个具体的工程建设项目展开的,需要深入到工程建设的各项投资活动和生产活动中进行监督管理。其工作的主要内容包括:协助建设单位进行工程项目可行性研究,进行项目决策;对工程项目进行投资控制、进度控制、质量控制、安全管理、合同管理、信息管理和组织协调,协助业主实现建设目标。

1.1.2　建设工程监理的性质

1.服务性

建设工程监理的服务性是由监理的业务性质决定的。按照建设工程监理的定义,建设工程监理实际上是工程监理企业为建设单位提供专业化服务——项目管理服务,即代表建设单位进行项目管理,协助建设单位在计划的目标内将建设工程项目顺利建成并投入使用。

建设工程监理的服务性,决定了工程监理企业并不是取代建设单位的建设管理活动,而仅是为建设单位提供专业化服务。因此,工程监理企业不具有建设工程重大问题的决策权,而只是在委托与授权范围内代表建设单位进行项目管理。

建设工程监理的服务性具有单一性特点,即其服务对象只是建设单位。并不像国际上公认的建设项目管理咨询可以为需要管理服务的建设单位、设计单位或者承包单位提供服务。

2.科学性

科学性是由建设工程监理制的基本目的决定的。建设单位委托监理的目的就是通过工程监理企业代表其进行科学管理从而实现项目目标。因此,作为工程监理企业只有通过科学的思想、方法和手段,才能完成其工作。

3.独立性

独立性是由建设工程监理的工作特点决定的,也是建设工程监理的一项国际惯例。国际咨询工程师联合会明确规定,监理企业是"一个独立的专业公司受聘于去履行服务的一方",监理工程师应"作为一名独立的专业人员进行工作"。2001 年 5 月颁布的《建设工程监理规范》(GB/T 50319—2013)中规定:监理单位应公正、独立、自主地开展工作,维护建设单位和承包单位的合法权益。从事工程建设监理活动的监理单位是直接参与工程建设项目建设的"第三方",它与工程建设项目建设单位及施工单位之间是一种平等的合同约定关系。当委托监理合同确定后,建设单位不得干涉监理单位的正常工作。监理单位应依法独立地以自己的名义成立自己的组织,并且根据自己的工作准则来行使工程承包合同及委托监理合同中所确认的职权,承担相应的职业道德责任和法律责任。同时,监理单位与监理工程师不得同工程建设的各方发生任何利益关系,必须保证监理行业的独立性,这是监理单位开展监理工作的一项重要原则。

4.公正性

公正性是社会公认的监理职业道德准则,也是科学管理的要求。因为只有双方都认真履行,合同才能顺利完成。所以,建设工程监理要求工程监理企业在代表建设单位进行项目管理时,在维护建设单位的合法权益时,不得损害承建单位的合法权益。尤其是在处理建设单位与承建单位争议时,必须以事实为根据,以合同为准绳,公正行事。

1.2 监理工程师

监理工程师是指经全国监理工程师执业资格统一考试合格,取得监理工程师执业资格证书,并经注册从事建设工程监理活动的专业技术人员。监理工程师是一种岗位职务、执业资格称谓,不是技术职称。监理工程师的概念包含3层含义:第一,监理工程师是从事建设监理工作的人员;第二,监理工程师是已经取得国家确认的监理工程师资格证书的人员;第三,监理工程师是经省、自治区、直辖市或国务院工业、交通等部门的建设行政主管部门或监理行业协会批准、注册,取得监理工程师岗位证书的人员。

1.监理工程师的素质要求

(1)较高的专业学历和复合型的知识结构

由于建设工程监理业务是提供建设工程的科学管理服务,这种服务涉及多学科、多专业的技术、经济、管理和合同、法律知识。因此,监理工程师的执业特点是需要综合运用这些知识进行科学管理,即监理工程师必须具有一专多能的复合型知识结构。"一专"主要是指监理工程师必须在某一专业技术领域具有精深的专业知识,是该专业技术领域方面的专家。因此,要成为监理工程师,至少应具备工程类大学的专业学历。复合型的知识结构主要是指除了技术外,还具备经济、合同、管理和法律等多方面知识。监理工程师只有不断学习新技术、新结构、新工艺,了解工程领域的最新发展,熟悉与工程建设相关的法律、法规和国际惯例,始终保持在工程建设方面的专家地位,才能够胜任监理工作。

(2)丰富的工程建设实践经验

由于监理工程师需要将工程技术与经济管理、合同与法律知识综合运用于项目监理工作中,因此,监理业务具有很强的实践性。有关统计资料表明,许多工程建设中的失误都是由于缺乏经验造成的。实践经验对于监理工程师尤为重要。不能将理论与实践有机地结合起来,也就不能够胜任监理工作。

(3)良好的品德

监理工程师承担着工程建设质量、投资、进度及安全的控制工作,监理工作的好坏直接关系着工程项目质量能否保证,投资能否有效控制及工程能否按期交付使用。监理工程师具有工程建设质量的全面检查、监督验收签认权;具有工程量计量、价款支付、工程投

资合理与否的审核、签认权;具有工程工期、进度控制权。良好的品德体现在以下几个方面:

①热爱监理工作;

②具有科学的工作态度;

③具有廉洁奉公、为人正直、办事公道的高尚情操;

④能够听取不同方面的意见,冷静分析问题。

(4)健康的体魄和充沛的精力

尽管建设工程监理是一种高智能的管理服务,以脑力劳动为主,但监理工程师也必须具有健康的体魄和充沛的精力,才能胜任监理工作。监理工程师在工作过程中,无论是制订监理计划、方案,或是审核、确认有关文件、资料,或是现场检查、巡视,或是开会组织协调大量繁杂的业务工作,都是在脑力劳动同时,进行着体力的消耗,尤其是施工阶段现场管理。现代工程项目规模越来越大,施工新工艺、新材料、新结构的大量应用,需要检查把关的项目越来越多,多工种同时施工,投入资源量大,工期往往紧张,使得单位时间检查、签认的工作量加大,有时为配合工程项目快速实施,还需加班加点,要求监理工程师必须有健康的体魄和充沛的精力。我国现行有关规定,要求对年满65周岁的监理工程师不再进行注册,主要就是考虑监理从业人员身体健康状况而设定的。

2. 监理工程师的职业道德

(1)我国监理工程师的职业道德守则

建设工程监理工作要具有公正性,监理工程师在执业过程中不能损害工程建设任何一方的利益。为了规范监理工作行为,确保建设监理事业的健康发展,我国现行有关法律、法规对监理工程师的职业道德和工作纪律都做了具体的规定。在建设监理行业中,监理工程师应严格遵守如下职业道德守则:

①维护国家的荣誉和利益,按照"守法、诚信、公正、科学"的准则执业。

②执行有关工程建设的法律、法规、标准、规范、规程和制度,履行监理合同规定的义务和职责。

③努力学习专业技术和建设监理知识,不断提高业务能力和监理水平。

④不以个人名义承揽监理业务。

⑤不同时在两个或两个以上监理单位注册和从事监理活动,不在政府部门和施工、材料设备的生产供应等单位兼职。

⑥不为所监理项目指定承包商、建筑构配件、设备、材料生产厂家和施工方法。

⑦不收受被监理单位的任何礼金。

⑧不泄露所监理工程各方认为需要保密的事项。

⑨坚持独立自主地开展工作。

(2)FIDIC 通用道德准则

国际上,监理工程师通常被称为咨询工程师。国际咨询工程师联合会(FIDIC)于1991年在慕尼黑召开的全体成员大会上,讨论并批准了 FIDIC 通用道德准则,作为咨询工程师的职业道德准则。其内容如下:

为了使监理工程师的工作充分有效,不仅要求监理工程师必须不断增长他们的知识和技能,而且要求社会尊重他们的道德公正性,信赖他们做出的评审,同时给予公正的报酬。

FIDIC的全体会员协会同意并且相信,如果要想使社会对其专业顾问具有必要的信赖,下述准则是其成员行为的基本准则。

①对社会和职业的责任:

a.接受对社会的职业责任。

b.寻求与确认的发展原则相适应的解决办法。

c.在任何时候,维护职业的尊严、名誉和荣誉。

②能力:

a.保持其知识和技能与技术、法规、管理发展相一致的水平,对于委托人要求的服务采用相应的技能,并尽心尽力。

b.仅在有能力从事服务时方才进行。

③正直性:

在任何时候均为委托人的合法权益行使其职责,并且正直和忠诚地进行职业服务。

④公正性:

在提供职业咨询、评审或决策时不偏不倚。

通知委托人在行使其委托权时可能引起的任何潜在的利益冲突。

不接受可能导致判断不公的报酬。

⑤对他人的公正:

a.加强"按照能力进行选择"的观念。

b.不得故意或无意地做出损害他人名誉或事务的事情。

c.不得直接或间接取代某一特定工作中已经任命的其他咨询工程师的位置。

d.通知该咨询工程师并且接到委托人终止其先前任命的建议前不得取代该咨询工程师的工作。

e.在被要求对其他咨询工程师的工作进行审查的情况下,要以适当的职业行为和礼节进行。

(3)监理工程师的法律责任

监理工程师的法律地位是国家法律法规确定的,并建立在委托监理合同的基础上。《建筑法》明确规定国家推行工程监理制度,《建设工程质量管理条例》明确规定监理工程师的权利和职责。在委托监理合同履行过程中,监理工程师享有一定的权利、义务和责任。

①监理工程师的权利

a.使用监理工程师名称;

b.依法自主执行业务;

c.依法签署工程监理及相关文件并加盖执业印章;

d.法律、法规赋予的其他权利。

②监理工程师的义务

a.遵守法律、法规,严格依照相关技术标准和委托监理合同开展工作;

b.恪守执业道德,维护社会公共利益;

c.在执业中保守委托单位申明的商业秘密:

d.不得同时受聘于两个及两个以上单位执行业务;

e.不得出借《监理工程师执业资格证书》《监理工程师注册证书》和执业印章;

f.接受执业继续教育,不断提高业务水平。

③监理工程师的法律责任

监理工程师的法律责任是建立在法律法规和委托监理合同的基础上,表现行为主要有违法行为和违约行为两方面。

a.违法行为的责任。

《建筑法》第三十五条规定:"工程监理单位不按照委托监理合同的约定履行监理义务,对应当监督检查的项目不检查或者不按照规定检查,给建设单位造成损失的,应当承担相应的赔偿责任"。《中华人民共和国刑法》(以下简称《刑法》)第一百三十七条规定:"建设单位、设计单位、施工单位、工程监理单位违反国家规定,降低工程质量标准,造成重大安全事故的,对直接责任人员,处五年以下有期徒刑或者拘役,并处罚金;后果特别严重的处五年以上十年以下有期徒刑,并处罚金。"

《建设工程质量管理条例》第三十六条规定:"工程监理单位应当依照法律、法规及有关技术标准、设计文件和建设工程承包合同,代表建设单位对施工质量实施监理并对施工质量承担监理责任。"

《建设工程安全生产管理条例》第十四条规定:"工程监理单位应当审查施工组织设计中的安全技术措施或者专项施工方案是否符合工程建设强制性标准。工程监理单位在实施监理过程中,发现存在安全事故隐患的,应当要求施工单位整改;情况严重的,应当要求施工单位暂时停止施工,并及时报告建设单位。施工单位拒不整改或者不停止施工的,工程监理单位应当及时向有关主管部门报告。工程监理单位和监理工程师应当按照法律、法规和工程建设强制性标准实施监理,并对建设工程安全生产承担监理责任。"对于违反上述规定的,第五十七条做出相应规定:"责令限期改正,逾期未改正的,责令停业整顿,并处10万元以上30万元以下罚款;情节严重的,降低资质等级,直至吊销资质证书;造成重大安全事故,构成犯罪的,对直接责任人员,依照刑法有关规定追究刑事责任;造成损失的,依法承担赔偿责任"。这些规定为有效地规范、约束监理工程师执业行为,为引导监理工程师公正守法地开展监理业务提供了法律基础。

b.违约行为的责任。

开展建设工程监理的前提是监理企业与委托监理方签订委托监理合同,注册于监理单位的监理工程师依据监理合同委托的工作范围、内容、要求进行监理工作。履行合同过程中,如果监理工程师出现工作过失,违反合同约定,监理工程师所在的监理单位应承担相应的违约责任,由监理工程师个人过失引发的合同违约,监理工程师应当与监理企业承担一定的连带责任。一般在建设工程委托监理合同中都写明"监理人责任"的有关条款。

3.监理工程师的执业资格管理

执业资格是政府对某些责任较大、社会通用性强、关系公共利益的专业技术工作实行的市场准入控制,是专业技术人员依法独立开业或独立从事某种专业技术工作所必备的知识、技术和能力标准。我国按照有利于国家、得到社会公认、具有国际可比性、事关社会公共利益等四项原则,在涉及国家、人民生命财产安全的专业技术工作领域,实行专业技术人员执业资格制度。监理工程师是新中国成立以来在工程建设领域第一个设立的执业资格。

监理工程师的执业资格通过执业资格考试方法取得,这充分体现了执业资格制度公开、公平、公正的原则。同时,也促进监理人员努力钻研监理业务,提高监理水平。有利于统一监理工程师的业务能力标准,合理建立工程监理人才库,便于同国际接轨。

(1)报考监理工程师执业资格考试的条件

考虑到建设工程监理工作对监理工程师业务素质和能力的要求,我国对参加监理工程师执业资格考试的报名条件主要从两方面限制:一是具有一定的专业学历,二是具有一定的工程建设实践经验。具体报名条件如下:凡中华人民共和国公民,遵纪守法,具有工程技术或工程经济专业大专(含大专)以上学历,并符合下列条件之一者,可申请参加监理工程师执业资格考试。

①具有按照国家有关规定评聘的工程技术或工程经济专业中级专业技术职务,并任职满三年。

②具有按照国家有关规定评聘的工程技术或工程经济专业高级专业技术职务。

因此,申请参加监理工程师执业资格考试时,须提供下列证明文件:

①监理工程师执业资格考试报名表;

②学历证明;

③专业技术职务证书。

(2)监理工程师执业资格考试的组织与管理

考试由建设部和人事部共同负责全国监理工程师执业资格制度的政策制定、组织协调、资格考试和监督管理工作。建设部负责组织拟定考试科目,编写考试大纲、培训教材和命题工作,统一规划和组织考前培训。人事部负责审定考试科目、考试大纲和试题,组织实施各项考务工作;会同建设部对考试进行检查、监督、指导和确定考试合格标准。

监理工程师执业资格考试是一种水平考试。为了体现公开、公平、公正的原则,考试实行统一考试大纲、统一命题、统一组织、统一时间、闭卷考试、分科记分、统一录取标准的方法。一般每年五月的第一周周末考试,考试语言为汉语。

监理工程师执业资格考试合格者,由各省、自治区、直辖市人事(职改)部门颁发,人力资源和社会保障部统一印制,人力资源和社会保障部、住房和城乡建设部用印的《中华人民共和国监理工程师执业资格证书》。

(3)监理工程师执业资格考试的内容

监理工程师执业资格考试的主要内容是建设工程监理的基本理论,工程质量、进度和投资控制,建设工程合同管理和相关的法律和法规等方面的理论知识和实务技能。

考试科目分为《工程建设监理基本理论和相关法规》《工程建设合同管理》《工程建设质量、投资、进度控制》和《工程建设监理案例分析》四科。

4. 监理工程师的注册管理

监理工程师注册制度是政府对监理从业人员实行市场准入控制的有效手段。取得《监理工程师执业资格证书》的监理人员一经注册,即表明获得了政府对其以监理工程师名义从业的行政许可,从而具有相应工作岗位的权利和责任。注册是监理人员以监理工程师名义执业的必要环节,仅取得执业资格是不允许执业的。

根据注册内容的不同,监理工程师的注册分为初始注册、续期注册和变更注册三种形式。同时,按照我国有关法规规定,监理工程师只能在一家工程建设监理企业执业,由该企业按照专业类别向有关部门申请注册。

(1)初始注册

经监理工程师执业资格考试合格,取得《监理工程师执业资格证书》的监理人员,可以在取得证书两年内申请监理工程师初始注册。国务院建设行政主管部门对监理工程师初始注册每年定期集中审批一次,并实行公示、公告制度。

①申请初始注册应提供的材料一般包括:监理工程师注册申请表、《监理工程师执业资格证书》和其他有关材料。

②申请初始注册的程序通常分为以下四个步骤:

a. 申请人向聘用工程监理企业提出申请;

b. 聘用单位同意后,连同上述材料由聘用工程监理企业向所在省、自治区、直辖市人民政府建设行政主管部门提出申请;

c. 省、自治区、直辖市人民政府建设行政主管部门初审合格后,上报国务院建设行政主管部门;

d. 国务院建设行政主管部门对初审意见进行审核,对符合注册条件者进行网上公示,经公示未提出异议的准予注册,并颁发由国务院建设行政主管部门统一印制的《监理工程师注册证书》和执业印章。此印章由监理工程师本人保管。

③申请注册人员不能获得注册的情况是:

a. 不具备完全民事行为能力;

b. 受到刑事处罚,自刑事处罚执行完毕之日起至申请注册之日不满5年;

c. 在工程监理或者相关业务中有违法违规行为或者犯有严重错误,受到责令停止执业的行政处罚,自行政处罚或者行政处分决定之日起至申请注册之日不满2年;

d. 在申报注册过程中有弄虚作假行为;

e. 同时注册于两个及以上单位;

f. 年龄65周岁及以上;

g. 法律、法规和国务院建设、人事行政主管部门规定不予注册的其他情形。

④撤销注册的情况:

监理工程师在注册后,有下列情形之一的,原注册机关将撤销其注册,收回《监理工程师注册证书》和执业印章。

a.完全丧失民事行为能力的；

b.死亡或者依据《中华人民共和国民法通则》的规定宣告死亡的；

c.受到刑事处罚的；

d.在工程监理或者相关业务中违法违规或者造成工程事故,受到责令停止执业的行政处罚的；

e.自行停止监理工程师业务满2年的；

f.违反执业道德规范、执业纪律等行规行约的。

被撤销注册的当事人对撤销注册有异议的,可以自接到撤销注册通知之日起15日内向国务院建设行政主管部门或者省、自治区、直辖市人民政府建设行政主管部门申请复核。

被撤销注册的人员在处罚期满5年后可以重新申请注册。

（2）续期注册

监理工程师注册有效期为2年,有效期满要求继续执业的,需要办理续期注册。

①续期注册应提交的材料

一般包括从事工程监理的业绩证明和工作总结以及国务院建设行政主管部门认可的工程监理继续教育证明。

②不能续期注册的情况

当监理工程师具有下列情形之一时,将不予续期注册。

a.没有从事工程监理的业绩证明和工作总结的；

b.同时在两个及以上单位执业的；

c.未按照规定参加监理工程师继续教育或继续教育未达到标准的；

d.允许他人以本人名义执业的；

e.在工程监理活动中有过失,造成重大损失的。

③申请续期注册的程序

通常分为以下四个步骤：

a.申请人向聘用工程监理企业提出申请；

b.聘用企业同意后,连同上述材料由聘用工程监理企业向所在省、自治区、直辖市人民政府建设行政主管部门提出申请；

c.省、自治区、直辖市人民政府建设行政主管部门进行审核,对无前述不予续期注册情形的准予续期注册；

d.省、自治区、直辖市人民政府建设行政主管部门在准予后,将准予续期注册的人员名单,报国务院建设行政主管部门备案。国务院建设行政主管部门定期向社会公告准予续期注册的人员名单。

（3）变更注册

监理工程师初始注册或续期注册后,如果调转工作单位,则应当向原注册机构办理变更注册。但监理工程师办理变更注册后,一年内不能再次进行变更注册。

监理工程师申请变更注册的程序是：

①申请人员向聘用工程监理企业提出申请；

②聘用企业同意后，连同申请人与原聘用企业的解聘证明，一并报省、自治区、直辖市人民政府建设行政主管部门；

③省、自治区、直辖市人民政府建设行政主管部门对有关情况进行审核，情况属实的准予变更注册；

④省、自治区、直辖市人民政府建设行政主管部门在准予变更注册后，将变更人员情况报国务院建设行政主管部门备案。

5.监理工程师的继续教育

建设工程监理实际上就是向建设单位提供科学管理服务，因此要求其执业人员——监理工程师必须是项目管理方面的专门人才方能胜任其工作。然而，随着时代的进步，不断有新技术、新工艺、新材料、新设备涌现，项目管理的方法和手段也在不断发展，国家的法律法规也在不断颁布与完善，如果监理工程师不能跟上时代的发展，始终停留在原来的知识水平上，就没有能力提供科学管理服务，也就无法继续执业。因此，我国规定，注册监理工程师每年必须接受一定学时的继续教育，不断更新知识，扩大知识面，学习新的理论知识、法律法规，掌握技术、工艺、设备和材料的最新发展，从而不断提高执业能力和水平。继续教育可以有脱产学习、集中授课、参加研讨会、撰写专业论文等多种形式，但必须满足续期注册时对继续教育的要求。

1.3 我国建设监理法律体系

建设工程监理是一项法律活动，而与之相关的法律法规的内容是十分丰富的，不仅包括相关法律，还包括相关的行政法规、行政规章、地方性法规等。从其内容上看，不仅对监理单位和监理工程师资质管理有全面规定，而且对监理活动、委托监理合同、政府对建设工程监理的行政管理等都做了明确规定。

《中华人民共和国建筑法》是我国建设工程监理活动的基本法律，它对建设工程监理的性质、目的、适用范围等都做出了明确规定。与此相应的还有国务院批准颁发的《建设工程质量管理条例》、国务院办公厅颁发的《关于加强基础设施施工质量管理的通知》、中华人民共和国住房和城乡建设部发布的《建设工程监理规范》（GB/T 50319—2013）等。关于建设工程监理单位及监理工程师的规定，有《工程建设监理单位资质管理试行办法》《监理工程师资格考试和注册试行办法》《关于发布工程建设监理费有关规定的通知》等。关于建设工程施工合同及委托监理合同的规定，有《建设工程施工合同》示范文本，其主要内容有协议书、通用条款和专用条款等；《建设工程委托监理合同》示范文本，其主要内容有建设工程委托监理合同、标准条件以及专用条件等。其他方面的法律，如《合同法》《招标投标法》《建设工程技术标准或操作规程》以及《民法通则》中的相关法律规范和内容，都是建设工程监理法律制度的重要组成部分。

目前，我国颁布的法律法规中有关建设工程监理的条款不少，部门规章和地方性法规的数量更多,这充分反映了建设工程监理的法律地位。但从加入 WTO 的角度看,法制建设还比较薄弱,突出表现在市场规则和市场机制方面。市场规则特别是市场竞争规则和市场交易规则还不健全。市场机制,包括信用机制、价格形成机制、风险防范机制、仲裁机制等尚未形成。应当在总结经验的基础上,借鉴国际上通行的做法,逐步建立和健全起来。只有这样,才能使我国的建设工程监理走上有法可依、有法必依的轨道,才能适应加入 WTO 后的新形势。

1.4　国外建设工程监理概况

建设工程监理制度在国际上已有较长的发展历史,西方发达国家已经形成了一套较为完善的工程监理体系和运行机制,可以说,建设工程监理已经成为建设领域中的一项国际惯例。世界银行、亚洲开发银行等国际金融机构和发达国家政府贷款的工程建设项目,都把建设工程监理作为贷款条件之一。

建设工程监理制度的起源可以追溯到产业革命发生以前的 16 世纪,那时随着社会对房屋建造技术要求的不断提高,建筑师队伍出现了专业分工,其中有一部分建筑师专门向社会传授技艺,为工程建设单位提供技术咨询,解答疑难问题,或受聘监督管理施工,建设监理制度出现萌芽。18 世纪 60 年代的英国产业革命,大大促进了整个欧洲大陆城市化和工业化的发展进程,社会大兴土木,建筑业空前繁荣,然而工程建设项目的建设单位却越来越感到仅靠自己的监督管理来实现建设工程高质量的要求是十分困难的,建设工程监理的必要性开始为人们所认识。19 世纪初,随着建设领域商品经济关系的日趋复杂,为了明确工程建设项目建设单位、设计者、施工者之间的责任界限,维护各方的经济利益并加快工程进度,英国政府于 1830 年以法律手段推出了总合同制度,这项制度要求每个建设项目要由一个施工单位进行总包,这样就导致了招标投标方式的出现,同时也促进了建设工程监理制度的发展。

自 20 世纪 50 年代末起,科学技术的飞速发展,工业和国防建设以及人民生活水平不断提高,需要建设大量的大型、巨型工程,如航天工程、大型水利工程、核电站、大型钢铁公司、石油化工企业和新城市开发等。对于这些投资巨大、技术复杂的工程建设项目,无论是投资者还是建设者都不能承担由于投资不当或项目组织管理失误而带来的巨大损失,因此项目建设单位在投资前要聘请有经验的咨询人员进行投资机会论证和项目的可行性研究,在此基础上再进行决策。并且在工程建设项目的设计、实施等阶段,还要进行全面的工程监理,以保证实现其投资目的。

近年来,西方发达国家的建设监理制正逐步向法制化、程序化发展,在西方国家的工程建设领域中已形成工程建设项目建设单位、施工单位和监理单位三足鼎立的基本格局。进入 20 世纪 80 年代以后,建设监理制在国际上得到了较大的发展。一些发展中国家也开始效仿发达国家的做法,结合本国实际,设立或引进工程监理机构,对工程建设项目实行监理。目前,在国际上工程建设监理已成为工程建设必须遵循的制度。

1.5　我国建设工程监理的发展

1.5.1　我国建设工程监理制度的产生

我国工程建设的历史已有几千年,但现代意义上的工程建设监理制度的建立则是从 1988 年开始的。

在改革开放以前,我国工程建设项目的投资由国家拨付,施工任务由行政部门向施工企业直接下达。当时的建设单位、设计单位和施工单位都是完成国家建设任务的执行者,都对上级行政主管部门负责,相互之间缺少互相监督。政府对工程建设活动采取单向的行政监督管理,在工程建设的实施过程中,对工程质量的保证主要依靠施工单位的自我管理。

20 世纪 80 年代以后,我国进入了改革开放时期,工程建设活动也逐步市场化。为了适应这一形势的需要,从 1983 年开始,我国开始实行政府对工程质量的监督制度,全国各地及国务院各部门都成立了专业质量监督部门和各级质量检测机构,代表政府对工程建设质量进行监督和检测。各级质量监督部门在不断进行自身建设的基础上,认真履行职责,积极开展工作,在促进企业质量保证体系的建立、预防工程质量事故、保证工程的质量上发挥了重大作用。从此,我国的工程建设监督由原来的单向监督向政府专业质量监督转变,由仅靠企业自检自评向第三方认证和企业内部保证相结合转变。这种转变使我国工程建设监督向前迈进了一大步。

随着我国改革开放的逐步深入和不断扩大,“三资”工程建设项目在我国逐步增多,加之国际金融机构向我国贷款的工程建设项目都要求实行招标投标制、承包发包合同制和建设监理制,使得国外专业化、社会化的监理公司、咨询公司、管理公司的专家们开始出现在我国“三资”工程和国际贷款工程项目建设的管理中。他们按照国际惯例,以受建设单位委托与授权的方式,对工程建设进行管理,显示出高速度、高效率、高质量的管理优势。其中,值得一提的是在我国建设的鲁布革水电站工程。作为世界银行贷款项目,在招投标中,日本大成公司以低于概算 43％的悬殊标价承包了引水系统工程,仅以 30 多名管理人员和技术骨干组成的项目管理班子,雇用了 400 多名中国劳务人员,采用非尖端的设备和技术手段,靠科学管理创造了工程造价、工程进度、工程质量三个高水平纪录。这一工程实例震动了我国建筑界,造成了对我国传统的政府专业监督体制的冲击,引起了我国工程建设管理者的深入思考。

1985 年 12 月,我国召开了基本建设管理体制改革会议,这次会议对我国传统的工程建设管理体制作了深刻的分析与总结,指出了我国传统的工程建设管理体制的弊端,肯定了必须对其进行改革的思路,并指明了改革的方向与目标,为实行工程建设监理制奠定了思想基础。1988 年 7 月,建设部(现更名为住房和城乡建设部)在征求有关部门和专家意见的基础上,发布了《关于开展建设监理工作的通知》,接着又在一些行业部门和城市开展了工程建设监理试点工作,并颁发了一系列有关工程建设监理的法规,使建设监理制度在我国建设领域得到了迅速发展。

我国的建设工程监理制自 1988 年推行以来,大致经过了三个阶段:工程监理试点阶段(1988～1993 年);工程监理稳步推行阶段(1993～1995 年);工程监理全面推行阶段(1996 年至今)。1995 年 12 月,建设部(现更名为住房和城乡建设部)在北京召开了第六次全国建设监理工作会议。会上,建设部(现更名为住房和城乡建设部)和国家计委(现更名为国家发展和改革委员会,简称国家发改委,下同)联合颁布了 107 号文件,即《建设工程监理规定》。这次会议总结了我国建设工程监理工作的成绩和经验,对今后的监理工作进行了全面部署。这次会议的召开标志着我国建设监理工作已进入全面推行的新阶段。但是,由于建设工程监理制度在我国起步晚,基础差,有的单位对实行建设工程监理制度的必要性还缺乏足够的认识,一些应当实行工程监理的项目没有实行工程监理,并且有些监理单位的行为不规范,没有起到建设工程监理应当起到的公正监督作用;为使我国已经起步的建设工程监理制度得以完善和规范,适应建筑业改革和发展的需要,并将其纳入法制化的轨道上来,1997 年 12 月全国人大通过了《中华人民共和国建筑法》,建设工程监理列入其中,它标志着《建筑法》以法律的形式,确立了在我国推行建设工程监理制度的重大举措。

1.5.2 现阶段我国建设工程监理的特点

我国的建设工程监理经过长足发展,已经取得有目共睹的成绩,并且已为社会各界所认同和接受,但目前仍处在发展的初期阶段,与国外发达国家相比,现阶段我国建设工程监理具有以下特点。

1. 建设工程监理属于强制推行的制度

建设工程监理是适应建筑市场中建设单位新的需求的产物,其发展过程也是整个建筑市场发展的一个方面,没有来自政府部门的行政指导或干预。而我国的建设工程监理从一开始就是作为对计划经济条件下所形成的建设工程管理体制改革的一项新制度提出来的,也是依靠行政手段和法律手段在全国范围推行的。为此,不仅在各级政府部门中设立了主管建设工程监理有关工作的专门机构,而且制定了有关的法律、法规、规章,明确提出国家推行建设工程监理制度,并明确规定了必须实行建设工程监理的工程范围,其结果是在较短时间内促进了建设工程监理在我国的发展,形成了一批专业化、社会化的工程监理企业和监理工程师队伍,缩小了与发达国家建设项目管理的差距。

2. 建设工程监理的服务对象具有单一性

在国际上,建设工程监理按服务对象划分有为建设单位服务的工程监理和为承建单位服务的工程监理。而我国的建设工程监理制规定,工程监理企业只接受建设单位的委托,即只为建设单位服务,不能接受承建单位的委托为其提供管理服务。从这个意义上看,可以认为我国的建设工程监理就是为建设单位服务的工程监理。

3. 建设工程监理具有监督功能

我国的工程监理企业具有一定的特殊地位,它与建设单位构成委托与被委托关系,与承建单位虽然无任何经济关系,但根据建设单位授权,有权对其不当建设行为进行监督,或者预先防范,或者指令及时改正,并且在我国的建设工程监理中还强调对承建单位施工过程和施工工序的监督、检查和验收,而且在实践中又进一步提出了旁站监理的规定,对监理工程师在质量控制方面的工作所达到的深度和细度提出了更高的要求,这对保证工程质量起了很好的作用。

4. 市场准入的双重控制

在建设项目监理方面,一些发达国家只对专业人士的执业资格提出要求,而没有对企业的资质管理做出规定。而我国对建设工程监理的市场准入采取了企业资质和人员资格的双重控制。要求专业监理工程师以上的监理人员要取得监理工程师资格证书,不同资质等级的工程监理企业至少要有一定数量的取得监理工程师资格证书并经注册的人员。应当说,这种市场准入的双重控制对于保证我国建设工程监理队伍的基本素质,规范我国建设工程监理市场起到了积极的作用。

1.5.3 我国建设工程监理的作用

建设工程监理制度的实行是我国工程建设领域管理体制的重大改革,它使得建设单位的工程项目管理走上了专业化、社会化的道路,随着我国加入 WTO,建设工程监理必将在制度化、规范化和科学化方面迈上新的台阶,并向国际监理水准迈进。近年来,全国各省、直辖市、自治区和国务院各部门都已全面开展了监理工作。建设工程监理在工程建设中发挥着越来越重要、越来越明显的作用,受到了社会的广泛关注和普遍认可。建设工程监理的作用主要表现在以下几方面。

1. 有利于提高建设工程投资决策的科学化

工程项目可行性研究阶段就引入监理,可大大提高投资的经济效益,包括举世瞩目的巨型工程——三峡工程实施全方位建设工程监理,在提高投资的经济效益方面取得了显著成效。若建设单位委托工程监理企业实施全方位、全过程监理,则工程监理企业协助建设单位优选工程咨询单位、督促咨询合同的履行、评估咨询结果、提出合理化建议;有相应咨询资质的工程监理企业可以直接从事工程咨询。工程监理企业参与决策阶段的工作,不仅有利于提高项目投资决策的科学化水平,避免项目投资决策失误,而且可以促使项目投资符合国家经济发展规划、产业政策,符合市场需求。

2. 有利于规范参与工程建设各方的建设行为

社会化、专业化的工程监理企业在建设工程实施过程中对参与工程建设各方的建设行为进行约束,改变了过去政府对工程建设既要抓宏观监督、又要抓微观监督的不合理局面,可谓在工程建设领域真正实现了政企分开。工程监理企业主要依据委托监理合同和有关建设工程合同对参与工程建设各方的建设行为实施监督管理。尤其是全方位、全过程监理,通过事前、事中和事后控制相结合,可以有效地规范各承建单位以及建设单位的建设行为,最大限度地避免不当建设行为的发生,及时制止不当建设行为或者尽量减少不当建设行为造成的损失。

3. 有利于保证建设工程质量和使用安全

建设工程作为一种特殊的产品,除了具有一般产品共有的质量特性外,还具有适用、耐久、安全、可靠、经济、与环境协调等特定内涵,因此,保证建设工程质量和使用安全尤为重要。同时,工程质量又具有影响因素多、质量波动大、质量隐蔽性、终检的局限性、评价方法的特殊性等特点,这就决定了建设工程的质量管理不能仅仅满足于承建单位的自身管理和政府的宏观监督。

有了工程监理企业的监理服务,既懂工程技术又懂经济管理的监理人员能及时发现建设过程中出现的质量问题,并督促质量责任人及时采取相应措施以确保实现质量目标和使用安全,从而避免留下工程质量隐患。

4. 有利于提高建设工程的投资效益和社会效益

就建设单位而言,希望在满足建设工程预定功能和质量标准的前提下,建设投资额最少;从价值工程观念出发,追求在满足建设工程预定功能和质量标准的前提下,建设工程寿命周期费用最少;对国家、社会公众而言,应实现建设工程本身的投资效益与环境、社会效益的综合效益最大化。实行建设工程监理制之后,工程监理企业不仅能协助建设单位实现建设工程的投资效益,还能大大提高我国全社会的投资效益,促进国民经济的发展。

5. 有利于控制建设工程的功能和使用价值质量

在设计阶段引入建设工程监理,通过专业化的工程监理企业的科学管理,可以更准确地提出建设工程的功能和使用价值质量要求,并通过设计阶段的监理活动,选择出更符合建设单位要求的设计方案,实现建设单位所需的建设工程的功能和使用价值。

1.5.4 我国建设工程监理的发展趋势

我国从 1988 年开始建设工程监理试点以来,建设工程监理在我国取得了长足的发展。但目前仍是发展初期,无论从服务的内容、范围和水平,都有待进一步发展,其发展趋势体现在以下几个方面。

1. 建设工程监理向规范化、法制化发展

虽然我国目前颁布的法律法规中有关工程监理的条款不少,尤其是《建设工程监理规范》,对施工阶段的监理行为进行了规范。但是,我国在法制建设方面还比较薄弱,突出体现在市场规则和市场机制方面。而且合同管理意识不强,无法可依,或有法不依的现象还屡屡发生。监理工程师合同管理的水平还较低,监理行为也经常不规范,远不能适应发展的需要。因此,建设工程监理必须向规范化和法制化发展。

2. 由单纯的施工监理向全方位、全过程监理发展

建设工程监理是工程监理企业向建设单位提供项目管理服务的,因此,在建设程序的各阶段都可接受建设单位的委托。然而,在实际中,主要是以施工阶段的监理为主,并且工作的重点主要是质量监理和工期控制,投资控制和合同管理等方面的工作虽然也在进行,但起到的作用有限。从建设单位的角度出发,决策阶段和设计阶段对项目的投资、质量具有决定性的影响,非常需要管理服务,不仅需要质量控制,还需要工期控制和投资控

制、合同管理与组织协调等。所以,代表建设单位进行全方位、全过程的项目管理是建设工程监理的发展趋势。

3.工程监理企业结构向多层次发展

工程监理行业的企业结构向综合性监理企业与专业性监理企业、中小型监理企业相结合的合理结构发展。按工作内容,逐渐建立起承担全过程、全方位监理任务的综合性监理企业与能承担某一专业监理任务的监理企业相结合的企业结构。按工作阶段,建立起能承担工程建设全过程监理的大型监理企业与能承担某一阶段工程监理任务的中型监理企业和只提供旁站监理劳务的小型监理企业相结合的企业结构。从而使各类监理企业都能有合理的生存和发展空间。

4.监理工程师的业务水平向高层次发展

虽然目前我国从业的监理工程师均接受监理理论和法律法规知识,质量、进度、投资三大控制以及合同管理方面的学习并通过国家或地方的考试才允许执业的。但是,相当多的监理工程师的专业水平和管理知识根本无法胜任全方位、全过程的监理工作。有些人专业技术能力很强,但管理水平不行;有些人管理知识不少,但由于专业技术水平太差,根本无法综合解决实际监理问题;甚至有些监理人员将监理工作简单理解为验收和检查,日常工作就是在做质量检查员。监理人员的从业素质低,已经成为监理业务向全方位、全过程发展的一大瓶颈。因此,应加强监理工程师的继续教育,引导监理工程师不断学习新技术、新结构和新工艺,学习管理和合同知识,不断总结经验和教训,使其业务水平向高层次发展。

5.建设工程监理向国际化发展

我国加入WTO以后,越来越多的外国企业进入我国市场建设工程,同时,我国的企业也有机会进入国际市场参与国际竞争。然而,我国工程监理企业不熟悉国际惯例,执业人员的素质不高,现代企业管理制度不健全,要想在与国际上同类企业竞争中取胜,就必须与国际惯例接轨,从而向国际化发展。

思考题

1.建设工程监理及其含义?
2.如何理解建设工程监理的性质?
3.简述监理工程师执业道德守则。
4.监理工程师为什么要进行继续教育?
5.如何理解我国建设监理法律体系?
6.如何理解建设工程监理的作用?
7.国家强制监理的范围是什么?
8.如何理解我国建设监理的特点?
9.简述我国建设工程监理的发展过程。

第 2 章

建设监理单位组织

2.1 概述

2.1.1 建设监理单位组织的内涵

建设监理单位包括工程建设监理公司、工程建设咨询公司或工程建设监理事务所等，统称为建设监理单位，是从事工程建设监理或其他工程建设咨询服务的技术与经济的法人组织实体。建设监理单位要承担业主委托的建设监理或其他工程咨询服务的任务，必须建立一定的组织机构及其相应的制度，以确保建设监理单位从事各种技术、经济和社会活动的有序进行。

组织是人们从事一切生产、技术、经济和社会活动的基础，也是建设监理单位从事工程建设监理的首要职能。建设监理单位要获得建设监理任务，并履行监理委托合同授权的监理职责都要依靠组织的职能。因此，建设监理单位的组织是实现建设监理目标和单位经营目标的根本保证。

组织包含管理组织与组织管理双重含义。管理组织是保证管理活动有序进行的基础，包括组织机构及组织制度；组织管理则是通过管理组织机构所开展的各项管理活动的职能与职权的总称，是保证组织总目标和各级分目标得以实现的根本。建设监理单位组织是指规划建设监理单位行为的组织机构和规章制度，以及建设监理单位行使对工程建设项目监理的职能和职权的总称。因此，建设监理单位组织有如下的内涵：

(1)建设监理单位组织是实现建设监理目标和建设监理公司利益目标的首要职能。

(2)建设监理单位组织是确保建设监理公司在实施工程建设项目监理实务过程中，实现人与人、人与事物之间相对稳定的协调关系的基本动因。

(3)建设监理单位组织是保持建设监理高效行为，追求监理公司效益最大化的重要手段。

2.1.2 建设监理单位组织的任务

建设监理单位组织的基本任务是通过建立高效的监理组织机构、监理工作任务体系和监理工作责、权、利体系等,来促使建设监理公司全体员工协同努力,用富有成效或建设高效的组织行为来完成建设监理委托合同规定的建设监理任务,实现建设监理单位的利益目标和工程建设项目的建设目标的一致性。

建设监理单位组织的具体工作任务主要有下述几方面。

1. 建设监理单位组织的工作任务体系

建设监理单位组织的工作任务体系包括:物色工程建设项目监理任务;参与工程建设项目监理投标;组织建设监理合同谈判与签约;加强监理委托合同管理;负责组织和监督工程建设项目监理执行;建立和健全工程建设项目监理组织;协调工程建设项目参与各方的建设行为;加强建设监理单位内部组织管理工作等。

2. 建立和健全建设监理单位组织运行保证体系

建立和健全建设监理单位组织运行保证体系包括:财务与审计制度;岗位责任制度;考核与分配制度;人事管理与调度制度;工程项目监理报告制度;技术审核与检查制度;建设监理工作制度;学习及会议制度;监理人员职业道德规范制度等。

3. 加强建设监理单位组织机构建设

建设监理组织机构建设包括:建设监理单位组织机构建设和工程项目建设监理组织机构建设。建设监理单位的组织机构建设应按单位隶属、经济性质、资质等级、经营范围等方面的特点,组织具有不同管理模式的高效而精简的组织运行机构及运行机制;工程项目建设监理的组织机构建设应按工程项目特点、委托监理任务的范围、参与建设各方的建设行为和职责等方面的特点,建立高效而精简的工程项目监理班子,并赋予相应的职权。

4. 建立和健全建设监理单位组织责、权、利相结合的功能体系

建设监理单位组织功能体系包括:计划与决策、组织与指挥、控制与协调和教育与激励诸多方面。建设监理单位及其下属组织在行使这些功能时,应建立相应的责、权、利保证体系,以促使这些功能的正常发挥。

5. 建立科学而适用的建设监理信息系统

建设监理信息系统包括:建设监理单位组织的经营管理信息系统和工程建设项目监理的信息系统,以实现对建设监理组织的经营管理信息和工程项目监理信息管理的现代化。

2.2　建设监理单位组织机构设计

建立建设监理单位组织的目的是实现监理人员与监理对象合理而有效的组合,以便形成一种组织系统实施对人与监理对象的有效管理。研究建设监理单位的组织机构设计,对建设监理单位的组织及制度建设、规范组织行为都有着重大的现实意义。

2.2.1　组织与组织构成因素

一般来说,组织构成呈上小下大的形式,由管理层次、管理跨度、管理部门、管理职能四大因素构成,四大因素密切相关、相互制约。

1. 管理层次

管理层次是指从组织的最高管理者到最基层的实际工作人员的等级层次的数量。管理层次可以分为 3 个层次,即决策层、协调层和执行层、操作层,3 个层次的职能要求不同,表示不同的职责和权限,由上到下权责递减,人数却递增。组织必须形成一定的管理层次,否则其运行将陷于无序状态,但管理层次也不能过多,否则会造成资源和人力的巨大浪费。

2. 管理跨度

管理跨度是指一名上级管理人员所直接管理的下级人数。在组织中,某级管理人员的管理跨度的大小取决于这一级管理人员所需要协调的工作量。管理跨度越大,管理人员需要协调的工作量越大,管理的难度也越大。因此,为了使组织能够高效地运行,必须确定合理的管理跨度。

管理跨度的大小受很多因素影响,它与管理人员性格、才能、精力、授权程度以及被管理者的素质有关。此外,还与职能的难易程度、工作的相似程度、工作制度和程序等客观因素有关。确定适当的管理跨度,需积累经验并在实践中进行必要的调整。

3. 管理部门

按照类别对专业化分工的工作进行分组,以便对工作进行协调,即部门化。部门可以根据职能来划分,可以根据产品类型来划分,可以根据地区来划分,也可以根据顾客类型来划分。组织中各部门的合理划分对发挥组织效能非常重要,如果划分不合理,就会造成控制、协调困难,从而浪费人力、物力、财力。

4. 管理职能

组织设计确定各部门的职能,应使纵向的领导、检查、指挥灵活,达到指令传递快、信息反馈及时;使横向各部门间相互联系、协调一致,使各部门有职有责、尽职尽责。

2.2.2 建设监理单位组织机构设计原则

建设监理单位组织机构设计的总原则是机构设置应精简,功能配备应齐全,部门权责应分明,协调统一应灵活,只有这样才有可能保证组织机构高效率运行。因此,建设监理单位组织机构设计应坚持下述基本原则。

1. 组织的高效率原则

由于工程项目及其建设环境的复杂多变性,建设监理组织运行效率的高低将直接影响到建设监理任务的完成情况和建设监理目标的实现情况。因此,建设监理组织结构设计必须将经济性和高效率放在重要地位。组织结构中的每个部门、每个人为了一个统一的目标,应组合成最适宜的结构形式,实行最有效的内部协调,实现监理单位的经营目标。

2. 组织分工协调原则

组织分工协调原则要求在进行建设监理组织结构设计时,应正确地处理好组织内部人与人、领导与被领导、部门之间的各种错综复杂的关系,减少或避免组织内部产生的行为矛盾与冲突,使组织内部各种要素能充分地协调统一。

3. 管理跨度与管理层次统一的原则

在组织机构的设计过程中,管理跨度与管理层次成反比例关系。这就是说,当组织机构中的人数一定时,如果管理跨度加大,管理层次就可以适当减少;反之,如果管理跨度缩小,管理层次肯定就会增多。

一般来说,对于建设监理组织的高层管理人员,如总监理工程师,工作重心应是对工程项目建设监理的宏观调控,其直接管辖的下级管理人员不宜过多,管理跨度宜小些;各专业监理工程师或部门负责人,其直接管辖的项目监理人员可以多点,管理跨度可以大些。

管理层次的多少,与建设监理单位组织的规模、管理模式、监理业务范围、工程项目建设监理的复杂程度、管理人员以及监理人员的能力等有关。一般,管理层次越多,则机构越庞大,信息传递(或反馈)路线越长,信息失真的可能性越大,管理跨度越小。因此,常见的建设监理组织的管理层次一般分为 2~3 个。在实际运用中应当根据具体情况确定。

4. 集权与分权统一的原则

集权是指决策权在组织系统中较高层次的一定程度的集中;分权是指决策权在组织系统中较低管理层次的一定程度上的分散。在监理组织中集权指总监理工程师等掌握所有监理大权,各专业监理工程师只是其命令的执行者;分权是指各专业监理工程师在各自管理的范围内有足够的决策权,总监理工程师等主要起协调作用。

在工程项目建设监理中,实行总监理工程师负责制,所以要求监理组织采取一定的集权形式,以保证统一指挥。但也要根据建设工程的特点、监理工作的复杂程度、不同监理人员的具体情况实行适当的分权。

5. 权责对等、才职相称原则

在建设监理组织中的各级人员,都必须授予相应的职权,职权的大小应与承担的职责大小相适应。所谓职权是指一定职位上的管理者所拥有的权力,主要是指执行任务的决定权;而职责是指组织内各级管理人员所承担的具体工作任务及其担负的相应责任。因此,在建设监理组织结构设计中,应坚持权责对等、才职相称的择优选择人才的原则。

6. 组织协调原则

组织协调原则又称为组织平衡原则。建设监理单位和监理机构的组织协调包含组织内部协调和组织外部协调。通过组织内部的纵向协调和横向协调,能充分调动组织内部各成员的敬业精神和团结进取精神;通过组织外部协调能为建设监理单位创造良好的经营环境。

7. 组织弹性原则

组织机构应有相对的稳定性,不要轻易变动,但组织同时是一个开放的、复杂的、权变的系统,要根据组织内部和外部条件的变化及长远目标做出相应的调整和变化,以完善其自身的结构和功能,以提高其灵活性和适应能力。

2.2.3　建设监理单位组织机构设计程序

1. 调查研究,收集资料

在进行建设监理单位组织机构设计或调整时,主要收集下述几方面的资料。

（1）工程建设市场资料；

（2）国内外建设监理单位组织机构设计资料；

（3）对建设监理组织机构调整时，还应收集本组织过去运行状态的某些资料。

2. 工作划分

工作划分是建设监理单位组织机构设计的一项基础工作，应根据工作划分来确定组织机构的组成结构、部门设置、管理层级、人员配备等。

建设监理工作可以划分为作业工作和管理工作两种基本类型。

作业工作是以工程项目建设监理实际作业来划分工作，如成本控制、质量控制、进度控制、合同管理、信息管理等。作业工作划分的目的是为了确定建设监理组织机构各部门的业务、性质、职能、职责、人员及配置等。

管理工作可以按建设监理单位所从事的管理职能及管理业务划分。一般，管理工作可按管理内容、管理目标、管理专业、管理活动，以及工程项目建设监理模式划分出不同管理层级及其责权的管理工作。

3. 建设监理单位组织部门结构及管理层级设计

工作划分后，按组织分工协作原则，将性质相同或相近的工作划归同一类型，再将相同或相近的类型划归同一部门。建设监理单位组织部门可以按工作性质归类，划分为经营管理部门（包括市场调查、工程项目监理投标及合同、广告宣传等工作）、工程经济部门（包括项目立项、可行性研究、投资估算、工程预算及决策、造价控制等工作）、工程技术部门（包括计划控制、质量控制、安全控制、信息管理、技术核定、检验试验等工作）。对部门划分还应考虑适应不同管理组织模式、部门结构及权限、管理幅度及层级等组织因素的影响。

4. 决定集权与分权的程度

组织权力的划分，应按各级管理者所处的地位和责任不同，授予不同的权限，以便管理者各尽其职、各负其责。组织权力管理方式分为集权和分权两种基本形式。集权管理是指组织的一切或大多数权限都归属于组织的最高管理者（即监理公司经理或总监理工程师）；分权管理是指组织的决定权不是集中在组织的最高管理层，而是分属于下属有关各个部门。集权与分权管理方式各有利弊。集权具有政令、指挥、调度易于统一，信息传递速度快且可靠性强，有利于标准化、规范化管理，能充分发挥高层管理人员的才干等优点；但灵活性差、管理效力和效率受到管理者素质和能力的影响大，难以发挥各级管理者的积极性和创造性。分权管理处理问题的效率高，能充分调动各级管理者的积极性和创造性等优点；但因权力分散，存在统一性差，合作与协调困难，信息传输易于失真等问题。

建设监理单位组织机构权力设计，是采用集权，或是采用分权，或是采用两种形式的综合等，应由组织规模、监理业务范围等决定。目前，因各建设监理公司规模不大，监理业务仅局限于施工监理阶段，对组织机构权力设计宜采用集权的管理模式，即建设监理公司实行法人负责制，工程项目建设监理公司实行总监理工程师责任制。随着我国建设监理制度的纵深发展，各类建设监理有限公司、股份公司和中外合资（合作）公司的问世，建设监理单位组织权力宜采用分权或分权与集权的综合模式。

5.组织机构设计及人员配备

建设监理单位组织机构设计应依据监理单位的规模、业务范围、监理对象的复杂程度、组织管理幅度及权限、组织层级、部门设置及权力方式等方面进行综合考虑,提出多种形式的组织机构设计方案,经综合评价,择优选出最佳方案作为建设监理单位组织机构设计方案,并在组织机构已确定的基础上,根据各层级、各部门的工作划分,配备合适的人员,包括建设监理公司的领导班子,技术、经济、管理等各方面的专业人员和其他管理人员。

6.制定组织运行规划

制定组织运行规划,即建立组织运行的保证体系,并编制相应的工作计划,其主要工作内容有下述各方面。

(1)制定工作制度

工作制度是指某项工作或业务从工作开始点到工作终止点所应遵守的工作程序、工作内容、工作方法、工作要求等有关的标准、规程和规则的总称。建设监理单位的工作制度主要有:合同管理工作制度、工程项目监理工程师的工作制度、建设监理单位组织管理工作制度等。

(2)建立岗位责任制度

建立建设监理单位各部门及其管理者职务、责任、权限相当的岗位责任制度,包括从公司经理、总监理工程师到部门经理、项目监理工程师,直到全公司各类人员都应建立相应的岗位责任制度,以便明确责、权、利的相互关系及其具体内容。

(3)建立检查与监督制度

在建设监理单位组织中,应建立必要的检查与监督制度,以便对各级组织和人员进行有效的检查与监督。建设监理公司的检查与监督制度一般应包括审计制度,业绩考核制度,各类人员晋升、降级及其奖惩制度,监理工程师职业道德规范等。

(4)建立组织运行档案和报告制度

建立组织运行的档案制度,有利于分析组织的运行效果和调整组织的运行行为。建设监理公司档案主要有:公司经营档案、技术档案、财务档案、人事档案,以及重大监理项目的工作档案等。建立报告制度能及时反馈有关信息,供上级制定组织运行决策时参考,以提高组织的运行效率。报告制度包括各种会议制度、请示及审批制度等。

7.组织运行的控制与协调

建设监理单位组织运行规划是组织机构设计的一种静态管理方法。由于各级监理组织正式投入运行,在各种内部或外部因素变化影响下,有可能出现组织结构矛盾、组织目标矛盾、组织职能矛盾、组织行为矛盾,以及组织与外部环境的矛盾等,将直接影响到组织的运行效率和效果。

组织控制与协调就是依据各种工作程序、标准、规程、制度、准则等,一旦发现组织运行中出现问题就立即解决,发生矛盾就立即化解,使矛盾的双方或多方通过协商达到共识。因此,控制与协调是保持组织平衡运行状态的重要手段。

2.3 建设监理企业

建设监理企业是指取得建设监理企业资质证书,从事建设监理业务的经济组织。它是监理工程师的执业机构,包括专门从事监理业务的独立的监理公司,也包括取得监理资质的设计单位。

按照《公司法》的规定,我国的建设监理企业有可能存在的企业组织形式包括:公司制监理企业、合伙制监理企业、个人独资监理企业、中外合资经营监理企业和中外合作经营监理企业。

在我国,由于在建设监理制实行之初,许多建设监理企业是由国有企业或教学、科研、勘察设计单位按照传统的国有企业模式设立的,普遍存在产权不明晰,管理体制不健全,分配制度不合理等一系列的阻碍监理企业和监理行业发展的特点。因此,这些企业正逐步进行公司制改制,建立现代企业制度,使监理企业真正成为自主经营、自负盈亏的法人实体和市场主体。合伙制监理企业和个人独资监理企业由于相应的一些配套环境并不健全,因此,在现实中还没有这两种企业形式。中外合资经营监理企业通常以中国企业或其他经济组织为一方,以外国的公司、企业、其他经济组织或个人为另一方,成立公司制企业,组织形式为有限责任公司,并且外国合资者的投资比例一般不得低于25%。中外合作经营监理企业是中国企业或其他经济组织与外国的企业、其他经济组织或个人按合同约定的权利义务,从事工程监理业务的经济实体,其可以成立法人型企业,也可以是不独立具有法人资格的合伙企业,但需对外承担连带责任。

2.3.1 公司制监理企业

公司制监理企业是指以营利为目的,按照法定程序设立的企业法人。包括监理有限责任公司和监理股份有限公司两种,其基本特征是:

(1)必须是依照《公司法》的规定设立的社会经济组织;

(2)必须是以营利为目的的独立企业法人;

(3)自负盈亏,独立承担民事责任;

(4)是完整纳税的经济实体;

(5)采用规范的成本会计和财务会计制度。

1.监理有限责任公司

它是由2个以上,50个以下的股东共同出资,股东以其所认缴的出资额对公司行为承担有限责任,公司以其全部资产对其债务承担责任的企业法人。其特征如下:

(1)公司不对外发行股票,股东的出资额由股东协商确定。

(2)股东交付股金后,公司出具股权证书,作为股东在公司中拥有的权益凭证,这种凭证不同于股票,不能自由流通,必须在其他股东同意的条件下才能转让,且要优先转让给公司原有股东。

（3）公司股东所负责任仅以其出资额为限。即把股东投入公司的财产与其个人的其他财产脱钩,公司破产或解散时,只以公司所有资产偿还债务。

（4）公司具有法人地位。

（5）在公司名称中必须注明有限责任公司字样。

（6）公司股东可以作为雇员参与公司经营管理,通常公司管理者也是公司的所有者。

（7）公司账目可以不公开,尤其是公司的资产负债表一般不公开。

2. 监理股份有限公司

它是指全部资本由等额股份构成,并通过发行股票筹集资本,股东以其所认购股份对公司承担责任,公司以其全部资产对公司债务承担责任的企业法人。设立方式分为发起设立和募集设立两种。发起设立是指由发起人认购公司应发行的全部股份而设立公司。募集设立是指由发起人认购公司应发行股份的一部分,其余部分向社会公开募集而设立公司。其主要特征如下:

（1）公司资本总额分为金额相等的股份,股东以其所认购的股份对公司承担有限责任。

（2）公司以其全部资产对公司债务承担责任。公司作为独立的法人,有自己独立的财产,公司在对外经营业务时,以其独立的财产承担公司债务。

（3）公司可以公开向社会发行股票。

（4）公司股东的数量有最低限制,应当有五个以上发起人,其中必须有过半数的发起人在中国境内有住所。

（5）股东以其所有的股份享受权利和承担义务。

（6）在公司名称中必须标明股份有限公司字样。

（7）公司账目必须公开,便于股东全面掌握公司情况。

（8）公司管理实行两权分离。董事会接受股东大会委托,监督公司财产的保值增值,行使公司财产所有者的职权;经理由董事会聘任,掌握公司经营权。

当按照《公司法》成立公司后,向工商行政管理部门登记注册并取得企业法人营业执照后,还必须到建设行政主管部门办理资质申请手续。当取得资质证书后,工程建设监理企业才能正式从事监理业务。

2.3.2　建设监理企业的资质管理

建设监理企业的资质是企业技术能力、管理水平、业务经验、经营规模、社会信誉等综合性实力指标。通过对其资质的审核与批准,可以从制度上保证建设监理行业从业企业的业务能力和清偿债务的能力。因此,对建设监理企业实行资质管理的制度是我国政府实行市场准入控制的有效手段。建设监理企业按照所拥有的注册资本、专业技术人员数量和工程监理业绩等资质条件申请资质,经建设行政主管部门的审查批准,取得相应的资质证书后,才能在其资质等级许可的范围内从事工程监理活动。

建设监理企业资质管理的内容,主要包括对建设监理企业的设立、定级、升级、降级、变更和终止等的资质审查或批准及资质年检工作。建设监理企业在分立或合并时,要按照新设立建设监理企业的要求重新审查其资质等级并核定其业务范围,颁发新核定的资质证书。工程监理企业破产、倒闭、撤销、歇业的,应当将资质证书交回原发证机关予以注销。

1. 资质等级和业务范围

工程监理企业资质分为综合资质、专业资质和事务所三个序列。综合资质只设甲级。专业资质原则上分为甲、乙、丙三个级别,并按照工程性质和技术特点划分为房屋建筑工程、冶炼工程、矿山工程、化工与石油工程、水利水电工程、电力工程、林业及生态工程、铁路工程、公路工程、港口与航道工程、航天航空工程、通信工程、市政公用工程、机电安装工程十四个工程类别,每个工程类别按照工程规模或技术复杂程度又将其分为一、二、三级,除房屋建筑、水利水电、公路和市政公用四个专业工程类别设丙级资质外,其他专业工程类别不设丙级资质。事务所不分等级。

建设监理企业的资质包括主项资质和增项资质。建设监理企业如果申请多项专业工程资质,则必须将其主要从事的一项作为主项资质,其余的为增项资质。同时,其注册资本应当达到主项资质标准要求,从事增项专业工程监理业务的注册监理工程师人数应当符合专业要求,并且,增项资质级别不得高于主项资质级别。

(1)综合资质监理企业

其资质等级标准如下:

①具有独立法人资格且注册资本不少于600万元。

②企业技术负责人应为注册监理工程师,并具有15年以上从事工程建设工作的经历或者具有工程类高级职称。

③具有五个以上工程类别的专业甲级工程监理资质。

④注册监理工程师不少于60人,注册造价工程师不少于5人,一级注册建造师、一级注册建筑师、一级注册结构工程师或者其他勘察设计注册工程师合计不少于15人次。

⑤企业具有完善的组织结构和质量管理体系,有健全的技术、档案等管理制度。

⑥企业具有必要的工程试验检测设备。

⑦申请工程监理资质之日前两年内,企业没有违反法律、法规及规章的行为。

⑧申请工程监理资质之日前两年内没有因本企业监理责任造成重大质量事故。

⑨申请工程监理资质之日前两年内没有因本企业监理责任发生三级以上工程建设重大安全事故或者发生两起以上四级工程建设安全事故。

其业务范围可以承担所有专业工程类别建设工程项目的工程监理业务,以及建设工程的项目管理、技术咨询等相关服务。

(2)甲级专业资质监理企业

其资质等级标准如下:

①具有独立法人资格且注册资本不少于300万元。

②企业技术负责人应为注册监理工程师,并具有15年以上从事工程建设工作的经历或者具有工程类高级职称。

③注册监理工程师、注册造价工程师、一级注册建造师、一级注册建筑师、一级注册结构工程师或者其他勘察设计注册工程师合计不少于 25 人次;其中,相应专业注册监理工程师不少于要求配备的人数,注册造价工程师不少于 2 人。

④企业近 2 年内独立监理过 3 个以上相应专业的二级工程项目,但是,具有甲级设计资质或一级及以上施工总承包资质的企业申请本专业工程类别甲级资质的除外。

⑤企业具有完善的组织结构和质量管理体系,有健全的技术、档案等管理制度。

⑥企业具有必要的工程试验检测设备。

⑦申请工程监理资质之日前两年内,企业没有违反法律、法规及规章的行为。

⑧申请工程监理资质之日前两年内没有因本企业监理责任造成重大质量事故。

⑨申请工程监理资质之日前两年内没有因本企业监理责任发生三级以上工程建设重大安全事故或者发生两起以上四级工程建设安全事故。

其业务范围:可承担相应专业工程类别一、二、三级建设工程项目的监理业务,以及相应类别和级别建设工程的项目管理、技术咨询等相关服务。

(3)乙级专业资质监理企业

①具有独立法人资格且注册资本不少于 100 万元。

②企业技术负责人应为注册监理工程师,并具有 10 年以上从事工程建设工作的经历。

③注册监理工程师、注册造价工程师、一级注册建造师、一级注册建筑师、一级注册结构工程师或者其他勘察设计注册工程师合计不少于 15 人次。其中,相应专业注册监理工程师不少于要求配备的人数,注册造价工程师不少于 1 人。

④有较完善的组织结构和质量管理体系,有技术、档案等管理制度。

⑤有必要的工程试验检测设备。

⑥申请工程监理资质之日前两年内,企业没有违反法律、法规及规章的行为。

⑦申请工程监理资质之日前两年内没有因本企业监理责任造成重大质量事故。

⑧申请工程监理资质之日前两年内没有因本企业监理责任发生三级以上工程建设重大安全事故或者发生两起以上四级工程建设安全事故。

其业务范围:可承担相应专业工程类别二级(含二级)以下建设工程项目的工程监理业务,以及相应类别和级别建设工程的项目管理、技术咨询等相关服务。

(4)丙级专业资质监理企业

其资质等级标准如下:

①具有独立法人资格且注册资本不少于 50 万元。

②企业技术负责人应为注册监理工程师,并具有 8 年以上从事工程建设工作的经历。

③相应专业的注册监理工程师不少于要求配备的人数。

④有必要的质量管理体系、档案管理和规章制度。

⑤有必要的工程试验检测设备。

其业务范围:可承担相应专业工程类别三级建设工程项目的工程监理业务,以及相应类别和级别建设工程的项目管理、技术咨询等相关服务。

(5)事务所资质监理企业

①取得合伙企业营业执照,具有书面合作协议书。

②合伙人中有不少于3名注册监理工程师,合伙人均有5年以上从事建设工程监理的工作经历。

③有固定的工作场所。

④有必要的质量管理体系、档案管理和规章制度。

⑤有必要的工程试验检测设备。

其业务范围:可承担三级建设工程项目的工程监理业务,以及相应类别和级别建设工程项目管理、技术咨询等相关服务。但是,国家规定必须实行强制监理的建设工程监理业务除外。

2. 建设监理企业资质管理原则与管理机构

我国建设监理企业的资质管理原则是"分级管理,统分结合"。按中央和地方两个层次进行管理。中央级是由国务院建设行政主管部门负责全国工程监理企业资质的归口管理工作。地方级是指省、自治区、直辖市人民政府建设行政主管部门负责其行政区域内工程监理企业资质的归口管理工作。

3. 资质申请和审批

(1)申请综合资质、专业甲级资质的,应当向企业工商注册所在地的省、自治区、直辖市人民政府建设主管部门提出申请。省、自治区、直辖市人民政府建设主管部门应当自受理申请之日起20日内初审完毕,并将初审意见和申请材料报国务院建设主管部门。国务院建设主管部门应当自省、自治区、直辖市人民政府建设主管部门受理申请材料之日起60日内完成审查,公示审查意见,公示时间为10日。其中,涉及铁路、交通、水利、通信、民航等专业工程监理资质的,由国务院建设主管部门送国务院有关部门审核。国务院有关部门应当在20日内审核完毕,并将审核意见报国务院建设主管部门。国务院建设主管部门根据初审意见审批。

(2)专业乙级、丙级资质和事务所资质由企业所在地省、自治区、直辖市人民政府建设主管部门审批。专业乙级、丙级资质和事务所资质许可延续的实施程序由省、自治区、直辖市人民政府建设主管部门依法确定。省、自治区、直辖市人民政府建设主管部门应当自做出决定之日起10日内,将准予资质许可的决定报国务院建设主管部门备案。

(3)工程监理企业资质证书分为正本和副本,每套资质证书包括一本正本,四本副本。正、副本具有同等法律效力。工程监理企业资质证书的有效期为5年。工程监理企业资质证书由国务院建设主管部门统一印制并发放。

(4)申请工程监理企业资质,应当提交以下材料:

①工程监理企业资质申请表(一式三份)及相应电子文档;

②企业法人、合伙企业营业执照;

③企业章程或合伙人协议;

④企业法定代表人、企业负责人和技术负责人的身份证明、工作简历及任命(聘用)文件;

⑤工程监理企业资质申请表中所列注册监理工程师及其他注册执业人员的注册执业证书；

⑥有关企业质量管理体系、技术和档案等管理制度的证明材料；

⑦有关工程试验检测设备的证明材料。

取得专业资质的企业申请晋升专业资质等级或者取得专业甲级资质的企业申请综合资质的，除前款规定的材料外，还应当提交企业原工程监理企业资质证书正、副本复印件，企业《监理业务手册》及近两年已完成代表工程的监理合同、监理规划、工程竣工验收报告及监理工作总结。

（5）资质有效期届满，工程监理企业需要继续从事工程监理活动的，应当在资质证书有效期届满 60 日前，向原资质许可机关申请办理延续手续。对在资质有效期内遵守有关法律、法规、规章、技术标准，信用档案中无不良记录，且专业技术人员满足资质标准要求的企业，经资质许可机关同意，有效期延续 5 年。

（6）工程监理企业在资质证书有效期内名称、地址、注册资本、法定代表人等发生变更的，应当在工商行政管理部门办理变更手续后 30 日内办理资质证书变更手续。涉及综合资质、专业甲级资质证书中企业名称变更的，由国务院建设主管部门负责办理，并自受理申请之日起 3 日内办理变更手续。前款规定以外的资质证书变更手续，由省、自治区、直辖市人民政府建设主管部门负责办理。省、自治区、直辖市人民政府建设主管部门应当自受理申请之日起 3 日内办理变更手续，并在办理资质证书变更手续后 15 日内将变更结果报国务院建设主管部门备案。

（7）申请资质证书变更，应当提交以下材料：

①资质证书变更的申请报告；

②企业法人营业执照副本原件；

③工程监理企业资质证书正、副本原件。

工程监理企业改制的，除前款规定材料外，还应当提交企业职工代表大会或股东大会关于企业改制或股权变更的决议、企业上级主管部门关于企业申请改制的批复文件。

（8）工程监理企业不得有下列行为：

①与建设单位串通投标或者与其他工程监理企业串通投标，以行贿手段谋取中标；

②与建设单位或者施工单位串通弄虚作假、降低工程质量；

③将不合格的建设工程、建筑材料、建筑构配件和设备按照合格签字；

④超越本企业资质等级或以其他企业名义承揽监理业务；

⑤允许其他单位或个人以本企业的名义承揽工程；

⑥将承揽的监理业务转包；

⑦在监理过程中实施商业贿赂；

⑧涂改、伪造、出借、转让工程监理企业资质证书；

⑨其他违反法律法规的行为。

（9）工程监理企业合并的，合并后存续或者新设立的工程监理企业可以承继合并前各方中较高的资质等级，但应当符合相应的资质等级条件。工程监理企业分立的，分立后企业的资质等级,根据实际达到的资质条件,按照本规定的审批程序核定。

⑩企业需增补工程监理企业资质证书的(含增加、更换、遗失补办),应当持资质证书增补申请及电子文档等材料向资质许可机关申请办理。遗失资质证书的,在申请补办前应当在公众媒体刊登遗失声明。资质许可机关应当自受理申请之日起 3 日内予以办理。

4. 监督管理

(1)县级以上人民政府建设主管部门和其他有关部门应当依照有关法律、法规和本规定,加强对工程监理企业资质的监督管理。

(2)建设主管部门履行监督检查职责时,有权采取下列措施:

①要求被检查单位提供工程监理企业资质证书、注册监理工程师注册执业证书,有关工程监理业务的文档,有关质量管理、安全生产管理、档案管理等企业内部管理制度的文件;

②进入被检查单位进行检查,查阅相关资料;

③纠正违反有关法律、法规和本规定及有关规范和标准的行为。

(3)建设主管部门进行监督检查时,应当有两名以上监督检查人员参加,并出示执法证件,不得妨碍被检查单位的正常经营活动,不得索取或者收受财物、谋取其他利益。有关单位和个人对依法进行的监督检查应当协助与配合,不得拒绝或者阻挠。监督检查机关应当将监督检查的处理结果向社会公布。

(4)工程监理企业违法从事工程监理活动的,违法行为发生地的县级以上地方人民政府建设主管部门应当依法查处,并将违法事实、处理结果或处理建议及时报告该工程监理企业资质的许可机关。

(5)工程监理企业取得工程监理企业资质后不再符合相应资质条件的,资质许可机关根据利害关系人的请求或者依据职权,可以责令其限期改正;逾期不改的,可以撤回其资质。

(6)有下列情形之一的,资质许可机关或者其上级机关,根据利害关系人的请求或者依据职权,可以撤销工程监理企业资质:

①资质许可机关工作人员滥用职权、玩忽职守做出准予工程监理企业资质许可的;

②超越法定职权做出准予工程监理企业资质许可的;

③违反资质审批程序做出准予工程监理企业资质许可的;

④对不符合许可条件的申请人做出准予工程监理企业资质许可的;

⑤依法可以撤销资质证书的其他情形。

以欺骗、贿赂等不正当手段取得工程监理企业资质证书的,应当予以撤销。

(7)有下列情形之一的,工程监理企业应当及时向资质许可机关提出注销资质的申请,交回资质证书,国务院建设主管部门应当办理注销手续,公告其资质证书作废:

①资质证书有效期届满,未依法申请延续的;

②工程监理企业依法终止的;

③工程监理企业资质依法被撤销、撤回或吊销的;

④法律、法规规定的应当注销资质的其他情形。

（8）工程监理企业应当按照有关规定，向资质许可机关提供真实、准确、完整的工程监理企业的信用档案信息。工程监理企业的信用档案应当包括基本情况、业绩、工程质量和安全、合同违约等情况。被投诉举报和处理、行政处罚等情况应当作为不良行为记入其信用档案。工程监理企业的信用档案信息按照有关规定向社会公示，公众有权查阅。

5. 法律责任

（1）申请人隐瞒有关情况或者提供虚假材料申请工程监理企业资质的，资质许可机关不予受理或者不予行政许可，并给予警告，申请人在 1 年内不得再次申请工程监理企业资质。

（2）以欺骗、贿赂等不正当手段取得工程监理企业资质证书的，由县级以上地方人民政府建设主管部门或者有关部门给予警告，并处 1 万元以上 2 万元以下的罚款，申请人 3 年内不得再次申请工程监理企业资质。

（3）工程监理企业有本规定第十六条第七项、第八项行为之一的，由县级以上地方人民政府建设主管部门或者有关部门予以警告，责令其改正，并处 1 万元以上 3 万元以下的罚款；造成损失的，依法承担赔偿责任；构成犯罪的，依法追究刑事责任。

（4）违反本规定，工程监理企业不及时办理资质证书变更手续的，由资质许可机关责令限期办理；逾期不办理的，可处以 1 千元以上 1 万元以下的罚款。

（5）工程监理企业未按照本规定要求提供工程监理企业信用档案信息的，由县级以上地方人民政府建设主管部门予以警告，责令限期改正；逾期未改正的，可处以 1 千元以上 1 万元以下的罚款。

（6）县级以上地方人民政府建设主管部门依法给予工程监理企业行政处罚的，应当将行政处罚决定以及给予行政处罚的事实、理由和依据，报国务院建设主管部门备案。

（7）县级以上人民政府建设主管部门及有关部门有下列情形之一的，由其上级行政主管部门或者监察机关责令改正，对直接负责的主管人员和其他直接责任人员依法给予处分；构成犯罪的，依法追究刑事责任：

①对不符合本规定条件的申请人准予工程监理企业资质许可的；

②对符合本规定条件的申请人不予工程监理企业资质许可或者不在法定期限内做出准予许可决定的；

③对符合法定条件的申请不予受理或者未在法定期限内初审完毕的；

④利用职务上的便利，收受他人财物或者其他好处的；

⑤不依法履行监督管理职责或者监督不力，造成严重后果的。

2.3.3　建设监理企业的经营活动

1. 建设监理企业经营活动基本准则

建设监理企业从事建设工程监理活动时，应当遵循"守法、诚信、公正、科学"的基本执业准则。

（1）守法

它是指企业遵守国家法律法规方面的各项规定，即依法经营。具体表现为：

①建设监理企业只能在核定的业务范围内开展经营活动。核定的业务范围是指经工程监理资质管理部门在资质证书核定的主项资质和增项资质的业务范围，包括工程类别和工程等级两个方面。

②合法使用《资质等级证书》。建设监理企业不得伪造、涂改、出租、出借、转让和出卖《资质等级证书》。

③依法履行监理合同。只要签订了监理合同，工程监理企业就应当按照建设工程监理合同的约定，认真履行监理合同，不得无故或故意违背自己的承诺。

④依法接受监督管理。建设监理企业开展监理活动时，应当执行国家或地方的监理法规，并自觉接受政府有关部门的监督管理。如果建设监理企业离开原住所地承接监理业务，要自觉遵守当地人民政府的监理法规和有关规定，主动向监理工程所在地的省、自治区和直辖市建设行政主管部门备案登记，接受其指导和监督管理。

⑤遵守国家的法律、法规。工程监理企业既然是依法成立的企业，就要"守法"，即遵守国家关于企业法人的其他法律、法规的规定。

（2）诚信

诚信即诚实守信。只有做到诚信才能树立企业的信誉，而信誉是企业的无形资产，良好的信誉可以为企业带来巨大的效益。对于监理企业来说，要想做到诚信，就要加强企业的信用管理，提高企业的信用水平。因此，建设监理企业应当建立健全企业的信用管理制度。其内容包括：

①建立健全合同管理制度，严格履行监理合同。

②建立健全与业主的合作制度，及时进行信息沟通，增强相互间的信任感。

③建立健全监理服务需求调查制度，只有这样才能使企业避免选择项目不当，而造成自身信用风险。

④建立企业内部信用管理责任制度，及时检查和评估企业信用的实施情况，不断提高企业信用管理水平。

（3）公正

它是指建设监理企业在进行监理活动中，既要维护其委托人——建设单位的利益，又不能损害承包商的合法利益，必须以合同为准绳，公正地处理建设单位和承包商之间的争议。要想做到这一点，首先要以公正为出发点，然后，还要有能力做到公正。因此，必须做到以下几点：

①要具有良好的职业道德，谨记公正原则；

②要坚持实事求是，讲究用证据说话；

③要熟悉有关建设工程合同条款，提高依据合同做出判断的能力，只有这样才能做到公正；

④要做到公正，必须能够判别出怎样做才是"公正"，这就要求监理工程师提高专业技术能力，提高判断技术问题的能力；

⑤在实际中,往往各个事件相互影响,不能够一目了然地看出问题所在,必须进行综合分析与判断,这就要求监理工程师提高综合分析和判断问题的能力,能够从错综复杂的问题中找出答案。

(4)科学

它是指建设监理企业必须依据科学的方案,运用科学的手段,采取科学的方法开展监理工作。因为,工程监理企业提供的就是科学管理服务。实行科学管理主要体现在:

①科学的方案,主要是指建设监理正式开展之前就要编制科学的监理规划,并且在监理规划的控制之下,分专业再制定监理实施细则。通过科学地规划监理工作,使各项监理活动均纳入计划管理轨道。

②科学的手段,是指建设监理企业在开展工程监理活动时,通常借助于计算机辅助监理和先进的科学仪器来进行,如各种检测、试验、化验仪器和摄录像设备。

③科学的方法,是指建设监理人员在监理活动中,必须采用科学的方法来进行。如采用网络计划技术进行进度控制;采用各种质量控制方法进行质量控制;采用各种投资控制方法进行投资控制。

2. 建设监理企业管理制度

建设监理企业要建立健全以下各项内部管理制度,强化企业管理,按照现代企业制度的要求建设企业,是监理企业提高市场竞争力的重要途径。

(1)组织管理制度

它的内容包括合理设置企业内部机构,确立机构职能,建立严格的岗位责任制度,加强考核,有效配置企业资源,提高企业工作效率,健全企业内部监督体系,完善制约机制。

(2)人事管理制度

健全工资分配、奖励制度,完善激励机制,加强对员工的业务素质培养和职业道德教育。

(3)劳动合同管理制度

推行职工全员竞争上岗,按照《劳动法》规定,签订劳动合同。严格劳动纪律,严明奖惩,充分调动和发挥职工的积极性和创造性。

(4)财务管理制度

加强资产管理、财务计划管理、投资管理、资金管理、财务审计管理等。要及时编制资产负债表、损益表和现金流量表,真实反映企业经营状况,改进和加强经济核算。

(5)经营管理制度

制定企业的经营规划、市场开发计划。做好市场定位,制定和实施明确的发展战略。

(6)项目监理机构管理制度

制定项目监理机构的运行办法、各项监理工作的标准及检查评定办法等。

(7)设备管理制度

制定设备的购置办法,设备的使用、保养规定等。

(8)科技管理制度

制定科技开发规划、科技成果评审办法、科技成果应用推广办法等。

（9）信息和档案文书管理制度

制定档案的整理和保管制度，文件和资料的使用、归档管理办法等。

3.市场开发

（1）承揽监理业务

建设监理企业可以通过监理投标和业主直接委托两种方式承揽监理业务。但是，通过投标承揽监理业务的方式是最基本的方式。因此，建设监理企业必须加强竞争意识，及时了解招标信息，正确做出投标策略，认真编写投标书，提高监理投标的中标率。在编写投标书时，要将监理大纲作为核心，根据监理招标文件的要求，针对建设单位委托的工程特点，认真分析，初步拟定监理工作方针，主要的管理措施、技术措施，拟投入的监理力量等。让监理大纲充分反映监理水平能够满足建设单位的需求。监理单位中标以后，与建设单位正式签订书面的《建设工程委托监理合同》。

（2）建设监理费的计算

建设监理费是指建设单位依据委托监理合同支付给监理企业的监理酬金。它是构成概（预）算的一部分，在工程概（预）算中单独列支。工程监理费由监理直接成本、监理间接成本、税金和利润四部分构成。

①监理直接成本。它是指监理企业履行委托监理合同时所发生的成本。主要包括：

a.监理人员和监理辅助人员的工资、奖金、津贴、补助、附加工资等；

b.用于监理工作的常规检测工器具、计算机等办公设施的购置费和其他仪器、机械的租赁费；

c.用于监理人员和辅助人员的其他专项开支，包括办公费、通讯费、差旅费、书报费、文印费、会议费、医疗费、劳保费、保险费、休假探亲费等；

d.其他费用。

②监理间接成本。它是指全部业务经营开支及非工程监理的特定开支。主要包括：

a.管理人员、行政人员以及后勤人员的工资、奖金、补助和津贴；

b.经营性业务开支，包括为招揽监理业务而发生的广告费、宣传费、有关合同的公证费等；

c.办公费，包括办公用品、报刊、会议、文印、上下班交通费等；

d.公用设施使用费，包括办公使用的水、电、气、环卫、保安等费用；

e.业务培训费、图书、资料购置费；

f.附加费，包括劳动统筹、医疗统筹、福利基金、工会经费、人身保险、住房公积金、特殊补助等；

g.其他费用。

③税金。它是指按照国家规定，工程监理企业应交纳的各种税金总额。

④利润。它是指工程监理企业的监理活动收入扣除监理直接成本、监理间接成本和各种税金后的余额。

思考题

1. 什么是建设监理单位？
2. 建设监理公司组织有哪些任务？
3. 简述建设监理组织机构的设计程序？
4. 建设监理企业经营活动的基本准则是什么？
5. 建设监理企业的资质是如何划分的？
6. 公司制监理企业的基本特征有哪些？

第 **3** 章
现场监理机构组织

■ 3.1 现场监理机构组织形式

监理单位受项目法人委托,对具体的工程项目实施监理,必须建立实施监理工作的组织,即为监理组织机构。项目监理组织形式有多种,常用的基本组织结构形式有以下三种。

■ 3.1.1 直线式项目监理组织

直线式是早期采用的一种项目管理形式,来自于军事组织系统,是一种线性组织结构,其本质就是使命令线性化。整个组织自上而下实行垂直领导,不设职能机构,可设职能人员协助主管人员工作,主管人员对所属单位的一切问题负责。其特点是:权利系统自上而下形成直线控制,权责分明。直线式项目监理组织形式如图 3-1 所示。

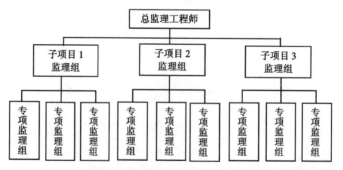

图 3-1 直线式项目监理组织形式

通常独立的项目和单个中小型的工程项目都采用直线式项目监理组织形式。这种组织结构形式与项目的结构分解图有较好的对应性。

1.直线式项目监理组织优点

(1)保证命令统一,每个组织单元仅向一个上级负责,上级对下级直接行使管理和监督的权力,即直线职权,一般不能越级下达指令。项目参加者的工作任务、责任、权利明确,指令唯一,这样可以减少扯皮和纠纷,协调方便。

(2)具有独立的项目监理组织的优点。尤其是项目总监能直接控制监理组织资源,向业主负责。

(3)信息流通快,决策迅速,项目容易控制。

(4)项目任务分配明确,责权利关系清楚。

2.直线式项目监理组织缺点

(1)当项目比较多、比较大时,每个项目对应一个组织,监理企业资源可能不能达到合理使用;

(2)项目总监责任较大,一切决策信息都集中于他处,这要求他能力强、知识全面、经验丰富,是一个"全能式"人物,否则决策较难、较慢,容易出错;

(3)不能保证项目监理参与单位之间信息流通速度和质量;

(4)监理企业的各项目间缺乏信息交流,项目之间的协调、企业的计划和控制比较困难。

3.1.2 职能式项目监理组织

职能式项目监理组织形式是在泰勒的管理思想的基础上发展起来的一种项目组织形式,是一种传统的组织结构模式。它特别强调职能的专业分工,其组织系统是以职能为划分部门的基础,把管理的职能授权给不同的管理部门。这种监理组织形式,就是在项目总监之下设立一些职能机构,分别从职能角度对基层监理组织进行业务管理,并在总监授权的范围内,向下下达命令和指示。这种组织形式强调管理职能的专业化,即把管理职能授权给不同的专业部门,如图3-2所示。

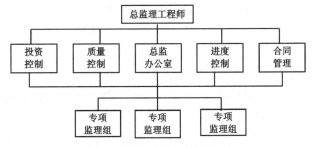

图3-2 职能式项目监理组织形式

在职能式项目监理组织结构中,项目监理任务分配给相应的职能部门,职能部门经理对分配到本部门的项目任务负责。职能式项目监理组织形式适用于任务相对比较稳定明确的项目监理工作。

1.职能式项目监理组织形式的优点

(1)由于部门是按职能来划分的,因此各职能部门的工作具有很强的针对性,可以最大限度地发挥人员的专业才能,减轻项目总监的负担;

（2）如果各职能部门能做好互相协作的工作,对整个项目的完成会起到事半功倍的效果。

2. 职能式项目监理组织形式的缺点

（1）项目信息传递途径不畅;

（2）工作部门可能会接到来自不同职能部门的互相矛盾的指令;

（3）当不同职能部门之间存在意见分歧,并难以统一时,互相协调存在一定的困难;

（4）职能部门直接对工作部门下达工作指令,项目总监对工程项目的控制能力在一定的程度上被弱化。

3.1.3 矩阵式项目监理组织

矩阵式是现代大型工程管理中广泛采用的一种组织形式,是美国于 20 世纪 50 年代创立的一种组织形式,它把职能原则和项目对象原则结合起来建立工程项目管理组织机构,使其既能发挥职能部门的横向优势,又能发挥项目组织的纵向优势。从系统论的观点来看,解决问题不能只靠某一部门的力量,一定要各方面专业人员共同协作。矩阵式项目监理组织由横向职能部门系统和纵向子项目组织系统组成,如图 3-3 所示。

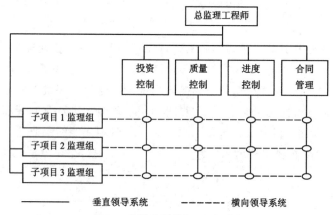

图 3-3　矩阵式项目监理组织形式

矩阵式项目监理组织适用于平时承担多个需要进行项目监理工程的企业以及大型、复杂的监理工程项目。在这种情况下,各项目对专业技术人才和管理人才都有需求,加在一起数量较大。采用矩阵式项目监理组织可以充分利用有限的人才对多个项目进行监理,特别有利于发挥稀有人才的作用;因大型复杂的工程项目要求多部门、多技术、多工种配合实施,在不同阶段,对不同人员有不同数量和搭配各异的需求。显然,矩阵式项目监理组织形式可以很好地满足其要求。

1. 矩阵式项目监理组织形式优点

（1）能以尽可能少的人力,实现多个项目监理的高效率。理由是通过职能部门的协调,一些项目上的闲置人才可以及时转移到需要这些人才的项目上去,防止人才短缺,项目组织因此具有弹性和应变力。

（2）有利于人才的全面培养。可以使不同知识背景的人在合作中相互取长补短,在实践中拓宽知识面,发挥纵向的专业优势,使人才成长建立在深厚的专业训练基础之上。

2.矩阵式项目监理组织形式缺点

（1）由于人员来自监理企业职能部门,且仍受职能部门控制,故凝聚在项目上的力量减弱,往往使项目组织的作用发挥受到影响。

（2）管理人员或专业人员如果身兼多职地监理多个项目,便往往难以确定监理项目的优先顺序,有时难免顾此失彼。

（3）双重领导。项目组织中的成员既要接受项目总监的领导,又要接受监理企业中原职能部门的领导,在这种情况下,如果领导双方意见和目标不一致,乃至有矛盾时,当事人便无所适从。要防止这一问题产生,必须加强项目总监和部门负责人之间的沟通,还要有严格的规章制度和详细的计划,使工作人员尽可能明确在不同时间内应当干什么工作:

（4）矩阵式项目监理组织对监理企业管理水平、项目管理水平、领导者的素质、组织机构的办事效率、信息沟通渠道的畅通,均有较高要求。因此,要精于组织、分层授权、疏通渠道、理顺关系。由于矩阵式项目监理组织的复杂性和众多结合部,造成信息沟通量膨胀和沟通渠道复杂化,致使信息梗阻和失真,所以要求协调组织内部的关系时必须有强有力的组织措施和协调办法以排除难题,层次、权限要明确划分,当有意见分歧难以统一时,监理企业领导和项目总监要出面及时协调。

3.2　现场监理机构的人员结构

3.2.1　总监理工程师

建设工程监理实行总监理工程师负责制。总监理工程师是项目监理机构的核心,其工作的好坏直接影响到项目监理目标的实现。

《建设工程监理规范》（GB/T 50319—2013）规定,建设工程监理实行总监理工程师负责制。项目总监理工程师是由监理单位法定代表人书面授权,全面负责委托监理合同的履行、主持项目监理机构工作的监理工程师。总监理工程师在项目监理机构中处于核心的地位。总监理工程师就是监理机构的形象。总监理工程师工作积极性和主观能动性的发挥直接影响到项目监理目标的实现。

1.总监理工程师的素质

按《建设工程监理规范》（GB/T 50319—2013）要求:总监理工程师应由具有三年以上同类工程监理工作经验的人员担任。但这个要求仅仅是最基本的要求,总监理工程师必须具备多方面的素质才能胜任项目监理的需要。

（1）完善的知识结构

一般地说,监理工程师的知识结构包括四个方面:经济、技术、管理与法律。经济主要是指技术经济知识,能进行技术方案的经济比较分析,掌握可行性研究的方法、概预算的编制与审核等。技术主要是指建筑、结构、水电、机械等工程技术。管理是指项目管理等现代化的管理方法与手段,如网络计划技术,投资控制、进度控制、质量控制的方法,计算机辅助管理技术等。法律主要是指经济合同法。在国际上,有三个 FIDIC 条例是监理工程师必须掌握的:国际土木工程承发包合同条例,即业主与承包商合同纠纷;业主与设计单位的条例;业主与项目管理咨询机构的合同条例。

当然,总监理工程师不可能是四个方面的专家,但他至少必须是某一个或某几个方面的专家,同时在专业监理工程师的帮助下,对其他方面的知识能够比较熟悉地应用或有一定的理解。

(2)高尚的职业道德

监理工程师的职业准则应是"守法、诚信、公正、科学"。监理工作既要维护业主的利益,也要保证承包商的利益。但由于长时期以来对监理工作的误解,或者是一些承包商为了从项目施工中获取非法利益,监理人员往往成为贿赂的对象。同时,在我国监理取费低的情况下,监理人员的报酬水平不高,致使部分监理人员在监理工作中对承包商卡、拿、要,从承包商那里得到"补偿"。

在这种情况下,总监理工程师的行为就起到重要的影响作用。一方面,总监理工程师要加强对监理人员的管理;另一方面,总监理工程师本人要严格遵守职业道德,这对监理机构的其他成员能起到良好的榜样作用。"上梁不正下梁歪",如果总监理工程师自己不能遵守职业道德,那么对工程项目的控制就成为空谈。

(3)良好的沟通能力

在工程项目监理中,总监理工程师不但要协调监理机构内部的工作,而且要协调监理与业主、业主与承包商、监理与承包商的关系。协调的前提是要有良好的沟通。只有通过沟通,所有各方、所有人员才能明确项目目标,心往一处想,劲往一处使。与其他两方的良好关系,也是保证监理工作顺利进行的条件。矛盾和误解往往是因为沟通不足而产生的。

(4)迅速的反应能力

工程技术的复杂性决定了在工程实施过程中监理要面对各种复杂的情况。这些情况都要求监理机构做出迅速的反应。总监理工程师必须能够在最短的时间内做出最佳判断,果断地采取行动。

(5)开拓的工作精神

要想圆满地完成监理目标,离不开监理人员的开拓性工作。建设监理的质量控制、进度控制与投资控制不应该仅限于业主确定的目标,总监理工程师还应与专业监理一道,通过对设计挖潜、施工工艺改进等方式向设计单位、承包商提出合理化建议,以此达到减少投资,加快进度的目标。

2. 总监理工程师的职责

总监理工程师在监理机构中的重要位置,决定了总监理工程师要承担相应的重要职责。《建设工程监理规范》(GB/T 50319—2013)规定,总监理工程师应履行下列职责:

(1)确定项目监理机构人员的分工和岗位职责。监理单位应该赋予总监理工程师一定的人事权力。根据监理项目的特点,总监理工程师可以与监理单位的主管经理一起商议派到项目监理机构的人选,以保证总监理工程师在工作中处于支配地位,贯彻落实分工负责的要求,全面地履行权力。

(2)主持编写项目监理规划、审批项目监理实施细则,并负责管理项目监理机构的日常工作。项目监理规划是用来指导监理机构全面开展监理工作的指导性文件。总监理工程师通过项目监理规划贯彻自己的监理思想,并与专业监理人员达成共识,在项目监理实施细则中具体加以执行。总监理工程师不得将主持编写项目监理规划、审批项目监理实施细则的工作委托给总监理工程师代表。

(3)审查分包单位的资质,并提出审查意见。分包单位的素质对工程的质量、进度、今后监理工作的顺利实现等都有重要影响,所以,总监理工程师对分包单位的审查必须严格把关。资质的审查重点要放在分包单位的人员结构上,要对分包单位派到该工程上的人员情况提出要求,对重要的岗位应验看上岗证明。

(4)检查和监督管理人员的工作,根据工程项目的进展情况可进行监理人员调配,对不称职的监理人员应调换其工作。总监理工程师对监理人员贯彻落实项目监理规划、项目监理实施细则的情况要随时进行检查,并监督监理人员在监理工作中执行职业道德的情况,做好监理人员的思想工作,解决监理人员在监理工作中遇到的问题。对业务水平确实不符合监理工作需要,职业道德低下的监理人员及时与单位主管经理商议调换。

(5)主持监理工作会议,签发项目监理机构的文件和指令。监理工作会议包括监理机构内部的会议和工地例会。通过监理机构内部会议,总监理工程师对监理机构本身执行监理工作情况进行总结和安排下一步监理工作,研究解决监理工作中的问题。对在监理工作中表现出色的监理人员进行表扬,对存在问题的监理人员提出批评。《建设工程监理规范》(GB/T 50319—2013)规定,工地例会是由项目监理机构主持的,由有关各方参加的、定期召开的会议。在工地例会上,总监理工程师应对上一个时期内和下一个时期内的工程问题与业主、承包商进行协商,提出监理方的意见和建议。

(6)审定承包单位提交的开工报告、施工组织设计、技术方案、进度计划。总监理工程师对开工报告应主要审查施工准备情况,看是否具备开工的条件。对在施工中产生严重不符合规范和设计要求的问题或在承包商不具备继续施工的条件时,总监理工程师要及时下发停工令,要求承包商进行整改。总监理工程师不得将签发工程开工令、工程暂停令、复工报审表委托给总监理工程师代表。承包单位的施工组织设计、技术方案、进度计划是承包商进行施工的指导性文件,对施工的质量、进度和投资都会产生重要影响。总监理工程师应对施工组织设计、技术方案听取专业监理工程师的意见,并予以认可或提出修改意见。

(7)审核签署承包单位的申请、支付证书和竣工结算。由于工程施工条件的变化,承包单位可能提出各种申请,如工程延期申请等。总监理工程师应根据具体情况做出批准或不予批准的决定。而工程款的支付和竣工结算必须建立在工程计量的基础上,总监理工程师应在对承包单位申报的已完成工程的工程量进行核验的前提下,按照设计文件及承包合同中关于工程量计算的规定进行签发。总监理工程师不得将签发工程款支付证书和竣工结算委托给总监理工程师代表。

(8)审查和处理工程变更。根据以往的经验,工程变更是对投资影响最大的因素,而且工程变更经常导致承包商的索赔。因此,总监理工程师在审查和处理工程变更时要慎之又慎。总监理工程师必须验证变更的合理性,协调好业主、设计单位和承包单位的关系,做好防止索赔的准备。

(9)主持或参与工程质量事故的调查。工程质量事故的发生可能是由于设计的原因,也可能是由于施工的原因。在进行工程质量事故调查时,监理方处于一个比较超脱的位置,因此,有关方面比较重视监理方的意见。总监理工程师应会同专业监理工程师对质量事故进行客观的分析,并反思监理工作的执行情况。

(10)调解建设单位与承包单位的合同争议、处理索赔、审批工程延期。监理在建设单位和承包单位间处在第三方的地位,而且由于监理是高度专业化的工作,比较具有权威性,建设单位和承包单位比较愿意接受监理方的意见。总监理工程师在处理合同争议、索赔以及工程延期问题时要注意保持公正性,维护双方的利益。

(11)组织编写并签发监理月报、监理工作阶段报告、专题报告和项目监理工作总结。这些报告和总结既是向有关各方反馈监理工作,也是监理方对自己经验的总结。通过它们,建设单位、承包单位能够及时了解工程的进展情况、监理方对已完成工程的评价等情况,使监理工作得到其他方面的认可。

(12)审核签认分部工程和单位工程的质量检验评定资料,审查承包单位的竣工申请,组织监理人员对待验收的工程项目进行质量检查,参与工程项目的竣工验收。这些工作是监理方对工程项目实施质量控制的必要途径,也是在维修保养期内对承包单位责任认定的必需的依据。

(13)主持整理工程项目的监理资料。一个工程项目的监理工作结束时会留下大量的监理资料,这些监理资料既是监理单位在监理工作中获得的第一手材料,也是重要的档案材料。总监理工程师应该组织监理人员对这些资料进行细致整理,并把相关资料移交给有关方面。

3.2.2　一般监理人员

一般监理人员包总监理工程师代表、专业监理工程师、监理员。他们是属于监理机构的执行层和操作层,在总监理工程师的领导下开展工作。

1. 总监理工程师代表

根据工程项目监理的需要,在项目监理机构中可设总监理工程师代表。总监理工程师代表是经监理单位法定代表人同意,由总监理工程师书面授权,代表总监理工程师行使其部分职责和权力的项目监理机构中的监理工程师。总监理工程师代表应履行以下职责:

(1)负责总监理工程师指定或交办的监理工作;

(2)按总监理工程师的授权,行使总监理工程师的部分职责和权力。

在总监理工程师代表的设立上,可考虑他与总监理工程师在知识面上的互补。同时,总监理工程师代表也是监理单位培养总监理工程师的有效途径。

2. 专业监理工程师

专业监理工程师是根据项目监理岗位职责分工和总监理工程师的指令,负责实施某一专业或某一方面的监理工作,具有相应监理文件签发权的监理工程师。

专业监理工程师应履行以下职责:

(1)负责编制本专业的监理实施细则。监理实施细则要根据监理规划的精神和思想进行编制,是监理规划的具体落实。监理实施细则必须具备可操作性,要针对承包单位所采用的技术提出。监理规划要充分体现预控的功能,对工程中可能会出现的问题提出处理预案。专业监理工程师编制的监理实施细则必须经过总监理工程师审批。

(2)负责本专业监理工作的具体实施。专业监理工程师的专业监理工作应依照监理实施细则的要求,结合工程施工的实际情况进行。

(3)组织、指导、检查和监督本专业监理员的工作,当人员需要调整时,向总监理工程师提出建议。作为监理机构中的执行层,专业监理工程师要充分调动和发挥本专业监理员的作用。对于工程中采用的新技术、新工艺,专业监理工程师要对专业监理员进行培训,以帮助他们适应新要求,更好地履行监理职责。同时,专业监理工程师还要领导本专业的监理人员以见证、旁站和巡视等方式对某些工序进行监督,以确保承包单位的工作符合有关规定的要求。

(4)审查承包单位提交的涉及本专业的计划、方案、申请、变更,并向总监理工程师提出报告。在监理的过程中,总监理工程师要就专业问题听取专业监理工程师的建议,专业监理工程师要主动思考,积极进言。

(5)负责本专业分项工程验收及隐蔽工程验收。专业监理工程师在承包单位报告分项工程和隐蔽工程完成后,要对已完成的工程进行独立的检查,必要时要借助仪器进行检测,做出认可和确认,并做好检查和检测记录。

(6)定期向总监理工程师提交本专业监理工作实施情况报告,对重大问题及时向总监理工程师汇报和请示。总监理工程师对监理活动的领导必须建立在对监理工作信息的充分了解上,专业监理工程师通过报告、请示和汇报等形式帮助总监理工程师全面了解监理工作的贯彻实施情况。对重大问题,专业监理工程师必须提出自己的见解或解决方案,以供总监理工程师做出决策。

(7)根据本专业监理工作实施情况做好监理日记。监理日记要真实反映监理活动的开展情况,是监理月报和专业监理工作实施报告编写的基础。专业监理工程师通过监理日记记录施工单位在一天内完成的工作以及专业监理工程师对这些工作的检查检测情况,也是监理工作的备忘录。

(8)负责本专业监理资料的收集、汇总及整理,参与编写监理月报。在总监理工程师组织编写监理月报时,专业监理工程师要依据监理日记的内容,提供本专业的监理报告,并参与月报的编写。

(9)核查进场材料、设备、构配件的原始凭证、检测报告等质量证明文件及其质量情况,根据实际情况认为有必要时对进场材料、设备、构配件进行平行检验,合格时予以签认。

(10)负责本专业的工程计量工作,审核工程计量的数据和原始凭证。

3. 监理员

监理员是经过监理业务培训,具有同类工程相关专业知识,从事具体监理工作的监理人员。

监理员应履行以下职责:

(1)在专业监理工程师的指导下开展现场监理工作;

(2)检查承包单位投入工程项目的人力、材料、主要设备及其使用、运行状况,并做好检查记录;

(3)复核或从施工现场直接获取工程计量的有关数据并签署原始凭证;

(4)按设计图及有关标准,对承包单位的工艺过程或施工工序进行检查和记录,对加工制作及工序施工质量检查结果进行记录;

(5)担任旁站工作,发现问题及时指出并向专业监理工程师报告;

(6)做好监理日记和有关的监理记录。

3.3 监理设施

建设单位应提供委托监理合同约定的满足监理工作需要的办公、交通、通信、生活设施,以方便项目监理机构进行监理活动。

3.3.1 办公与生活设施

由于监理工作的特殊性质,要求监理机构的办公与生活设施必须靠近工程项目地点。办公设施应满足监理人员的日常工作、监理资料的存放、监理人员的会议等需要。同时,为实施监理工作的计算机辅助管理需要,应明确有必要的计算机设备。

生活设施包括监理人员的住宿、饮食等设施。在工程项目施工中,承包单位为保证连续施工的需要,经常实行三班制工作,特别是在大体积混凝土浇筑时,监理必须在现场实施监理活动。因此,住宿设施是必不可少的。

监理的办公与生活设施可利用建设单位的原有房屋,也可委托承包单位在建设临时设施时统一建设。

项目监理机构应妥善保管和使用建设单位提供的设施,并应在完成监理工作后移交建设单位。

3.3.2 检测设备和工具

项目监理机构应根据工程项目类别、规模、技术复杂程度、工程项目所在地的环境条件,按委托监理合同的约定,配备满足监理工作需要的常规检测设备和工具,如楼板厚度检测仪、裂缝测深检测仪等。

思考题

1. 现场监理机构组织结构的设计原则是什么?
2. 直线式项目监理组织的优缺点各是什么?
3. 职能式项目监理组织的优缺点各是什么?
4. 矩阵式项目监理组织的优缺点各是什么?
5. 现场监理机构的组织形式有哪几种?
6. 总监理工程师的职责有哪些?

第 **4** 章

建设工程监理业务管理

■ 4.1 建设工程监理规划系列文件

建设工程监理规划是在总监理工程师组织下编制,经监理企业技术负责人批准,用来指导项目监理机构全面开展监理工作的指导性文件。监理规划的编制应针对项目的实际情况,明确项目监理机构的工作目标,确定具体的监理工作制度、程序、方法和措施,并应具有可操作性。建设工程监理大纲和监理实施细则则是与监理规划相互关联的两个重要文件,它们与监理规划一起共同构成监理规划系列性文件。

■ 4.1.1 监理大纲

监理大纲又称监理方案,它是监理单位在业主委托监理的过程中为承揽监理业务而编写的监理方案性文件。项目监理大纲是项目监理规划编写的直接依据。

1. 监理大纲的作用

监理大纲是为了使业主认可监理企业所提供的监理服务,从而承揽到监理业务。尤其通过公开招标竞争的方式获取监理业务时,监理大纲是监理单位能否中标、取信于业主最主要的文件资料。监理大纲是为中标后监理单位开展监理工作制定的工作方案,是中标监理项目委托监理合同的重要组成部分,是监理工作总的要求。

2. 监理大纲的编制要求

（1）监理大纲是体现为业主提供监理服务总的方案性文件,要求企业在编制监理大纲时,应在总经理或主管负责人的主持下,在企业技术负责人、经营部门、技术质量部门等密切配合下编制;

（2）监理大纲的编制应依据监理招标文件设计文件及业主的要求编制;

（3）监理大纲的编制要体现企业自身的管理水平,技术装备等实际情况,编制的监理方案既要满足最大可能地中标,又要建立在合理、可行的基础上。因为监理单位一旦中标,投标文件将作为监理合同文件的组成部分,对监理单位履行合同具有约束效力。

3. 监理大纲的编制内容

为使业主认可监理单位,充分表达监理工作总的方案,使监理单位中标,监理大纲的内容一般应包括如下内容:

(1)人员及资质

监理单位拟派往工程项目上的主要监理人员及其资质等情况介绍,如监理工程师资格证书、专业学历证书、职称证书等,可附复印件说明。作为投标书的监理大纲还需要有监理单位基本情况介绍,公司资质证明文件,如企业营业执照、资质证书、质量体系认证证书、各类获奖证书等的复印件,加盖单位公章以证明其真实有效。

(2)监理单位工作业绩

监理单位工作经验及以往承担的主要工程项目,尤其是与招标项目同类型项目一览表,必要时可附上以往承担监理项目的工作成果:获优质工程奖、业主对监理单位好评等的复印件。

(3)拟采用的监理方案

根据业主招标文件要求以及监理单位所掌握了解的工程信息,制定拟采用的监理方案,包括监理组织方案、项目目标控制方案、合同管理方案、组织协调方案等,这一部分内容是监理大纲的核心内容。

(4)拟投入的监理设施

为实现监理工作目标,实施监理方案,必须投入监理项目工作所需要的监理设施。包括开展监理工作所需要的检测、检验设备,工具、器具,办公设施,如计算机、打印机、管理软件等;为开展组织协调工作提供监理工作后勤保障所需的交通、通信设施以及生活设施等。

(5)监理酬金报价

写明监理酬金总报价,有时还应列出具体标段的监理酬金报价,必要时应有依据地列出详细的计算过程。

此外,监理大纲中还应明确说明监理工作中向业主提交的反映监理阶段性成果的文件。

4.1.2　监理规划

监理规划是在总监理工程师组织下编制,经监理单位技术负责人批准,用来指导项目监理机构全面开展监理工作的指导性文件。监理规划是针对一个具体的工程项目编制的,主要是说明在特定项目中监理工作做什么,谁来做,什么时候做,怎样做,即具体的监理工作制度、程序、方法和措施的问题,从而把监理工作纳入到规范化、标准化的轨道,避免监理工作中的随意性。它的基本作用是:指导监理单位的工程项目监理机构全面开展监理工作,为实现工程项目建设目标规划安排好"三控制""两管理"和"一协调",是监理公司派驻现场的监理机构对工程项目实施监督管理的重要依据,也是业主确认监理机构是否全面履行工程建设监理合同的主要依据。

一个工程建设监理规划编制水平的高低,直接影响到该工程项目监理的深度和广度,也直接影响到该工程项目的总体质量。它是一个监理单位综合能力的具体体现,对开展监理业务有举足轻重的作用。所以要圆满完成一项工程建设监理任务,编制好工程建设监理规划就显得非常必要。

1.监理规划编制的依据

监理规划涉及全局,其编制既要考虑工程的实际特点,考虑国家的法律、法规、规范,又要体现监理合同对监理的要求、施工承包合同对承包商的要求。《建设工程监理规范》(GB/T 50319—2013)认为编制监理规划应依据:建设工程的相关法律、法规及项目审批文件;与建设工程项目有关的标准、设计文件、技术资料;监理大纲、委托监理合同文件以及与建设工程项目相关的合同文件。具体分解后,主要为以下几个方面:

(1)工程项目外部环境资料

①自然条件,如工程地质、工程水文、历年气象、地域地形、自然灾害等。这些情况不但关系到工程的复杂程度,而且会影响施工的质量、进度和投资。如在夏季多雨的地区进行施工,监理就必须考虑雨季施工进行监理的方法、措施。在监理规划中要深入研究分析自然条件对监理工作的影响,给予充分重视。

②社会和经济条件,如政治局势稳定性、社会治安状况、建筑市场状况、材料和设备厂家的供货能力、勘察设计单位、施工单位、交通、通讯、公用设施、能源和后勤供应等。同样社会问题对工程施工的三大目标也有着重要的影响。社会政治局势的稳定情况直接关系到工程项目能否顺利展开。如果工程中的大型构件、设备要通过运输进场,则要考虑公路、铁路及桥梁的承受力。而勘察设计单位的勘察设计能力、施工单位的施工能力,他们的易合作性,对进行监理的工作发挥了很大的制约工作。设想,如果工程的承包单位能力很差,再强的监理单位也难以完成项目监理的目标。毕竟,监理单位不能代替承包单位进行施工。在监理单位撤换承包单位的建议被建设单位采纳后,势必又引发进场费与出场费的问题,对投资产生影响。

(2)工程建设方面的法律、法规

主要是指中央、地方和部门及工程所在地的政策、法律、法规和规定,工程建设的各种规范和标准。监理规划必须依法编制,要具有合法性。监理单位跨地区、跨部门进行监理时,监理规划尤其要充分反映工程所在地区或部门的政策、法律、法规和规定的要求。

(3)政府批准的工程建设文件

工程项目可行性研究报告、立项批文。规划部门确定的规划条件、土地使用条件、环境保护要求、市政管理规定等。

(4)工程项目相邻建筑、公用设施的情况

施工场地周围的建筑、公用设施对施工的开展有极其重要的影响。如在临近铁路的地方开挖基坑,对于维护结构的位移控制有严格要求,那么监理工作中位移监测的工作量就比较大,对监测设备的精度要求也很高。

(5)工程项目监理合同

监理单位与建设单位签订的工程项目监理合同明确了监理单位和监理工程师的权利

和义务、监理工作的范围和内容、有关监理规划方面的要求等。

（6）与工程有关的设计合同、施工承包合同、设备采购合同等文件

工程项目建设的设计、施工、材料、设备等合同中明确了建设单位和承包单位的权利和义务。监理工作应该在合同规定的范围内，要求有关单位按照工程项目的目标开展工作。监理同时应该按照有关合同的规定，协调建设单位和设计、承包等单位的关系，维护各方的权益。

（7）工程设计文件、图纸等有关工程资料

主要有工程建设方案、初步设计、施工图设计等文件。工程实施状况，工程招标投标情况，重大工程变更，外部环境变化等。

（8）工程项目监理大纲

监理大纲是监理单位在建设单位委托监理的过程中为承揽监理业务而编制的监理方案性文件。监理大纲是编写项目监理规划的直接依据。监理规划要在监理大纲的基础上，进一步深化和细化。

2. 监理规划编制的原则

监理规划是指导监理机构全面工作的指导性文件。监理规划的编制一定要坚持一切从实际出发，根据工程的具体情况、合同的具体要求、各种规范的要求等进行编制。

（1）可操作性原则

作为指导项目监理机构全面开展监理工作的指导文件，监理规划要实事求是地反映监理单位的监理能力，体现监理合同对监理工作的要求，充分考虑所监理工程的特点，它的具体内容要适用于被监理的工程。绝不能照抄照搬其他项目的监理规划，使监理规划失去针对性和可操作性。

（2）全局性原则

从监理规划的内容范围来讲，它是围绕整个项目监理组织机构所开展的监理工作来编写的。因此，监理规划应该综合考虑监理过程中的各种因素、各项工作。尤其在监理规划中对监理工作的基本制度、程序、方法和措施要做出具体明确的规定。

但监理规划也不可能面面俱到。监理规划中也要抓住重点，突出关键问题。监理规划要与监理实施细则紧密结合。通过监理实施细则，具体贯彻落实监理规划的要求和精神。

（3）预见性原则

由于工程项目的"一次性""单件性"等特点，施工过程中存在很多不确定因素，这些因素既可能对项目管理产生积极影响，也可能产生消极影响，使工程项目在建设过程中存在很多风险。

在编制监理规划时，监理机构要详细研究工程项目的特点、承包单位的施工技术、管理能力，以及社会经济条件等因素，对工程项目质量控制、进度控制和投资控制中可能发生的失控问题要有预见性和超前的考虑，从而在控制的方法和措施中采取相应的对策加以防范。

（4）动态性原则

监理规划编制好以后，并不是一成不变。因为监理规划是针对一个具体工程项目来

编写的,结合了编制者的经验和思想,而不同的监理项目的特点不同、项目的建设单位、设计单位和承包单位也各不相同,他们对项目的理解也各不相同。工程的动态性很强,项目动态性决定了监理规划具有可变性。所以,要把握好工程项目运行规律,随着工程建设进展不断补充、修改和完善,不断调整规划内容,使工程项目能够运行在规划的有效控制之下,最终实现项目建设的目标。

在监理工作实施过程中,如实际情况或条件发生重大变化,应由总监理工程师组织专业监理工程师评估这种变化对监理工作的影响程度,判断是否需要调整监理规划。在需要对监理规划进行调整时,要充分反映变化后的情况和条件的要求。

新的监理规划编制好后,要按照原报审的程序经过批准后报告给建设单位。

(5)针对性原则

监理规划基本构成内容应当统一,但监理规划的具体内容应具有针对性。现实中没有完全相同的工程项目,它们各具特色、特性和不同的目标要求。而且每一个监理单位和每一个总监理工程师对一个具体项目的理解不同,在监理的思想、方法、手段上都有独到之处。因此,在编制项目监理规划时,要结合实际工程项目的具体情况及业主的要求,有针对性地编写,以真正起到指导监理工作的作用。

也就是说,每一个具体的工程项目,不但有它自己的质量、进度、投资目标,而且在实现这些目标时所运用的组织形式、基本制度、方法、措施和手段都独具一格。

(6)格式化与标准化

监理规划要充分反映《建设工程监理规范》(GB/T 50319—2013)的要求,在总体内容组成上要力求与《建设工程监理规范》(GB/T 50319—2013)要求保持统一。这是监理规范统一的要求,是监理制度化的要求。

在监理规划的内容表达上,要尽可能采用表格、图表的形式,以做到明确、简洁、直观、一目了然。

(7)分阶段编写

工程项目建设是有阶段性的,不同阶段的监理工作内容也不尽相同。监理规划应分阶段编写,项目实施前一阶段所输出的工程信息应成为下一阶段的规划信息,从而使监理规划编写能够遵循管理规律,做到有的放矢。

3. 监理规划的内容

建设工程监理规划是在建设工程监理合同签订后制订的指导监理工作开展的纲领性文件,它起着对建设工程监理工作全面规划和进行监督指导的重要作用。由于它是在明确监理委托关系以及确定项目总监理工程师以后,在更详细掌握有关资料的基础上编制的。所以,其包括的内容与深度比建设工程监理大纲更为详细和具体。

建设工程监理规划应在项目总监理工程师的主持下,根据工程项目建设监理合同和建设单位的要求,在充分收集和详细分析研究建设工程监理项目有关资料的基础上,结合监理单位的具体条件编制。

建设工程监理单位在与业主进行工程项目建设监理委托谈判期间,就应确定项目建设监理的总监理工程师人选,并应参与项目建设监理合同的谈判工作,在工程项目建设监理合同签订以后,项目总监理工程师应组织监理机构人员详细研究建设监理合同内容和工程项目建设条件,主持编制项目的监理规划。建设工程监理规划应将监理合同中规定的监理单位承担的责任及监理任务具体化,并在此基础上制定实施监理的具体措施。编制的工程建设监理规划,是编制建设监理实施细则的依据,是科学、有序地开展工程项目建设监理工作的基础。

建设工程监理是一项系统工程。既是一项"工程",就要进行事前的系统规划和设计。监理规划就是进行此项工程的"初步设计"。各专业监理的实施细则则是此项工程的"施工图设计"。

《建设工程监理规范》(GB/T 50319—2013)规定的监理规划内容包括十二个方面。

(1)工程项目概况

工程项目概况应包括:

①工程项目简况,即项目的基本数据。如建设单位的名称、建设的目的、项目名称、工程项目的地点、相邻情况、总建筑面积、基础与围护的形式、主体结构的形式等。

②项目结构图,以图表的形式表达出工程项目中建设单位、监理单位和承包单位的相互关系,以保证信息流通畅。

③项目组成目录表。项目组成目录表要反映出工程项目组成及建筑规模、主要建筑结构类型等信息。

④预计工程投资总额。工程项目投资总额、工程项目投资组成简表(列表表示)。

⑤工程项目计划工期。工程项目计划工期可以以计划持续时间或以具体日历时间两种方法表示。如以持续时间表示,则为:工程项目计划工期为"××个月"或"××天"。如以具体日历时间表示,则为:工程项目计划工期由××××年××月××日到××××年××月××日。

⑥工程项目计划单位和施工承包单位、分包单位情况(列表表示)。

⑦其他工程特点的简要描述。

(2)监理工作范围

工程项目监理有其阶段性,应根据监理合同中给定的监理阶段、所承担的监理任务,确定监理范围和目标。一般工程项目分为立项、设计、招标、施工、保修五个阶段。建设单位委托监理单位进行监理工作的时段范畴、某个时段的内容范畴不尽相同。监理合同确定由监理单位承担的工程项目建设监理的任务。这个任务决定了监理的工作在时间上是从项目立项到维修保养期的全过程监理,还是仅仅是施工阶段的监理。如果是承担全部工程项目的工程建设监理任务,监理的空间范围为全部工程项目,否则应按监理合同的要求、承担的工程项目的建设标段或子项目划分确定工程项目建设监理范围。

(3)监理工作内容

对不同的监理项目、在项目的不同阶段,监理工作的内容也完全不同。一般来说,在项目实施的五个阶段中,通常分别包括下述的内容:

①工程项目立项阶段

a.协助业主准备项目报建手续。

b.项目可行性研究。

c.进行技术经济论证。

d.编制工程建设匡算。

e.组织编写设计任务书。

②设计阶段

a.结合工程项目特点,收集设计所需的技术经济资料。

b.编写设计要求文件。

c.组织设计方案竞赛或设计招标,协助业主选择勘测设计单位。

d.拟订和商谈委托合同内容。

e.向设计单位提供所需基础资料。

f.配合设计单位开展技术经济分析,搞好方案比选,优化设计。

g.配合设计进度,组织设计与有关部门的协调工作,组织好设计单位之间的协调工作。

h.参与主要设备、材料的选型。

i.审核工程项目设计图纸、工程估算和概算、主要设备和材料清单。

j.检查和控制设计进度及组织设计文件的报批。

③施工招标阶段

a.选择分析工程项目施工招标方案,根据工程的实际情况确定招标方式。

b.准备施工招标文件,向主管部门办理招标申请。

c.参与编写施工招标文件;主要内容有工程综合说明;设计图纸及技术说明;工程量清单或单价表;投标须知;拟定承包合同的主要条款。

d.编制标底,经业主认可后,报送所在地方建设主管部门审核。

e.发放招标文件,进行施工招标,组织现场勘察与答疑会,回答投标者提出的问题。

f.协助建设单位组织开标、评标和决标工作。

g.协助建设单位与中标单位签订承包合同。承包单位的中标价格不是最后的合同价格,在承包单位中标后,监理单位要同建设单位一道与承包单位进行谈判,以确定合同价格。

h.审查承包单位编写的施工组织设计、施工技术方案和施工进度计划,提出改进意见。

i.审查和确认承包单位选择的分包单位。

j.协助建设单位与承包单位编写开工报告,进行开工准备。

④材料物资供应的监理

对业主负责采购供应的材料、设备等物资,监理的主要工作内容有:

a.制订材料物资供应计划和相应的资金需求计划。

b.通过质量、价格、供货期限、售后服务等条件的分析和比选,确定供应厂家。重要设备应访问现有用户,考察厂家质量保证体系。

c.拟订并商签材料、设备的订货合同。

d.监督合同的实施,确保材料设备的及时供应。

⑤施工阶段监理

进行施工阶段的质量控制、进度控制、投资控制。具体地说,大致包括以下几个方面:

a. 督促检查承包单位严格依照工程承包合同和工程技术标准的要求进行施工。

b. 检查进场的材料、构件和设备的质量,验看有关质量证明和质量保证书等文件。

c. 检查工程进度和施工质量,验收分部分项工程,并根据工程进展情况签署工程付款凭证。

d. 确认工程延期的客观事实,做出延期批准。

e. 调解建设单位和承包单位间的合同争议,对有关的费用索赔进行取证和督促整理合同文件和技术资料档案。

f. 组织设计与承包单位进行工程竣工初步验收,提出竣工验收报告。

g. 审查工程决算。

⑥合同管理

工程项目建设监理的关键工作是合同管理,合同管理的好坏决定着监理工作的成败。在合同管理工作中有以下主要内容:

a. 拟订监理工程项目的合同体系及管理制度,包括合同的拟订、会签、协商、修改、审批、签署、保管等工作制度及流程。

b. 协助业主拟订项目的各类合同条款,并参与各类合同的商谈。

c. 合同执行情况的跟踪管理。

d. 协助业主处理与项目有关的索赔事宜及合同纠纷事宜。

⑦监理工程师受业主委托,承担的其他管理和技术服务方面的工作。如为建设单位培训技术人员、水电配套的申请等。

(4)监理工作目标

监理工作目标包括总投资额、总进度目标、工程质量要求等方面。

①投资目标:以年预算为基价,静态投资为万元(合同承包价为万元)。

②工期目标:××个月或自××××年××月××日至××××年××月××日。

③质量目标:工程项目质量等级要求(优良或合格),主要单项工程质量等级要求(优良或合格),重要单位工程质量等级要求(优良或合格)。

(5)监理工作依据

通常来说,监理工作依据下列文件进行:

①建设工程监理合同;

②建筑工程施工监理合同;

③相关法律、法规、规范;

④设计文件;

⑤政府批准的工程建设文件等。

(6)项目监理机构的组织形式

项目监理机构的组织结构,是直线模式,还是职能制模式,或是矩阵制模式。总监理工程师的姓名、地址、电话及任务与责任,专业监理工程师的相关情况。

(7)项目监理机构的人员配备计划

项目监理机构的人员配备计划应在项目监理机构的组织结构图中一道表示。对于关键人员,应说明它们的工作经历,从事监理工作的情况等。

(8)项目监理机构的人员岗位职责

根据监理合同的要求,结合《建设工程监理规范》(GB/T 50319—2013)的规定确定总监理工程师、专业监理工程师的岗位职责。

(9)监理工作程序

监理规划中应明确"三控制、三管理、一协调"工作的程序。

①质量控制的程序。

②进度控制的程序。

③投资控制的程序。

④安全管理的程序。

⑤合同管理的程序。

⑥信息管理的程序。

⑦组织协调的程序。

(10)监理工作方法及措施

监理工作方法及措施包括:

①质量控制

具体内容:

a.依据工程项目建设质量的总目标,制订工程建设分阶段和按项目、单位工程及关键工程的质量目标规划,并监督实施。

b.质量控制措施。其中组织措施包括落实监理组织中负责质量控制的专业监理人员,完善职责分工及质量监督制度,落实质量控制的责任。技术措施包括设计阶段协助设计单位开展优化设计和完善设计质量保证体系;材料设备供应包括通过质量价格比选,正确选择生产供应厂家,并协助其完善质量保证体系;施工阶段,严格事前、事中和事后的质量控制措施。经济及合同措施包括严格实施过程中的质量检查制度和中间验收签证制度,不符合合同规定质量要求的拒付工程款,达到优良的,支付质量补偿金和奖金等。质量信息管理:及时收集有关工程建设质量资料,进行动态分析,纠正偏差,以实现工程项目建设质量总目标。操作中多采用表格形式。

②投资控制

具体内容:

a.依据投资总额制订投资目标分解计划和控制流程图,并严格监督实施。

b.投资控制措施。组织措施:落实监理组织专门负责投资控制的专业监理工程师,完善职责分工及有关制度,落实投资控制责任。技术措施:分阶段的投资控制技术措施。设计阶段推行限额设计和优化设计;招标阶段要合理确定标底及标价;材料设备供应阶段:通过审核施工组织设计,避免不必要的赶工费。经济措施:及时进行计划费用与实际开支费用的分析比较,保证投资计划的正常运行,制定投资控制奖惩办法,力争节约投资。

合同措施:按合同条款支付工程款,防止过早、过量的现金支付;全面履约减少索赔和正确处理索赔。

③进度控制

具体内容:

a.依据工程项目的进度总目标,详细地制订总进度目标分解计划和控制工作流程并监督实施。

b.进度控制措施。技术措施:建立多级网络计划和施工作业体系;增加平行作业的工作面;力争多采用机械化施工;利用新技术、新工艺,缩短工艺过程间的技术间歇时间等。组织措施:落实进度控制责任制,建立进度控制协调制度。经济措施:对工期提前者实行奖励;对应急工程实行较高的计件价;确保资金及时到位等。合同措施:按合同要求及时协调有关各方进度,确保项目进度。

④合同管理

具体内容:

a.合同目录一览表(可列表表示)。

b.合同管理流程图。

c.合同管理具体措施。制定合同管理制度,加强合同保管;加强合同执行情况的分析和跟踪管理;协助业主处理与项目有关的索赔事宜及合同纠纷事宜。

⑤信息管理

具体内容:

a.制订信息流程图和信息流通系统,辅助计算机管理。

b.统一信息管理格式,各层次设立信息管理人员,及时收集信息资料,供各级领导决策之用。

(11)监理工作制度

项目监理机构应根据合同的要求、监理机构组织的状况以及工程的实际情况制定有关制度。这些制度应体现有利于控制和信息沟通的特点。既包括对项目监理机构本身的管理制度,也包括对"三控制、三管理、一协调"方面的程序要求。项目监理机构应根据工程进展的不同阶段制定相应的工作制度。

①立项阶段包括可行性研究报告评议制度、咨询制度、工程估算及审核制度。

②设计阶段包括设计大纲、设计要求编写及审核制度、设计委托合同制度、设计咨询制度、设计方案评审制度、工程概预算及其审核制度、施工图纸审核制度、设计费用支付签署制度、设计协调会及会议纪要制度、设计备忘录签发制度。

③施工招标阶段包括招标准备阶段的工作制度、编制招标文件有关制度、标底编制及审核制度、合同拟订及审核制度和组织招标工作的有关制度。

④施工阶段包括施工图纸会审及设计交底制度及设计变更审核处理制度、施工组织设计审核制度及工程开工申请审批制度、工程材料、半成品质量检验制度、隐蔽工程分项(部)工程质量验收制度及施工技术复核制度、单位工程、单项工程中间验收制度及技术经济签证制度、工地例会制度及施工备忘录签发制度、施工现场紧急情况处理制度及工程质

量事故处理制度、工程款支付证书签审制度及工程索赔签审制度、施工进度监督及报告制度及工程质量检验方面的制度、投资控制方面的制度及工程竣工验收制度。

⑤项目监理机构内部工作制度包括项目监理机构工作会议制度、对外行文审批制度、监理工作日记制度、监理周报、月报制度、技术、经济资料及档案管理制度、项目监理机构监理费用预算制度、保密制度和廉政制度。

（12）监理设施

监理单位的技术设施也是其资质要素之一。尽管工程建设监理是一门管理性的专业，但是，也少不了有一定的技术设施，作为进行科学管理的辅助手段。在科学发达的今天，如果没有较先进的技术设施辅助管理，就不称其为科学管理，甚至就谈不上管理。何况，建设工程监理还不单是一种管理专业，还有必要的验证性的、具体的工程建设实施行为。如运用计算机对某些关键部位结构设计或工艺设计的复核验算，运用高精度的测量仪器对建（构）筑方位的复核测定，使用先进的无损探伤设备对焊接质量的复核检验等等，借此做出科学的判断，如对工程建设的监督管理。所以，对于监理单位来说，技术装备是必不可少的。综合国内外监理单位的技术设施内容，大体上有以下几项：

①计算机。主要用于电算、各种信息和资料的收集整理及分析，用于各种报表、文件、资料的打印等办公自动化管理，更重要的是要开发计算机软件辅助监理。

②工程测量仪器和设备。主要用于对建筑物（构筑物）的平面位置、空间位置和几何尺寸以及有关工程实物的测量。

③检测仪器设备。主要用于确定建筑材料、建筑机械设备、工程实体等方面的质量状况。如混凝土强度回弹仪、焊接部件无损探伤仪、混凝土灌注桩质量测定仪以及相关的化验、试验设备等。

④交通、通信设备。主要包括常规的交通工具，如汽车、摩托车等；电话、电传、传呼机、步话机等。装备这类设备主要是为了适应高效、快速现代化工程建设的需要。

⑤照相、录像设备。工程建设活动是不可逆转的，而且其中的产品（或叫过程产品）随着工程建设活动的进展，绝大部分被隐蔽起来。为了相对真实地记载工程建设过程中重要活动及产品的情况，为事后分析、查证有关问题，以及为以后的工程建设活动提供借鉴等，有必要进行照相或录像加以记载。

4.1.3 监理实施细则

监理实施细则是根据监理规划，由专业监理工程师编写，经总监理工程师批准，针对工程项目中某一专业或某一方面监理工作的操作性文件。对中型及以上或专业性较强的工程项目，项目监理机构应编制监理实施细则。监理实施细则应结合工程项目的专业特点，做到详细具体、具有可操作性。

1. 监理实施细则的编制原则

（1）监理实施细则应符合监理规划的要求；

（2）监理实施细则应结合工程项目的专业特点，做到详细、具体、具有针对性和可操作性；

(3)监理实施细则应明确说明为达到控制目标而采取的措施;

(4)监理实施细则由总监理工程师组织相关专业监理工程师结合工程特点进行编制,由总监理工程师审核批准,并报送建设单位;

(5)监理实施细则应根据实际情况进行补充、修改和完善,满足可操作性的要求。

2. 监理实施细则的编制依据

(1)已批准的监理规划;

(2)与专业工程相关的标准、设计文件和技术资料;

(3)施工组织设计和施工技术方案。

3. 监理实施细则的主要内容

(1)监理工作依据;

(2)专业工程的特点;

(3)施工方案分析;

(4)监理工作的流程;

(5)检验批的划分;

(6)材料设备的考察要点;

(7)监理工作的控制要点及目标值;

(8)监理工作的方法及措施;

(9)旁站方案与旁站记录;

(10)见证取样计划(如果有)。

4.1.4　监理大纲、监理规划、监理实施细则之间的关系

项目监理大纲、监理规划、监理实施细则是相互关联的,它们都是构成项目监理规划系列文件的组成部分,它们之间存在着明显的依据性关系:在编写项目监理规划时,一定要严格根据监理大纲的有关内容来编写;在制定项目监理实施细则时,一定要在监理规划的指导下进行。

通常监理单位开展监理活动应当编制以上系列监理规划文件。但这也不是一成不变的,就像工程设计一样。对于简单的监理活动只编写监理实施细则就可以了,而有些项目也可以制定较详细的监理规划,而不再编写监理实施细则。

4.2　监理工地例会及监理月报

4.2.1　监理工地例会

1. 工地例会的形式及内容

工地例会在 FIDIC 中未有规定,但在国际以及国内施工监理活动中已经成为一项工作制度。这个制度的核心是 FIDIC 合同中的三方一起进行工作协调,以便沟通信息、落实责任、相互配合。

（1）工地例会的形式

工地例会可根据会议召开的时间、内容及参加人员的不同，可分为第一次工地会议、工地会议和现场协调会等三种形式。

（2）工地例会的内容

①第一次工地会议。第一次工地会议亦是工地会议，因为本次会议特别重要，所以突出其名为"第一次工地会议"。开好第一次工地会议，对理顺三方关系、明确办事程序特别重要，为此在会议召开之前各方应充分准备。同时第一次工地会议宜在正式开工之前召开，并应尽可能地早期举行。第一次工地会议包括以下一些主要内容。

a.介绍人员及组织机构。业主或业主代表应就其实施工程项目期间的职能机构职责范围及主要人员名单提出书面文件，就有关细节做出说明，总监理工程师向监理工程代表及高级驻地监理工程师授权，并声明自己仍保留哪些权力；书面将授权书、组织机构框图、职责范围及全体监理人员名单提交承包人并报业主。承包人应书面提出工地代表（项目经理）授权书、主要人员名单、职能机构、职责范围及有关人员的资质材料以取得监理工程师的批准；监理工程师应在本次会议中进行审查并口头予以批准（或有保留的批准），会后正式予以书面确认。

b.介绍施工进度计划。承包人的施工进度计划应在中标通知书发出后合同规定的时间里提交监理工程师。在第一次工地会议上，监理工程师应就施工进度计划做出说明：施工进度计划可于何日批准或哪些分部已获批准；根据批准或将要批准的施工进度计划，承包人何时可以开始哪些工程施工，有无其他条件限制；有哪些重要的或复杂的分部工程还应单独编制进度计划提交批准。

c.承包人陈述施工准备。承包人应就施工准备情况按如下主要内容提出陈述报告，监理工程师应逐项予以澄清、检查和评述：主要施工人员（含项目负责人、主要技术人员及主要机械手）是否进场或将于何日进场，并应提交进场人员计划及名单；用于工程的进口材料、机械、仪器和设施是否进场或将于何日进场，是否将会影响施工，并应提交进场计划及清单；用于工程的本地材料来源是否落实，并应提交材料来源分布图及供料计划清单；施工驻地及临时工程建设进展情况如何，并应提交驻地及临时工程建设计划分布和布置图；施工测量的基础资料是否已经落实并经过复核，施工测量是否进行或将于何日完成，并应提交施工测量计划及有关资料；履约保函和动员预付款保函及各种保险是否已经办理或将于何日办理完毕，并应提交有关已办手续的副本；为监理工程师提供的住房、交通、通讯、办公等设备及服务设施是否具备或将于何日具备，并应提交有关计划安排及清单；其他与开工条件有关的内容及事项。

d.业主说明开工条件。业主代表应就工程占地、临时用地、临时道路、拆迁以及其他与开工条件有关的问题进行说明；监理工程师应根据批准或将要批准的施工进度计划内的安排，对上述事项提出建议及要求。

e.明确施工监理例行程序。监理工程师应沟通与承包人的联系渠道，明确工作例行程序并提出有关表格及说明；质量控制的主要程序、表格及说明；施工进度控制的主要程序、图表及说明；计量支付的主要程序、报表及说明；延期与索赔的主要程序、报表及说明；

工程变更的主要程序、图表及说明；工程质量事故及安全事故的报告程序、报表及说明；函件的往来传递交接程序、格式及说明；确定工地会议的时间、地点及程序。

②工地会议。工地会议应在开工后的整个施工活动期内定期举行，宜每月召开一次，其具体时间间隔可根据施工中存在问题的程度由监理工程师决定。施工中如出现延期、索赔及工程事故等重大问题，可另行召开专门会议协调处理。工地会议应由监理工程师主持。会议参加者应为高级驻地监理工程师及有关助理人员；承包人的授权代表、指定分包人及有关助理人员；业主代表及有关助理人员。

会议应按既定的例行议程进行，一般应由承包人逐项进行陈述并提出问题与建议；监理工程师应逐项组织讨论并做出决定或决议的意向。会议一般应按以下议程进行讨论和研究：

a.确认上次记录：可由监理工程师的记录人对上次会议记录征询意见并在本次会议记录中加以修正；

b.审查工程进度：主要是关键线路上的施工进展情况及影响施工进度的因素和对策；

c.审查现场情况：主要是现场机械、材料、劳力的数额以及对进度和质量的适应情况并提出解决措施；

d.审查工程质量：主要应针对工程缺陷和质量事故，就执行标准控制施工工艺、检查验收等方面提出问题及解决措施；

e.审查工程费用事项：主要是材料设备预付款、价格调整、额外的暂定金额等发生或将发生的问题及初步的处理意见或意向；

f.审查安全事项：主要是对发生的安全事故或隐藏的不安全因素以及对交通和民众的干扰提出问题及解决措施；

g.讨论施工环境：主要是承包人无力防范的外部施工阻挠或不可预见的施工障碍等方面的问题及解决措施；

h.讨论延期与索赔：主要是对承包人提出延期或索赔的意向，进行初步的澄清和讨论，另按程序申报并约定专门会议的时间和地点；

i.审议工程分包：主要是对承包人提出的工程分包的意向进行初步审议和澄清，确定进行正式审查的程序和安排，并解决监理工程师已批准（或批准进场）分包中管理方面问题；

j.其他事项。

③现场协调会。在整个施工活动期间，应根据具体情况定期或不定期召开不同层次的施工现场协调会。会议只对近期施工活动进行证实、协调和落实，对发现的施工质量问题及时予以纠正，对其他重大问题只是提出而不进行讨论，另行召开专门会议或在工地会议上进行研究处理。会议应由监理工程师主持，承包人或代表出席，有关监理及施工人员可酌情参加；现场协调会有这样一些内容：

a.承包人报告近期的施工活动，提出近期的施工计划安排，简要陈述发生或存在的问题。

b.监理工程师就施工进度和施工质量予以简要评述，并根据承包人提出的施工活动安排,安排监理人员进行旁站监理、工序检查、抽样试验、测量验收、计量测算、缺陷处理等施工监理工作。

c.对执行施工合同有关的其他问题交换意见。

2.工地例会的目的

把握住不同形式会议要达到的目的,是开好会议的关键。

(1)第一次工地会议的目的,在于监理工程师对工程开工前的各项准备工作进行全面的检查,确保工程实施有一个良好的开端。

(2)工地会议的目的,在于监理工程师对工程实施过程中的进度、质量、费用的执行情况进行全面检查,为正确决策提供依据,确保工程顺利进行。

(3)现场协调会的目的,在于监理工程师对日常或经常性的施工活动进行检查、协调和落实,使监理工作和施工活动密切配合。

4.2.2 监理月报

监理月报应全面反映施工过程的进展及监理工作情况。

1.监理月报的作用

(1)向建设单位通报本月份工程的各方面进展情况,目前工程尚存在哪些亟待解决的问题;

(2)向建设单位汇报在本月份中项目监理部做了哪些工作,收到什么效果;

(3)项目监理部向监理公司领导及有关部门汇报本月份工程进度控制、工程质量控制、工程造价控制、安全监理工作、合同管理、信息管理、资料管理及协调建设各方之间各种关系中所做的工作,存在问题及其经验教训;

(4)项目监理部通过编制监理月报总结本月份工作,为下一阶段工作做出计划与部署;

(5)为上级主管部门来项目监理部检查工作时,提供关于工程概况,施工概况及监理工作情况的说明文件。

2.监理月报编制的依据

(1)《建设工程监理规范》(GB/T 50319—2013);

(2)地方的《建设工程监理规程》等;

(3)公司的有关规定。

3.监理月报编制的基本要求

(1)由总监理工程师主持,项目监理部全体人员分工负责提供资料和数据,指定专人负责具体编制,完成后由总监理工程师签发,报送建设单位、监理公司及其他有关单位。

(2)监理月报所含内容的统计周期为上月的 26 日至本月的 25 日,原则上下月 5 日前发送至有关单位。

(3)监理月报的内容与格式应基本固定,如根据工程项目的具体情况及工程进展的不同阶段需要作适当的调整时,应取得公司技术管理部门的同意。

（4）自项目监理部进场后至撤场前每月均应编制监理月报。

（5）工程尚未正式开工、因故暂停施工、竣工验收后的收尾阶段以及工程比较简单、工期很短的工程可以采取编写"监理简报"的形式，向建设单位汇报工程的有关情况。监理简报的内容为：

①工程进展简况。

②本期工程在工程进度控制、质量控制、造价控制、安全监理工作及合同、信息管理方面的情况。

③本期工程变更的发生情况。

④其他需要报告和记录的重要问题。

⑤监理工作小结。

4. 监理月报编写注意事项

（1）月报的内容要实事求是，按提纲要求逐项编写。要求文字简练，表达有层次，突出重点，力免烦琐，多用数据说明，但数据必须有可靠的来源。有分析，有比较，有总结，有展望。

（2）提纲中开列的各项内容编排顺序不得任意调换或合并；各项内容如本期未发生，应将项目照列，并注明"本期未发生"。

（3）月报规定使用 A4 规格纸打印，所有的图表插页使用 A4 或 A3 规格纸。

（4）月报应使用国家标准规定的计量单位，如 m、cm^2、mm^2、t、kPa、MPa、L 等。不使用中文计量单位名称，如千克、吨、米、平方厘米、千帕、兆帕等。

（5）文中出现的数字尽量使用阿拉伯数字。

（6）各种技术用语应与各种设计、施工技术规范、规程中所用术语相同。

（7）本规定中的各种表格的表号不得任意变动，不得自行增减栏目，也不得颠倒各栏目的排列顺序，以免打印时发生错误。

（8）月报中参加工程建设各方的名称作如下统一规定：

①建设单位：不使用业主、甲方、发包方、建设方。

②承包单位：不使用施工单位、乙方、承包商、承包方；可使用总包单位和分包单位；承包单位分包的包工建筑队一律称劳务分包队伍；承包单位派驻施工现场的执行机构统称项目经理部。

③监理单位：不使用监理方；监理单位派驻施工现场的执行机构统称项目监理部。一般不宜单独使用"监理"一词，应具体注明所指监理公司、监理单位、项目监理部、监理人员或是监理工程师。

④设计单位：不使用设计院、设计、设计人员。

（9）月报中各章节的编号，一律按以下规定的层次顺序：一、（一）、1、（1）、A、a 等。

（10）文稿中所用的图表及文件，如"本月实际完成情况与计划进度比较表""气象记录""工程款支付凭证"等，必须保持表面清洁，字体端正（最好用仿宋体），印章签字清 晰，字迹及图表线条清楚，一律使用黑色或蓝黑色墨水，或黑色圆珠笔，不得使用铅笔。

（11）各项目监理部编写的监理月报稿，应按目录顺序排列，各表格应排列至相应适当位置，并装订成册，经总监理工程师检查无误并签认后再打印。

(12)各项图表填报的依据及各表格中填报的统计数字,均应由监理工程师进行实地调查或进行实际计量计算,如需承包单位提供时,也应进行审查与核对,无误后自行填写,严禁将图表、表格交承包单位任何人员代为填报。

4.3 竣工验收管理及监理工作总结

4.3.1 工程项目竣工验收

工程项目竣工验收交付使用,是项目周期的最后一个程序。工程项目竣工是指工程项目经过承建单位施工准备和全部施工活动,已完成了项目设计图纸和承包合同规定的全部内容,并达到建设单位使用要求,是项目施工任务全面完成的标志。

工程项目竣工验收是指承建单位将竣工项目及与该项目有关的资料移交给建设单位,并接受主要由建设单位(或监理单位)组织的对建设质量和技术资料的一系列审查验收工作的总称。如果工程项目已达到竣工验收标准,经过了竣工验收后,就可以解除签订合同双方各自承担的义务、经济和法律责任。

工程项目竣工验收是检验项目管理体制好坏和项目目标实现程度的关键阶段,也是工程项目从实施到投放运行使用的衔接转换阶段。此项工作结束,即表示工程项目管理的最后完成。

监理项目总监理工程师应组织专业监理工程师,依据有关法律、法规、工程建设强制性标准、设计文件及施工合同,对承包单位报送的竣工资料进行审查,并对工程质量进行竣工预验收。对存在的问题,应及时要求承包单位整改。整改完毕由总监理工程师签署工程竣工报验单,并应在此基础上提出工程质量评估报告。工程质量评估报告应经总监理工程师和监理单位技术负责人审核签字。项目监理机构应参加由建设单位组织的竣工验收,并提供相关监理资料。对验收中提出的整改问题,项目监理机构应要求承包单位进行整改。工程质量符合要求,由总监理工程师会同参加验收的各方签署竣工验收报告。

4.3.2 工程项目竣工验收的依据与标准

1.工程项目竣工验收内容

工程项目竣工验收包括:项目竣工资料和工程实体复查两部分内容。其中工程项目竣工资料内容包括:

(1)工程项目开工和竣工报告;

(2)分项、分部和单位工程施工的技术人员名单;

(3)工程项目施工图纸会审纪要和设计交底记录;

(4)工程项目设计变更签证单和技术核定单;

(5)工程项目质量事故调查和处理资料;

(6)工程项目水准点位置和定位复测记录以及沉降和位移观测记录;

（7）工程项目材料、设备和构件质量合格证明材料；

（8）工程项目质量检验和试验报告资料；

（9）工程项目隐藏工程验收记录和施工日记资料；

（10）工程项目全部竣工图纸资料；

（11）工程项目质量检验评定资料以及项目竣工通知单等资料。

2. 工程项目竣工验收依据

（1）经过批准的设计任务书、初步设计、施工图设计文件和设备技术说明书；

（2）施工及验收规范、质量检验评定标准；

（3）主管部门有关工程项目建设和批复文件；

（4）工程项目承包合同和施工图纸会审记录；

（5）工程项目设计变更签证和技术核定单；

（6）从国外引进新技术或成套设备的项目，应以签订的合同和国外提供的设计文件等为依据。

工程项目竣工验收标准，一般分为单位工程竣工验收标准、单项工程竣工验收标准和建设项目竣工验收标准。

3. 单位工程竣工验收标准

单位工程包括房屋建筑工程、设备安装工程和室外管线工程。由于它们的用途及施工过程各不相同，所以具体的验收标准也有所不同。

（1）房屋建筑工程竣工验收标准

包括：

①交付竣工验收的施工工程，均应按施工图设计规定全部施工完毕，经过承建单位预验和监理工程师初验，并已达到项目设计、施工和验收规范要求；

②建筑设备（室内上下水、采暖、通风、电气照明等管道、线路安装敷设工程）经过试验达到设计和使用要求；

③建筑物室内外清洁，室外两米以内的现场清理完毕，施工渣土已全部运出现场；

④工程项目全部竣工图纸和其他竣工图纸和其他竣工技术资料齐全。

（2）设备安装工程竣工验收标准

包括：

①属于建筑工程的设备基础、机座、支架、工作台、梯子等已全部施工完毕，并且经过检验达到工程项目设计和设备安装要求；

②必须安装的工艺设备、动力设备和仪表，都已按工程项目设计和技术说明书要求安装完毕；经检验工程质量符合施工及验收规范要求，并经过试压、检测、单机或联动试车，全部符合安装技术的质量要求，具备形成工程项目设计规定的生产能力；

③应移交给建设单位的设备出厂合格证、技术性能和操作说明书、试车记录和其他竣工技术资料，均已齐全。

（3）室外管线工程竣工验收标准

室外管线工程竣工验收标准包括：

①室外管道安装和电气线路敷设工程,全部按项目设计要求,已施工完毕,而且经检验达到项目设计、施工和验收规范的要求(如安装工程的管道位置、标高、坡度、走向等);

②室外管道安装工程,经过闭水试验,试压、检测,质量全部合格;

③室外电气敷设工程,经过绝缘耐压材料检验,质量全部合格。

4. 单项工程竣工验收标准

单项工程,一般可分为工业和民用两大类。

(1)工业单项工程竣工验收标准

包括:

①主要生产性工程和辅助公用设施,均按项目设计要求建成,并且能够满足项目生产要求;

②主要工艺设备、动力设备均已安装配套,经无负荷联动试车合格,并已形成生产能力,能够生产出项目设计文件规定的产品;

③职工宿舍、食堂、更衣室、浴室,以及初步设计规定的其他生活福利设施,均能够适应项目投产初期需要;

④项目生产准备工作,已能适应投产初期的需要。其中包括生产指挥系统的建立,经过培训的生产人员和机修、电修人员已能上岗操作;生产所需的原材料、燃料和备品、备件的储备,经验收检查,能够满足连续生产要求。

(2)民用建设项目竣工验收标准

包括:

①全部单位工程均已施工完毕,达到项目竣工验收标准,验收后能够交付使用;

②与项目配套的室外管线工程已全部施工完毕,达到验收标准。

5. 建设项目竣工验收标准

建设项目竣工验收标准,分工业项目和民用项目。

(1)工业建设项目竣工验收标准

包括:

①主要生产性工程和辅助公用设施,均按项目设计要求建成,并且能够满足项目生产要求;

②主要工艺设备、动力设备均已安装配套,经无负荷联动试车和有负荷试车合格,并已形成生产能力,能够生产出项目设计规定的产品;

③职工食堂、宿舍、更衣室、浴室,以及初步设计规定的其他生活福利设施,均能够适应项目投产初期需求;

④项目生产准备工作,已能适应投产初期的要求。

(2)民用建设项目竣工验收标准

包括:

①建设项目各单位工程和单项工程,均已符合项目竣工验收标准;

②建设项目配套工程和附属工程,均已施工完毕,达到设计规定的相应质量要求,并具备正常使用条件。

4.3.3　工程项目竣工验收的步骤与方法

为了保证工程项目竣工验收工作的顺利进行,通常要按图 4-1 所示的程度来进行工程项目竣工验收。

工程项目竣工验收,一般分为建设项目竣工验收、单项工程竣工验收和单位工程竣工验收。由于工程项目的性质不同,规模大小及所属行业也不同,因此,其竣工验收的内容繁简和所采用的步骤和方法也就有所不同。一般的竣工验收的步骤、方法如下:

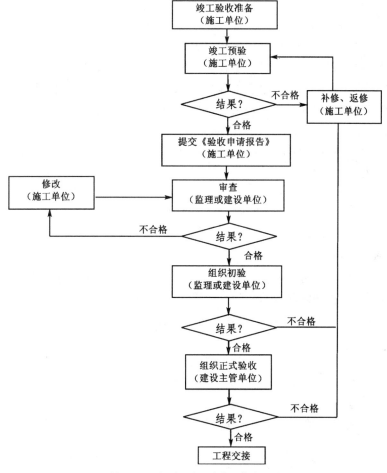

图 4-1　工程项目竣工验收工作流程图

1. 确定验收时间

所施工的项目按批准的设计文件规定的工程内容已经建成,并达到竣工验收标准后,施工单位可书面通告建设单位上报主管部门组织竣工验收工作。如果一个建设项目中的大部分已基本符合竣工验收标准,只有小部分的附属设施没有与主体工程同步建成,只要对生产、生活影响不大,也可以办理竣工验收手续,以尽早发挥投资作用。但需注意的是,验收时,要把未完成的工程内容和原因,列表上报主管部门,并提出具体解决办法和时间,作为竣工验收资料的一部分报批。

2. 工程项目竣工验收准备

当工程项目建成,达到竣工验收标准或基本达到竣工验收标准,经上级批准后,就可按规定建立竣工验收组织。该组织可由建设单位、设计单位、生产单位、施工单位、监理单位、建设银行和建设主管部门等单位派人参加。具体竣工验收组织的级别由项目规模和重要程度确定。比较重大的项目应报省、国家组成验收组织。

3. 工程项目竣工验收准备

建设单位、施工单位和其他有关单位均应进行验收准备。

验收准备的主要内容有:

(1)收集、整理各类技术资料,分类装订成册;

(2)核实实物工程量。工程量要与各类报表上的数字一致;

(3)核实未完工程量。包括单位工程名称、工程量、预算估价以及预计完成时间等;

(4)预申报工程质量等级的评定及相关材料的准备;

(5)总结试车考评情况;

(6)清理剩余物资,填写相应的统计表格;

(7)编写竣工结算分析报告。

4. 预验收

工程项目竣工验收准备工作完成后,及时上报主管机关或已组成的验收组织、进行预验收。预验收的主要内容有:

(1)核实竣工验收准备工作内容;

(2)解决竣工验收准备过程中的争议问题,如某些工程质量上的问题,未完工程如何处理,设备运转中存在的问题等;

(3)协调各方面的关系,使竣工验收工作如期进行,如把电力、电讯、铁路等移交有关部门管理;

(4)草拟竣工验收报告。竣工验收报告应说明项目的概况、验收过程的说明、对工程质量的总体评价及遗留问题的处理意见等内容。

5. 正式竣工验收

工程项目完成竣工预验收后,应按规定的时间进行正式的竣工验收。主要工作内容有:

(1)听取工程项目竣工验收汇报;

(2)工程项目现场检查。参加施工项目竣工验收的各方,对竣工验收项目实体进行目测检查,并逐项检查竣工验收资料,看其内容是否完整和合格;

(3)召开施工项目现场竣工验收会议。现场竣工验收会议的主要内容包括:施工单位代表介绍施工、自检和预验状况,并展示全部项目竣工图纸、各项原始资料和记录;工程项目监理工程师通报项目监理工作状况,发表对工程项目的竣工验收意见;建设单位提出竣工验收项目目测发现的问题,并向承建单位提出限期处理意见;暂时休会,由工程质量监督检查部门会同建设单位和监理工程师,讨论工程项目正式竣工验收是否合格,评定等级;然后复会,最后由工程项目竣工验收小组宣布竣工验收结果,由工程质量监督部门宣布竣工验收项目的质量等级。

(4)办理工程项目竣工验收签证书。

在工程项目竣工验收时,必须填写工程项目竣工验收签证书,而该签证书上必须有建设单位、承建单位、监理单位和质量监督部门的签字、盖章,方可正式生效。

4.3.4　工程项目竣工验收的技术资料

工程项目竣工验收以后,应及时将竣工验收资料、技术档案等移交给生产单位(或使用单位)统一保管,作为今后维护、改造、扩建、生产组织等的重要依据。

凡列入技术档案的技术文件、资料都必须经有关技术负责人正式审定。所有的资料、文件都必须如实反映情况,不得擅自修改、伪造或事后补作。工程技术档案要求严格管理,不得遗失损坏,人员调动时要办理交接手续,重要资料(包括隐蔽工程照相)还应分别报送上级有关部门。主要技术资料包括以下一些内容:

1.土建方面

(1)开工报告;

(2)永久性工程的坐标位置、建筑物和构筑物以及主要设备基础轴线定位、水平定位和复核记录;

(3)混凝土和砂浆试块的验收报告、砂垫层测试记录和防腐质量检测记录、混凝土抗渗试验资料;

(4)预制构件、加工件、预应力钢筋出厂的质量合格说明和张拉记录,原材料检验证明;

(5)钢筋的出厂合格证明和试件的各种检测报告,砌体的各种质量检测报告;

(6)隐蔽工程验收记录(包括打桩、试桩、吊装记录);

(7)屋面工程施工记录、沥青玛脂等防水材料试配、检测记录;

(8)设计变更资料;

(9)安全事故处理记录;

(10)工程质量事故调查报告和处理记录;

(11)施工期间建筑物、构筑物沉陷和变形测定记录;

(12)建筑物、构筑物使用要点;

(13)未完工程的中间交工验收记录;

(14)竣工验收证明;

(15)竣工图;

(16)其他有关该项工程的技术决定。

2.安装方面

(1)设备质量合格证明(包括出厂证明、质量合格证书);

（2）设备安装记录（包括组装）；

（3）设备单机运转记录和合格证；

（4）管道设备等焊接记录；

（5）管道安装、清洗、吹扫、试漏、试压和检查记录；

（6）阀门、安全阀试压记录；

（7）电气、仪表检验及电机绝缘、干燥等检查记录；

（8）照明动力电讯线路检查记录；

（9）设计变更资料；

（10）工程质量事故调查报告及处理品安全事故处理记录；

（11）隐蔽工程验收单；

（12）竣工验收证明；

（13）竣工图。

3. 建设单位和设计单位方面

（1）可行性研究报告及批准文件；

（2）初步设计（扩大初步设计、技术设计）及其审批文件；

（3）地质勘探资料；

（4）设计变更及技术核定单；

（5）试桩记录；

（6）地下埋设管线的实际坐标、标高资料；

（7）征地报告及核定图纸、补偿拆迁协议书、征（借）土地协议书；

（8）施工合同；

（9）建设过程中有关请示报告和批复文件以及来往文件、动用岸线及专用铁路线的申请报告和批复文件；

（10）单位工程图纸总目录及施工图；

（11）系统联动试车记录和合格证、设备联动运转记录；

（12）采用新结构、新技术、新材料试验研究资料；

（13）技术方面等新建议的试验、采用、改进的记录；

（14）有关重要技术决定和技术管理的经验总结；

（15）建筑物、构筑物使用要点。

4.3.5　监理工作总结

根据《建设工程监理规范》《建设工程监理规程》规定,工程项目竣工验收交付使用,全部监理工作任务完成后,项目监理部应向建设单位提交监理工作总结,并作为归档的监理资料之一。监理工作总结包括以下内容:

（1）工程概况；

（2）监理组织机构、监理人员和投入的监理设施；

（3）监理合同履行情况；

（4）监理工作成效；

（5）施工过程中曾出现的问题及处理情况和建议；

（6）工程照片。

思考题

1. 简述监理规划系列文件的构成。

2. 简述监理规划大纲的编制内容。

3. 简述监理规划的编制依据及内容。

4. 监理大纲、监理规划、监理实施细则的关系如何？

5. 简述监理工地例会的形式及内容。

6. 监理月报编制的基本要求有哪些？

7. 工程项目竣工验收包括哪些内容？

8. 简述监理工作总结的内容。

第 **5** 章
建设工程目标控制

5.1 概述

5.1.1 目标控制的基本概念

控制是建设工程监理的一种重要管理活动。是指管理人员按计划标准来衡量所取得的成果,纠正所发生的偏差,以保证目标和计划得以实现的管理活动。管理开始于确定目标和制订计划,继而进行组织和人员配备,并实施有效的领导,一旦计划付诸实施或运行,就要随时进行控制,检查计划实施情况,找出偏离计划的误差,确定应采取的纠正措施,以保证预定计划的实现。

建设工程监理工作的中心内容是进行建设工程项目目标控制。因此,监理工程师必须掌握有关目标控制的基本思想、理论和方法。

1.目标控制流程

目标控制流程可以用图 5-1 表示。

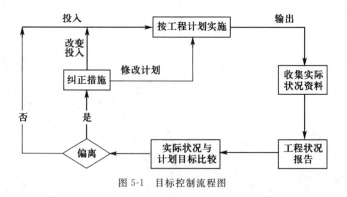

图 5-1 目标控制流程图

从图中可以看出,控制始于计划,项目按计划开始实施,投入所需的人力、材料、设备、机具、方法等资源和信息。计划开展后,工程得以进展,并不断输出实际的工程状况和实际的投资、进度和质量情况的数据。由于受外部环境和系统内部各种因素的影响,实际输出的数据可能与原定的计划指标发生偏离。控制人员在项目开展过程中,要广泛收集各种与质量、进度和投资目标有关的信息,并将这些信息进行整理、分类和综合,提出工程状态报告。控制部门根据工程状态报告,将项目实际完成的投资、进度和质量指标与计划目标进行比较,以确定是否偏离了原计划。如果计划运行正常,就按原计划继续运行;反之,如果有偏差,或者预计将要产生偏差,就需要采取纠正措施,或改变投入,或修改计划,或采取其他纠正措施,使计划呈现一种新状态,使工程按新的计划进行,开始一个新的循环过程。这样的循环一直持续到项目建成动用后结束。建设项目目标控制的全过程就是由这样的一个个循环过程所组成的动态过程。

2. 控制流程的基本环节

从上述控制流程图中可以看出,控制过程的每次循环,都要经过投入、转换、反馈、对比、纠正等基本性的工作,这些工作构成了控制过程的基本环节,如图 5-2 所示。对于每个控制循环来说,如果缺少某一环节或某一环节出现问题,会导致循环障碍,降低控制的有效性,使控制工作不能顺利进行。因此,做好这些基本性的工作是实现有效控制的前提。

图 5-2 控制流程的基本环节

(1)投入

控制过程首先从投入开始。所谓投入,就是根据计划要求,投入执行计划所需要的生产要素,如人力、财力、物力等。计划是行动前制定的具体活动内容和工作步骤,其内容不但反映了控制目标的各项指标,而且也包含了实现目标的方法、手段和途径。计划确定的资源数量、质量和投入的时间是保证计划实施的基本条件,也是实现计划目标的基本保障。因此,要使计划能够正常实施并达到预计目标,就必须保证能够将数量和质量符合计划要求的资源按规定时间和地点投入到建设工程项目当中。例如,监理工程师在每项工程开工之前,要认真审查承包商的人员、材料、机械设备等的准备情况,保证与批准的施工组织计划一致。

(2)转换

转换是指工程项目由投入到产出的转换过程,也就是工程建设目标实现的过程,如建筑物的建造过程,设备购置等活动。通过人员(管理人员、技术人员、工人)运用劳动资料(如施工机具)将劳动对象(如建筑材料、工程设备等)转变为预定的产出品,如设计图纸、分项工程、分部工程、单位工程、单项工程,最终输出完整的建设工程,完成一个转换。在转换过程中,计划的运行往往会受到来自外部环境和系统内部众多因素的干扰,造成实际结果偏离预定目标。因此,监理工程师必须做好控制工作。一方面,要跟踪了解工程进展情况,收集工程信息,为分析偏差原因、采取纠正措施做准备;另一方面,要及时处理各种出现的问题,应付突发情况。

(3)反馈

信息是控制的基础,及时反馈各种信息,才能实施有效控制。信息包括项目实施过程中已发生的工程状况、环境变化等信息,还包括对未来工程预测信息。控制部门和人员需要什么信息,取决于监理工作的需要以及工程的具体情况。为了使信息反馈能够有效配合控制的各项工作,使整个控制过程流畅地进行,需要设计信息反馈系统,预先确定反馈信息的内容、形式、来源、传递方式等,使每个控制部门和人员都能及时获得他们所需要的信息。

信息反馈方式可以分为正式和非正式两种。正式信息反馈是指书面的工程状况报告之类的信息,是控制过程中应当采用的主要反馈方式;非正式信息反馈主要通过口头方式,如口头指令,口头反映的工程实施情况,对非正式信息反馈也应当予以足够的重视,非正式信息反馈应当适时转化为正式信息反馈,才能更好地发挥其对控制的作用,如口头指令的确认等。监理工程师要确立各种信息流通渠道,建立功能完善的信息流通和反馈系统,保证反馈的信息真实、完整、准确和及时。

(4)对比

对比是将目标实际值与计划值进行比较,以确定是否产生偏差。控制系统从输出到得到反馈信息并把它与计划所期望的状况相比较,是控制过程的重要特征。控制的核心是找出偏差并采取措施纠正,使工程能够按预定目标开展。

在对比工作中,首先应明确目标实际值与计划值的内涵。目标的实际值与计划值是两个相对的概念。随着建设工程实施过程的进展,其实施计划和目标一般都将逐渐深化、细化,往往还要作适当的调整。从目标形成的时间来看,时间在前者为计划值,时间在后者为实际值。如,投资目标有投资估算、设计概算、施工图预算、标底、合同价、结算价等表现形式,其中,投资估算相对于其他的投资值都是目标值;施工图预算相对于投资估算、设计概算为实际值,而相对于标底、合同价、结算价则为计划值;结算价相对于其他的投资值均为实际值。

其次要合理选择比较的对象。在实际工作中,最为常见的是相邻两种目标值之间的比较。如在许多建设工程中,业主往往以批准的设计概算作为投资控制的总目标,这时,合同价与设计概算、结算价与设计概算的比较也是必要的。另外,结算价以外各种投资值之间的比较都是一次性的,而结算价与合同价(或设计概算)的比较则是经常性的,一般是定期(如每月)比较。

第三,要建立目标实际值与计划值之间的对应关系。建设工程的各项目标都要进行适当的分解,一般来讲,目标的计划值分解较粗,目标的实际值分解较细。例如,建设工程初期制定的总进度计划中的工作可能只细化到单位工程,而施工进度计划中的工作却细化到分项工程;投资目标的分解也有类似问题。因此,为了保证能够切实地进行目标实际值与计划值的比较,并通过比较发现问题,必须建立目标实际值与计划值之间的对应关系。这就要求目标的分解深度、细度可以不同,但分解的原则、方法必须相同,从而可以在较粗的层次上进行目标实际值与计划值的比较。

最后还要确定衡量目标偏离的标准。要正确判断某一目标是否发生偏差,就要预先确定衡量目标偏离的标准。例如,某建设工程的某项工作的实际进度比计划要求拖延了一段时间,判断实际进度是否发生了偏差,就要考虑该项工作对整个工程项目进度计划的影响。如果这项工作是关键工作，或者虽然不是关键工作，但该项工作拖延的时间超过了它的总时差，则应当判断为发生偏差，即实际进度偏离计划进度。反之，如果该项工作不是关键工作，且其拖延的时间未超过总时差，则该项工作本身虽然偏离计划进度，但从整个工程的角度来看，实际进度并未偏离计划进度。

（5）纠正

根据偏差的大小和产生偏差的原因，有针对性地采取措施来纠正偏差。如果偏差较小，通常可采用较简单的措施纠偏，如果偏差较大，则需改变局部计划才能使计划目标得以实现。如果已经确认原定计划不能实现，就要重新确定目标，制订新计划，然后，工程在新计划下进行。

对于目标实际值偏离计划值的情况要采取相应措施加以纠偏。根据偏差的具体情况，可以分为以下三种情况进行纠偏：

①直接纠偏。直接纠偏是在轻度偏离的情况下，不改变原定目标的计划值，基本不改变原定的实施计划，通过增加投入等方法，在下一个控制周期内，使目标的实际值控制在计划值范围内。如果某建设工程某月的实际进度比计划进度拖延的时间较短，仅仅几天，则在下个月中适当增加人力、施工机械的投入量，即可使实际进度恢复到计划状态。

②调整后期实施计划。如果某建设工程施工实际工期比计划工期拖延时间较长，目标实际值偏离计划值的情况已经较严重，仅靠适当增加人力和施工机械的投入量等直接纠偏措施，已经无法使工程恢复到原计划状态。这时，通过调整后期施工计划，最终仍能按计划工期建成该工程，这是在中度偏离情况下所采取的纠偏手段。

③确定新的目标计划，并据此重新制定实施计划。这是在重度偏离情况下，由于目标实际值偏离计划值的情况已经很严重，已经不可能通过调整后期实施计划来保证原定目标计划值的实现，因而必须重新确定目标的计划值。

以上介绍的投入、输出、反馈、对比和纠正工作构成了目标控制过程的循环链，缺少某一工作，循环就不健全；同时，某一工作做得不够，都会影响后续工作和整个控制过程。要做好控制工作，必须重视每一项工作，把这些工作做好。

建设工程的建设周期长，在工程实施过程中风险因素很多，实际状况偏离目标和计划的情况经常发生，往往会出现投资增加、工期拖延、工程质量和功能未达到预定目标等问题。这就需要在工程实施过程中，通过对目标、过程和活动的跟踪检查，全面、及时、准确地掌握有关信息，将工程实际状况与目标和计划进行比较。如果偏离了目标和计划，就需要采取纠正措施，或改变投入，或修改计划，使工程能在新的计划状态下进行。通过控制过程的不断循环，对整个控制系统进行动态调整，直至建设工程竣工交付使用后结束。

3. 主动控制与被动控制

根据控制所采取的方式和方法的不同，可以将控制划分为多种类型。例如，按事物发展过程，控制可划分为事前控制、事中控制和事后控制；按控制信息的来源，控制可划分为前馈控制和反馈控制；按照是否形成闭合回路，控制可划分为开环控制和闭环控制；按照控制措施制定的出发点可分为主动控制和被动控制等。以下主要介绍按照控制措施制定的出发点对控制进行划分的两种主要类型，即主动控制和被动控制。

(1)主动控制。主动控制是指预先分析目标偏离的可能性,并拟订和采取各项预防性措施,以使计划目标得以实现的控制过程。很显然,主动控制是事前控制,也是前馈控制。它对控制系统的要求非常高,特别是对控制者的要求很高,因为它是建立在对未来预测的基础之上的,其效果大小,有赖于准确的预测分析。

但实现主动控制是相当复杂的工作,要准确地预测到系统每一变量的预期变化,并不是一件容易的事。某些难以预测的干扰因素的存在,也常常给主动控制带来困难。但这些并不意味着主动控制是不可能实现的。在实际工作中,重要的是准确地预测决定系统输出的基本的和主要的变量或因素,并使这些变量及其相互关系模型化或程序化,至于一些次要的变量和某些干扰变量,不可能全部预测到。对于这些不易预测的变量,可以在主动控制的同时,辅以被动控制不断予以消除。这就是要把主动控制和被动控制结合起来。在工程实践中,主动控制主要是将以往同类工程实施的经验,运用到指导拟建工程的实施中。

(2)被动控制。被动控制是指当系统按计划进行时,管理人员对计划的实施进行跟踪,把它输出的工程信息进行加工、整理,再传递给控制部门,使控制人员从中发现问题,找出偏差,寻求并确定解决问题和纠正偏差的方案,然后再回送给计划实施系统付诸实施,使得计划目标一旦出现偏离就能得到纠正。被动控制是事后控制,也是反馈控制,被动控制的实施过程如图5-3所示。

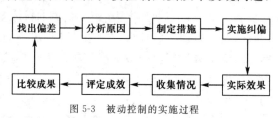

图 5-3 被动控制的实施过程

被动控制的特点是根据系统的输出来调节系统的再输入和输出,即根据过去的操作情况,去调整未来的行为。这种特点,一方面决定了它在监理控制中具有普遍的应用价值;另一方面,也决定了它自身的局限性。这个局限性首先表现在,在反馈信息的检测、传输和转换过程中,存在着不同程度的"时滞",即时间延迟。这种时滞表现在三方面:一是当系统运行出现偏差时,检测系统常常不能及时发现,有时等到问题严重时,才能引起注意;二是对反馈信息的分析、处理和传输,常常需要大量的时间;三是在采取了纠正措施,即系统输入发生变化后,其输出并不立即改变,常常需要等待一段时间才变化。

反馈信息传输、变换过程中的时滞,引起的直接后果就是使系统产生振荡,或使控制过程出现波动。有时输出刚达到标准值时,输入的变化又对系统产生影响,使系统的输出难以稳定在标准值上。即使在比较简单的控制过程中,要查明产生偏差的原因往往要花费很多时间,而把纠正措施付诸实施则要花费更多的时间。对于建设工程这样的复杂过程更是如此。有效的实时信息系统可以最大限度地减少反馈信息的时滞。

被动控制是通过不断纠正偏差来实现的,而这种偏差对控制工作来说,则是一种损失,例如,工程进度产生较大延误,要采取加大人、财、物的投入,否则就要影响项目竣工使用。可以说,监理过程中的被动控制总是以某种程度上的损失为代价的。要克服被动控制的局限性,除了提高控制系统本身的反馈效率之外,最根本的方法就是在进行被动控制的同时,加强主动控制。

5.1.2　目标控制的思想

1. 系统控制思想

系统控制思想就是要实现目标规划与目标控制之间的统一，实现投资、进度、质量三大目标控制的统一。

建设工程投资控制是满足预定的进度目标和质量目标。因此，在投资控制过程中，要协调好与进度控制和质量控制的关系，做到三大目标控制的有机配合和相互平衡，而不能片面强调投资控制。在目标规划时对投资、进度、质量三大目标进行反复协调和平衡，力求实现整个目标系统最优。如果在投资控制的过程中破坏了这种平衡，也就破坏了整个目标系统，即使投资控制的效果看起来较好或很好，但其结果肯定不是目标系统最优。

从这个基本思想出发，当采取某项投资控制措施时，如果某项措施可能对进度目标和质量目标产生不利影响，就要考虑多种措施，慎重决策，如有必要可以采用价值工程等方法进行分析决策。例如，当发现实际投资已经超过计划投资之后，为了控制投资，可能会采取删减工程内容或降低设计标准的方法。但是在确定删减工程内容或降低设计标准时，要慎重选择被删减或降低设计标准的工程内容，力求使减少投资对工程质量的影响减小到最低程度。这种协调工作在投资控制过程中是不可缺少的。

同样，在采取进度控制措施时，也要尽可能采取可能对投资目标和质量目标产生有利影响的进度控制措施，例如，完善施工组织设计，优化进度计划等。相对于投资控制和质量控制而言，进度控制措施可能对其他两个目标产生直接的有利影响，这一点显得尤为突出，应当予以足够的重视并加以充分利用，以提高目标控制的总体效果。

当然，采取进度控制措施也可能对投资目标和质量目标产生不利影响。因此，当采取进度控制措施时，不能仅保证进度目标的实现却不顾投资目标和质量目标，而应当综合考虑三大目标。根据工程进展的实际情况和要求以及进度控制措施选择的可能性，有以下几种处理方式：在保证进度目标的前提下，将对投资目标和质量目标的影响减小到最低程度；适当调整进度目标（延长计划总工期），不影响或基本不影响投资目标和质量目标；或者同时采用这两种方法。

建设工程质量控制的系统控制应从以下几方面考虑：首先要合理确定质量目标。建设工程的建设周期较长，新设备、新工艺、新材料等不断涌现，因此，在工程建设早期确定质量目标时要有一定的前瞻性，对质量目标要有一个理性的认识，不要盲目追求"最新""最高""最好"等目标，作为业主也不应经常随市场变化改变质量目标。如果确要提高质量目标，需要先分析提高质量目标后对投资目标和进度目标的影响，把对投资目标和质量目标的不利影响减小到最低程度。其次，要确保基本质量目标的实现。建设工程的质量目标关系到生命安全、环境保护等社会问题，国家有相应的强制性标准。必须保证建设工程安全可靠、质量合格的目标予以实现。另外，建设工程都有预定的功能，若无特殊原因，也应确保实现，还要尽可能发挥质量控制对投资目标和进度目标的积极作用。

2. 全过程控制思想

所谓全过程，主要是指建设工程实施的全过程，也可以广义地理解为是工程建设全过程。建设工程的实施阶段包括设计阶段(含设计准备)、招标阶段、施工阶段以及竣工验收和保修阶段。

(1)投资的全过程控制思想

建设工程的实施过程,是实物形成过程,也是价值形成过程,在建设工程实施过程中,虽然建设工程的实际投资主要发生在施工阶段,但节约投资的可能性却主要在决策和设计阶段。因此,全过程控制要求从决策设计阶段就开始进行投资控制,并将投资控制工作贯穿于建设工程实施的全过程,直至整个工程建成且延续到保修期结束。在明确全过程控制的前提下,还要特别强调早期控制的重要性,越早进行控制,投资控制的效果越好,节约投资的可能性越大。如果能实现工程建设全过程投资控制,效果应当更好。

(2)进度全过程控制思想

关于进度的全过程控制,要注意以下三方面问题:

①在工程建设的早期就应当编制进度计划。业主方整个建设工程的总进度计划包括的内容很多,除了施工之外,还包括前期工作(如征地、拆迁、施工场地准备等)、勘察、设计、材料和设备采购、动用前准备等。工程建设早期所编制的业主方总进度计划不可能也没有必要达到承包商施工进度计划的详细程度,但也应达到一定的深度和细度,而且应当掌握"远粗近细"的原则,即对于远期工作,如工程施工、设备采购等,在进度计划中显得比较粗略,可能只反映到部分工程,甚至只反映到单位工程或单项工程;而对于近期工作,如征地、拆迁、勘察设计等,在进度计划中就应比较具体。随着工程进度的开展,进度计划也应当相应地深化和细化。

②在编制进度计划时要充分考虑各阶段工作之间的合理搭接。建设工程实施各阶段的工作是相对独立的,但不是截然分开的,在内容上有一定的联系,在时间上有一定的搭接。例如,设计工作与征地、拆迁工作搭接,设计与施工准备工作搭接等。搭接时间越长,建设工程的总工期就越短。因此,合理确定具体的搭接工作内容和搭接时间,也是进度计划优化的重要内容。

③抓好关键线路的进度控制。进度控制的重点对象是关键线路上的各项工作,包括关键线路变化的各项关键工作,这样可取得事半功倍的效果。由此也可体现出工程建设早期编制进度计划的重要性。如果开工前没有工程建设进度计划,就不知道哪些工作是关键工作,进度控制工作就没有重点,影响对关键工作的掌控,结果会事倍功半。当然,对于非关键线路的各项工作,要确保其延误时间不超过总时差。

(3)质量全过程控制思想

建设工程的每个阶段都对工程质量的形成起着重要作用。在设计阶段,主要是通过设计工作使建设工程总体质量目标具体化;在施工招标阶段,主要是将工程质量目标的实现落实到具体的承包商;在施工阶段,通过施工组织设计等文件,通过具体的施工过程,使建设工程形成实体,将工程质量目标物化地体现出来;在竣工验收阶段,主要是解决工程实际质量是否符合预定质量的问题;而在保修阶段,则主要是解决已发现的质量缺陷问题。因此,应当根据建设工程各阶段质量控制的特点和重点,确定各阶段质量控制的目标和任务,以便实现全过程质量控制。

在建设工程的各个阶段中,设计阶段和施工阶段的持续时间较长,这两个阶段工作的"过程性"也尤为突出。设计工作分为方案设计、初步设计、技术设计、施工图设计,设计过程就表现为设计内容不断深化和细化的过程。如果等施工图设计完成后才进行审查,一旦发现问题,造成的损失后果就很严重。因此,必须对设计质量进行全过程控制,也就是将对设计质量的控制落实到设计工作的过程中。施工阶段一般又分为基础工程、主体结构工程、安装工程和装饰工程等几个施工阶段,各阶段的工程内容和质量要求有明显区别,相应地对质量控制工作的具体要求也有所不同。因此,对施工质量也必须进行全过程控制,要把对施工质量的控制落实到施工各阶段过程中。而且,在建设工程施工过程中,由于工序交接多、中间产品多、隐蔽工程多,若不及时检查,已经出现的质量问题就可能将被下道工序掩盖,不合格产品有可能被误认为合格产品,从而留下质量隐患。这都说明对建设工程质量进行全过程控制的必要性和重要性。

3. 全方位控制思想

(1)投资全方位控制思想

对投资目标进行全方位控制,包括两种含义:一是对按工程内容分解的各项投资进行控制,即对单项工程、单位工程,乃至分部分项工程的投资进行控制;二是对按总投资构成内容分解的各项费用进行控制,即对建筑安装工程费用、设备和工器具购置费用以及工程建设其他费用等都要进行控制。

在对建设工程投资进行全方位控制时,要认真分析建设工程及其投资构成的特点,了解各项费用的变化趋势和影响因素。这些变化非常值得投资控制人员重视,而且这些费用相对于结构工程费用而言,有较大的节约"空间"。只要思想重视且方法适当,往往能取得较为满意的投资控制效果。不同建设工程的各项费用占总投资的比例不同,要抓主要矛盾、有所侧重。按照不同工程的特点分别确定工程投资控制的重点。而且要根据各项费用的特点选择适当的控制方式。例如,建筑工程费用的计划值一般较为准确,而其实际投资是连续发生的,因而需要经常定期地进行实际投资与计划投资的比较;设备购置有时需要较长的订货周期和一定数额的定金,必须充分考虑利息的支付等。因此要有针对性地采取相应的控制方式。

(2)进度全方位控制思想

对进度目标进行全方位控制就是要对整个建设工程所有工程内容,除了单项工程、单位工程之外,还包括区内道路、绿化、配套工程等的进度和工作内容的进度,诸如征地、拆迁、勘察、设计、施工招标、材料和设备采购、施工、动用前准备等都要进行控制。这些工程内容和工作内容都有相应的进度目标,应尽可能将它们的实际进度控制在进度目标之内。同时也要对影响进度的各种因素都要进行控制。例如,施工机械数量不足或出现故障;技术人员和工人的素质和能力低下;建设资金缺乏,不能按时到位;材料和设备不能按时、按质、按量供应;施工现场组织管理混乱,多个承包商之间施工进度不够协调;出现异常的工程地质、水文、气候条件;可能出现政治、社会风险等。要实现有效的进度控制,必须对这些影响进度的各种因素都进行控制,采取措施减少或避免这些因素对进度的影响。

各方面的工作进度对施工进度都有影响。施工进度作为一个整体,肯定是在总进度计划中的关键线路上,任何导致施工进度拖延的情况,都将导致总进度的拖延。因此,要考虑围绕施工进度的需要来安排其他方面的工作进度。这并不是否认其他工作进度计划的重要性,而恰恰相反,这正说明全方位进度控制的重要性,说明业主方总进度计划的重要性。

进度控制中尤其要注意的是,在建设工程三大目标控制中,组织协调对进度控制的作用最为突出且最为直接,有时甚至能取得常规控制措施难以达到的效果。因此,为了有效地进行进度控制,必须做好与有关单位的协调工作。

(3)质量全方位控制思想

要对建设工程所有工程内容的质量进行控制。建设工程是一个整体,其总体质量是各个组成部分质量的综合体现,也取决于具体工程内容的质量。如果某项工程内容的质量不合格,即使其余工程内容的质量都很好,也可能导致整个建设工程的质量不合格。因此,对建设工程质量的控制必须落实到其每一项工程内容,只有确实实现了各项工程内容的质量目标,才能保证实现整个建设工程的质量目标。

对建设工程质量进行全方位控制还要对建设工程质量目标的所有内容进行控制。建设工程的质量目标包括外在质量、工程实体质量、功能和使用价值质量等方面的具体目标。具体质量目标之间也存在对立统一的关系,在质量控制工作中要注意妥善处理。此外,对功能和使用价值质量目标要予以足够的重视,因为该质量目标很重要,而且其控制对象和方法与对工程实体质量的控制不同。为此,应特别注意对设计质量的控制,尽可能做多方案的比较。

另外,影响建设工程质量目标的因素很多,可以从不同角度加以归纳和分类。例如,可以将这些影响因素分为人、机械、材料、方法和环境五个方面。质量的全方位控制,就是要对这五方面因素都进行控制。

4. 主动控制与被动控制相结合的思想

在建设工程实施过程中,如果仅采取被动控制措施,出现偏差是不可避免的,而且偏差可能有累积效应,即虽然采取了纠偏措施,但偏差可能越来越大,从而难以实现预定目标。另一方面,主动控制的效果虽然比被动控制好,但是,仅仅采取主动控制措施却是不现实的,或者说是不可能的。因为建设工程实施过程中有相当多的风险因素是不可预见甚至是无法防范的。而且,采取主动控制措施往往要付出一定的代价,耗费一定的资金和时间,对于那些发生概率小且发生后损失亦较小的风险因素,采取主动控制措施有时可能是不经济的。是否采取主动控制措施以及究竟采取什么样的主动控制措施,应在对风险因素进行定量分析的基础上,通过技术经济分析和比较来决定。在某些情况下,被动控制则是较佳的选择。因此,对于建设工程目标控制来说,主动控制和被动控制两者缺一不可,应将主动控制与被动控制紧密结合起来。

要做到主动控制与被动控制相结合,关键在于处理好以下两方面问题:一是要扩大信息来源,即不仅要从本工程获得实施情况的信息,而且要从外部环境获得有关信息,包括已建同类工程的有关信息,这样才能对风险因素进行定量分析,使纠偏措施有针对性;二是要把握好输入这个环节,即要输入两类纠偏措施,不仅有纠正已经发生的偏差的措施,而且有预防和纠正可能发生的偏差的措施,这样才能取得较好的控制效果。

需要说明的是,虽然在建设工程实施过程中仅仅采取主动控制是不可能的,有时是不经济的,但不能因此而否定主动控制的重要性。实际上,牢固确立主动控制思想,认真研究并制定多种主动控制措施,尤其要重视那些基本上不需要耗费资金和时间的主动控制措施,如组织、经济、合同方面的措施,并力求加大主动控制在控制过程中的比例,对于提高建设工程目标控制的效果,具有十分重要而现实的意义。

5.1.3　目标控制的主要措施

为了取得目标控制的理想效果,应当从多方面采取措施实施控制,通常可以将这些措施归纳为组织措施、技术措施、经济措施、合同措施等四个方面。

1. 组织措施

组织措施是指对被控对象具有约束功能的各种组织形式、组织规范、组织指令的集合。组织是目标控制的基本前提和保障。控制的目的是为了评价工作并采取纠偏措施,以确保计划目标的实现。监理人员必须知道,在实施计划的过程中,如果发生了偏差,责任由谁承担,采取纠偏行动的职责由谁承担,由于所有控制活动都是由人来实现的,如果没有明确机构和人员,就无法落实各项工作和职能,控制也就无法进行。因此组织措施对控制是很重要的。

组织措施具有权威性和强制性,使被控对象服从一个统一的指令,这是通过相应的组织形式、组织规范和组织命令体现的;组织手段还具有直接性,控制系统可以直接向被控系统下达指令,并直接检查、监督和纠正其行为。通过组织措施,采取一定的组织形式,能够把分散的部门或个人变成一个整体;通过组织的规范作用,能把人们的行为导向预定方向;通过一定的组织规范和组织命令,能使组织成员行为受到约束。

监理工程师在采取组织措施时,首先要采取适当的组织形式。因为,对于被控对象而言,任何组织形式都意味着一种约束和秩序,意味着其行为空间的缩小和确定。组织形式越完备、越合理,被控对象的可控性就越高,组织控制形式不同,其控制效果也不同。因此,采取组织措施,必须首先建立有效的组织形式。其次,必须建立完善配套的组织规范,完善监理组织的职责分工及有关制度。同组织形式一样,任何组织规范也都意味着一种约束。对于被控对象来说,组织规范是对其行为空间的限定,表明了合理的行为规范。第三,要实行组织奖惩,对违反组织规范的行为人追究其责任。从控制角度看,奖励是对被控系统行为的正反馈,惩罚属于负反馈。它们都能有效地缩小被控对象的行为空间,提高他们行为调整和行为选择的正确性。

具体的组织措施包括落实目标控制的组织机构和人员,明确各级目标控制人员的任务和职能分工、权力和责任、改善目标控制的工作流程等。组织措施是其他各类措施的前提和保障。监理工程师在运用组织措施时,需要注意自身的职权范围,避免越权管理。

2. 技术措施

监理单位和监理人员为业主提供的是技术咨询服务,而监理人员在进行目标控制时很多问题都需要技术措施来配合解决,技术措施也是最容易为被控对象所接受的控制手段。技术措施不仅对解决建设工程实施过程中的技术问题是不可缺少的,而且对纠正目标偏差亦有相当重要的作用。技术措施在实际使用中有多种形式,如在投资控制方面,协助业主合理确定标底和合同价,通过审核施工组织设计和施工方案节约工程投资;在进度控制方面,采用网络计划技术,采用新工艺、新技术等;在质量控制方面,通过各种技术手段进行事前、事中和事后控制等。

经济措施是把个人或组织的行为结果与其经济利益联系起来,用经济利益的增加或减少来调节或改变个人或组织行为的控制措施。常用的经济措施包括:对项目工程量的审核以及工程价款的结算,工程进度款的支付,对承包商违约的罚款,以及对工期和进度提前的经济奖励等等。

与组织措施、合同措施相比,经济措施的一个突出特点是非强制性,即它不像组织措施或合同措施那样要求被控对象必须做什么或不做什么;其次是它的间接性,即它并不直接干涉和左右被控对象的行为,而是通过经济杠杆来调节和控制人们的行为。采用经济手段,把被控对象那些有价值、有益处的正确行为或积极行为及其结果变换成它的经济收益,而把那些无价值、无益处的非正确行为或消极行为及其结果变换为它的经济损失,通过这种变换作用,就能有效地强化被控对象的正确行为或积极行为,而改变其错误行为或消极行为。在市场经济下,各方都很关心自己的利益,经济手段能发挥很大作用。

4. 合同措施

合同是建设项目各参与方签订的具有法律效力的文件,合同一旦生效,签订合同各方就必须严格遵守,否则就会受到相应的制裁。合同措施具有强大的威慑力量,它能使合同各方处于一个安定的位置。合同还具有强制性,合同也是监理工程师执行监理任务的主要依据。监理工程师应协助业主确定对目标控制有利的合同结构,分析不同合同之间的相互联系和影响,对每一个合同作总体和具体分析等。由于投资控制、进度控制和质量控制均要以合同为依据,因此合同措施就显得尤为重要,这些合同措施对目标控制更具有全局性的影响。另外,合同的形式和内容,直接关系到合同的履行和合同的管理,在采取合同措施时要特别注意合同中所规定的业主和监理工程师的义务和责任。合同措施包括拟订合同条款、参加合同谈判、处理合同执行过程中的问题、防止和处理索赔等。

在实际工作中,监理工程师通常要从多方面采取措施进行控制,即将上述四种措施有机地结合起来,采取综合性措施,以加大控制力度,使工程建设整体目标得以实现。

5.2 建设工程目标系统

工程建设监理的中心工作是对工程项目建设的目标进行控制,即对投资、进度和质量目标进行控制。监理工作的成功与否主要是看是否达成建设项目预期的投资、进度和质量目标。监理的目标控制是建立在系统论和控制论的基础上的。从系统论的角度认识工程建设监理的目标,从控制论的角度理解监理目标控制的基本原理,对工程建设项目实施有效控制具有指导意义。

1. 建设工程目标系统的构成

建设工程项目包括投资、进度、质量三大目标,这三大目标构成了建设工程项目的目标系统。监理工程师为了有效地进行目标控制,就必须正确认识和处理好投资、进度、质量三大目标之间的关系。

(1)建设工程投资目标

建设工程投资目标,实际上就是建设单位在进行投资决策时确定的工程投资额,在工程建设过程中,监理工程师应协助建设单位做好建设工程投资控制工作,确保"决算不超预算,预算不超概算,概算不超估算"的投资控制目标得以实现。所谓投资控制,就是通过有效的投资控制工作和具体的投资控制措施,在满足进度和质量要求的前提下,力求使工程实际投资不超过计划投资。实际投资不超过计划投资可能表现为以下几种情况。

①在细分的各个投资目标中,实际投资均不超过计划投资。这是最理想的情况,也是投资控制追求的最高目标。

②在细分的各个投资目标中,实际投资在有些情况下超过计划投资,在有些情况下不超过计划投资,但实际总投资未超过计划总投资,这种情况发生时虽然实际投资与计划投资出现了偏差,但总的投资控制结果还是令人满意的。

(2)建设工程进度目标

建设工程的进度目标可以分为建设工程总进度目标和分阶段进度目标。建设工程总进度目标是在项目决策阶段确定的项目动用的时间目标。建设工程分阶段进度目标是指按照建设工程各个不同建设阶段进行划分的分阶段时间目标,如设计阶段进度目标、施工阶段进度目标、工程物资采购进度目标等。建设工程进度控制,是通过有效的进度控制工作和进度控制措施,在满足投资和质量要求的前提下,力求使工程实际工期不超过计划工期。

(3)建设工程质量目标

建设工程质量目标包括建设工程项目的定义及建设规模、系统构成、使用功能和价值、规格档次标准等的定位和目标。建设工程质量控制目标,就是通过有效的质量控制工作和具体的质量控制措施,在满足投资和进度要求的前提下,实现工程预定的质量目标。对建设工程质量目标的控制,涉及工程勘察设计、招标采购、施工安装、竣工验收等各个阶段。

2. 建设工程三大目标之间的关系

建设工程投资、进度、质量三大目标两两之间存在既对立又统一的关系。

首先,建设工程三大目标之间存在着对立的关系。通常情况下,如果对建设工程的功能和质量要求较高,就需要采用较好的工程设备和建筑材料,投入较多的资金,同时,也会增加人力的投入(人工费相应增加),需要较长的建设时间。如果要加快工程项目的进度,缩短工期,那么投资就要相应地提高,否则会导致工程质量的降低。如果要降低投资、节约工程建设费用,就需要考虑降低工程项目的功能要求和质量标准;同时还要采取费用最低的进度计划,这往往会延长工程建设的时间。这些情况都反映了建设工程三大目标之间存在的对立关系。

其次,建设工程三大目标之间存在着统一的关系。例如,为了加快工程建设进度,会适当增加工程投资,可以缩短工期,使整个建设工程提前投入使用,从而提早发挥投资效益,从建设工程全寿命周期的角度来说是有利的。适当提高建设工程项目的功能要求和质量标准,虽然会造成一次性投资的提高和工期的增加,但能够节约项目动用后的维修费用,降低项目使用费用和生产成本,从而获得更好的投资经济效益。如果项目进度计划制订得既可行又优化,使工程进展具有连续性、均衡性,则不但可以使工期得以缩短,而且有可能获得较好的工程质量和较低的费用。这些都反映了建设工程三大目标之间存在的统一关系。

因此,在确定建设工程目标时,应当对投资、进度、质量三大目标之间的统一关系进行客观分析。在分析时要注意以下几方面问题:

(1)充分考虑制约因素。一般来说,加快进度、缩短工期所提前发挥的投资效益都超过加快进度所需要增加的投资,但不能由此而推导出工期越短越好的错误结论,因为加快进度、缩短工期会受到技术、环境、场地等因素的制约,同时还要考虑对投资和质量的影响,不可能无限制地缩短工期。

(2)合理预期未来可能的收益。当前的投入是当时实际发生的,其数额也是较为确定的,而未来的收益却是预期的,建立在预测的基础上,今后的收益却受到市场供求关系的影响,是不确定的。如果届时同类工程供大于求,则预期收益就难以实现。

(3)目标规划和计划相结合。如前所述,建设工程所确定的目标要通过计划的实施才能实现。如果建设工程进度计划制订得既可行又优化,使工程进度具有连续性、均衡性,不但可以缩短工期,而且有可能获得较好的质量且耗费较低的投资。从这个意义上讲,优化的计划是投资、进度、质量三大目标统一的计划。

在确定建设工程目标时,不能将投资、进度、质量三大目标割裂开来,孤立地分析和论证,更不能片面强调某一目标而忽略其对其他两个目标的不利影响,必须将投资、进度、质量三大目标作为一个系统考虑,反复协调平衡,力求实现整个目标系统最优。

3. 建设工程目标系统的特点

建设工程目标系统本质上是对工程项目所要达到的最终状态的描述系统。工程项目都有明确的目标系统,它是项目实施过程中的一条主线。建设工程目标系统具有如下特点:

(1)系统性。项目目标系统有自身的结构,任何目标都可以分解为若干个子目标,子目标又可分解为可操作目标,项目目标系统是由一个个从上至下的层次结构所构成的。

(2)完整性。项目目标因素之和应完整地反映业主对项目的要求,特别要保证强制性目标因素,所以项目通常是由多目标构成的一个完整系统。目标系统的缺陷会导致工程技术系统的缺陷、计划的失误和实施控制的困难。

(3)目标的平衡性。目标系统应是一个稳定均衡的目标体系。片面地过分强调某一个目标,常常以牺牲或损害另一些目标为代价,会造成项目的缺陷。特别要注意工期、成本、工程质量之间的平衡。

(4)动态性。目标系统有一个动态的发展过程,它是在项目目标设计、可行性研究、技术设计和计划中逐步建立起来的,并形成一个完整的目标保证体系。由于环境不断变化,业主对项目的要求也会变化,项目的目标系统在实施中也会产生变更,这会导致设计方案的变化、合同的变更、实施方案的调整等。

5.3　设计和施工阶段的特点及其对目标控制的影响

5.3.1　设计阶段特点及其对目标控制的影响

1. 设计阶段是确定工程价值的主要阶段

在设计阶段,通过设计工作使建设工程项目的规模、标准、功能、结构、构造等各方面都确定下来,从而基本确定了建设工程项目的价值。工程项目的预计资金投入量多少要取决于设计结果,项目计划投资目标确定之后,能否按照这个目标实现,设计就是最关键、最重要的工作。同时,随着设计工作的不断深入,工程项目结构逐步确定和完善,各子项的投资目标也能相继确定下来。而随着阶段性设计成果的逐步完成,项目资金使用计划也就能够制订出来了。明确设计阶段的这个特点,为监理工程师在设计阶段确定目标控制任务提供了依据。

2. 设计阶段是影响建设工程投资的关键阶段

建设工程实施各个阶段对工程投资的影响程度是不同的。随着各阶段性设计工作的进展,工程项目构成情况也一步步地明确,工程投资可以优化的空间越来越小,优化的限制条件却越来越多,各阶段性设计工作对投资影响程度逐步下降。有统计资料表明,就设计阶段而言,方案设计阶段对工程投资的影响最大,初步设计阶段次之,施工图设计阶段影响已明显降低,到了施工开始时,影响投资的程度只有 10% 左右。与施工阶段相比,设计阶段是影响建设工程投资的关键阶段。因此,从设计阶段开始,监理工程师就应协助业主实施投资控制。

3. 设计阶段为制订项目控制性计划提供了基础条件

设计输出的工程信息为确定项目进度、控制各级进度分目标提供了依据,随着设计工作不断深入,建设项目各级子项目逐步明确,从而为子项目进度目标的确定提供了依据。由于设计文件提供了有关投资的足够信息,投资目标分解可以达到很细的程度,而且设计提供的项目本身的信息量也很充分,所以设计阶段不但能够确定各项工作的先后顺序等逻辑关系,也能够进行计划的资源可行性分析、技术可行性分析、经济可行性分析和财务可行性分析等工作,为制订可行而优化的控制性计划提供了条件。

4. 设计工作的特殊性和设计阶段工作的多样性要求加强进度控制

设计工作与施工活动相比较具有一定的特殊性。首先,设计过程需要进行大量的反复协调工作。建设工程的设计涉及许多不同的专业领域,需要进行专业化分工和协作,同时又要求高度的综合性和系统性,因而需要在各专业设计之间进行反复协调,以避免和减少设计上的矛盾。其次,设计工作是一种智力型劳动,从事这种工作的设计人员有其独特的工作方式和方法。此外,外部环境因素对设计工作的顺利开展也有着重要的影响,比如业主提供的设计所需基础资料是否满足要求,政府有关部门能否按时对设计进行审查和批准等等都会对设计进度产生影响。因此,设计阶段的进度控制与施工阶段的进度控制有很大不同，设计阶段进行进度控制时，应当紧紧把握设计工作的特点，认真做好计划、控制和协调工作，在保证项目安全可靠性、适用性和经济性的前提下，力求实现设计计划工期目标的要求。

5. 设计质量对建设工程总体质量有决定性影响

在设计阶段，通过设计工作将建设工程的总体质量目标进行具体落实。工程项目实体的质量要求、功能和使用价值质量要求都通过设计明确下来。实际调查表明，设计质量对整个建设工程项目总体质量的影响是决定性的。目前，已建成的工程项目中质量问题最多的当属功能不齐全、使用价值不高、满足不了业主和使用者对项目功能和使用的要求。建设工程项目实体质量的安全可靠性在很大程度上取决于设计质量。在那些严重的工程质量事故中，由于设计错误引起的倒塌事故占有不小的比例。工程设计不仅要符合业主对项目功能和使用方面的要求，还要符合有关法律、法规、规范和标准的要求。在设计阶段，监理工程师应认真验收设计阶段的设计文件，确保工程实体的质量要求、功能和使用价值质量均能满足相关规范规定和业主的要求。

5.3.2 施工阶段特点及其对目标控制的影响

1. 施工阶段是以执行计划为主的阶段

在施工阶段，建设工程目标规划和计划的制订工作基本完成，施工阶段目标控制的主要任务是按照既定的建设工程目标计划进行施工，并在施工中对原有的计划进行调整和完善，以保证原定建筑工程项目目标的顺利达成。因此，施工阶段是以执行计划为主的阶段。监理工程师在施工阶段的目标控制重点应当是检查与控制施工单位，做好动态控制工作，使施工单位按照施工图纸的要求和已确定的工程进度计划执行施工活动。

2. 施工阶段是实现建设工程价值和使用价值的主要阶段

施工过程是形成建设工程实体、实现建设工程使用价值的过程。在施工过程中，各种建筑材料、构配件的价值，固定资产的折旧价值随着其自身的消耗而不断转移到在建工程中去，构成在建工程总价值中物化劳动的转移价值；另一方面，劳动者通过劳动为自己和社会创造出新的价值，构成在建工程总价值中的新增价值。虽然建设工程的使用价值从根本上说是由设计决定的，但是如果没有正确的施工，就不能形成设计阶段所预定的工程使用价值。

3. 施工阶段是资金投入量最大的阶段

建设工程价值的形成过程就是资金不断投入的过程。施工阶段是实现建设工程价值和使用价值的主要阶段，大部分的资金都是在这个阶段投入的。因而要合理确定资金筹措的方式、渠道、数额、时间等问题，在满足工程资金需要的前提下，尽可能减少资金占用的数量和时间，从而降低资金成本。实践中，往往把施工阶段作为投资控制的重要阶段。因此，在施工阶段监理工程师投资控制的重点是工程款的支付以及对工程款变动的处理（工程变更、索赔处理）。

4. 施工阶段需要协调的内容多

在施工阶段，既涉及直接参与工程建设的单位，而且还涉及不直接参与工程建设的单位,需要协调的内容很多。例如,设计与施工之间的协调,材料和设备供应与施工之间的协调,结构施工和安装与装修施工之间的协调,总承包商与分包商之间的协调,与政府相关管理部门的协调等等。这些关系协调的成功与否,不仅直接影响施工进度,而且影响投资目标和质量目标的实现。因此,组织协调工作也是监理工程师进行工程监理时的一项重要工作。

5. 施工质量对建设工程总体质量起保证作用

设计质量能否真正实现,实现程度如何,取决于施工质量的好坏。施工质量低劣,不仅不能真正实现设计所规定的功能,而且可能增加使用阶段的维修难度和费用,缩短建设工程的使用寿命,直接影响建设工程的投资效益和社会效益。因此,施工质量不仅对设计质量的实现起到保证作用,也对整个建设工程的总体质量起到保证作用。因此,施工过程中的质量控制是监理工程师目标控制工作的重中之重。

此外,施工阶段还有持续时间长、风险因素多,合同关系复杂、合同争议多等特点,合同管理和索赔处理也是监理工程师在施工阶段进行目标控制的工作任务。

5.4　建设工程实施各阶段目标控制的任务

5.4.1　设计阶段目标控制任务

1. 设计阶段的投资控制任务

在设计阶段,监理单位投资控制的主要任务是通过收集类似项目投资数据和资料,协助业主制定项目投资目标规划;开展技术经济分析等活动,协调和配合设计单位力求使设计投资合理化;审核概(预)算,提出改进意见,优化设计,最终满足业主对项目投资的经济性要求。

作为监理工程师,在设计阶段进行投资控制的主要工作包括:对项目总投资进行论证,确认其可行性;协助业主组织设计方案竞赛或设计招标,确定对投资控制有利的方案;伴随着设计各阶段的成果输出制订投资目标划分系统,为本阶段和后续阶段投资控制提供依据;在保障设计质量的前提下,协助设计单位开展限额设计工作;编制阶段资金使用计划,并进行付款控制;审查工程概算、预算,在保障项目具有安全可靠性、适用性的基础上,确保概算不超估算、预算不超概算;对设计方案进行技术经济分析、比较、论证,寻求一次性投资少而全寿命经济性好的设计方案。

2. 设计阶段的进度控制任务

在设计阶段,监理单位进度控制的主要任务是根据项目总工期要求,协助业主确定合理的设计工期要求;根据设计的阶段性输出特点,由"粗"而"细"地制订项目进度计划,为项目进度控制提供依据;协调各设计单位共同开展设计工作,力求使设计工作能够按照进度计划要求执行;协助业主按合同要求及时、准确、完整地提供设计所需的基础资料和数据;与有关部门协调相关事宜,保障设计工作顺利进行。

作为监理工程师,在设计阶段进行进度控制的主要工作包括:对项目进度总目标进行论证,确认其可行性;根据方案设计、初步设计和施工图设计方案制订项目总进度计划、项目总控制性进度计划和本阶段实施性进度计划,为本阶段和后续阶段进度控制提供依据;审查设计单位设计进度计划,并监督其执行;编制业主方材料和设备供应进度计划,并实施控制;编制阶段工作进度计划,并实施控制;开展各种组织协调活动等。

3. 设计阶段的质量控制任务

在设计阶段,监理单位质量控制的主要任务是了解业主建设需求,协助业主制定项目质量目标规划;根据合同要求及时、准确、完整地提供设计工作所需的基础数据和资料;配合设计单位优化设计,并最终确认设计符合有关法规要求,符合技术、经济等方面的要求,满足业主对项目功能和使用的要求。

作为监理工程师,在设计阶段进行质量控制的主要工作包括:项目总体质量目标论证;提出设计要求文件,确定设计质量标准;利用竞争机制选择并确定优化设计方案;协助业主选择符合目标控制要求的设计单位;进行设计过程跟踪,及时发现质量问题,并及时与设计单位协调解决;审查阶段性设计成果,并根据需要提出修改意见;对设计提出的主要材料和设备进行比较,在价格合理的基础上确认其质量符合要求;做好设计文件验收工作等。

5.4.2 施工阶段目标控制任务

1. 施工阶段的投资控制任务

在施工阶段,监理单位投资控制的主要任务是通过工程付款控制、新增工程费控制、预防并处理好费用索赔、挖掘节约投资潜力来努力实现实际发生的费用不超过计划投资的投资控制目标。

作为监理工程师,在施工阶段进行投资控制的主要工作包括:制订阶段资金使用计划,严格进行付款控制,做到不多付、不少付、不重复付;严格控制工程变更,力求减少变更费用;研究确定预防费用索赔措施,以避免、减少施工单位的索赔量;及时处理费用索赔,并协助业主进行反索赔;根据项目业主责任制和有关合同的要求,协助做好应由业主方完成的、与工程进展密切相关的各项工作,如按期提交合格施工现场,按质、按量、按期提供材料和设备等工作;做好工程计量工作;审核施工单位提交的工程结算书等。

2. 施工阶段的进度控制任务

在施工阶段,监理单位进度控制的主要任务是通过完善项目控制性进度计划、审查施工单位施工进度计划、做好各项动态控制工作、协调各单位关系、预防并处理好工期索赔,以求实际施工进度达到计划施工进度的要求。

作为监理工程师,在施工阶段进行进度控制的主要工作包括:根据施工招标和施工准备阶段的工程信息,进一步完善项目控制性进度计划,并据此进行施工阶段进度控制;审查施工单位施工进度计划,确认其可行并满足项目控制性进度计划要求;制订业主方材料和设备供应进度计划并进行控制,使其满足施工要求;审查施工单位进度控制报告,监督施工单位做好施工进度控制工作;对施工进度进行跟踪,掌握施工动态;研究制定预防工期索赔措施,做好工期索赔工作;在施工过程中,做好对人力、材料、机具、设备等的投入控制工作以及转换控制工作、信息反馈工作、对比和纠正工作,使进度控制工作定期连续进行;举行进度协调会议,及时协调好有关各方关系,使工程施工顺利进行。

3. 施工阶段的质量控制任务

在施工阶段,监理单位质量控制的主要任务是通过对施工投入、施工和安装过程、产出品进行全过程控制,以及对参加施工单位和人员的资质、材料和设备、施工机械和机具、施工方案和方法、施工环境实施全面控制,以期按标准达到预定的施工质量等级。

作为监理工程师,在施工阶段进行质量控制的主要工作包括:协助业主做好施工现场准备工作;对施工单位进行资质确认;审查确认施工分包单位;做好材料和设备检查工作,确认其质量;检查施工机械和机具,保证施工质量;审查施工单位的施工组织设计;检查并协助搞好各项生产环境、劳动环境、管理环境条件;进行施工工艺过程质量控制工作;检查工序质量,严格工序交接检查制度;做好各项隐蔽工程的检查工作;做好工程变更方案的比选,保证工程质量;进行质量监督,行使质量监督权;认真做好质量鉴证工作;行使质量否决权,协助做好付款控制;组织质量协调会;做好中间质量验收准备工作;做好项目竣工验收工作;审核项目竣工图等。

思考题

1. 建设工程目标系统有哪些特点?
2. 建设工程目标系统由几部分构成? 各部分之间的关系是怎样的?
3. 简述目标控制流程的基本环节。
4. 什么是主动控制? 什么是被动控制? 两者之间的关系如何?
5. 如何理解投资控制的全过程控制思想?
6. 建设工程目标控制有哪几种主要措施?
7. 设计阶段建设工程监理目标的基本任务是什么?
8. 施工阶段建设工程监理目标的基本任务是什么?

第 6 章

建设工程投资控制

6.1 概述

当前,在我国基本建设领域,建设工程概算超估算,预算超概算,决算超预算是投资控制工作中较为普遍的现象。为此,国家出台了一系列控制建设工程投资的政策和措施,如"项目法人责任制""工程承发包制"和"建设监理制"等,对"三超"现象进行了一定的遏制。但要从根本上扭转我国建设工程投资中的"三超"现象,还需要长期艰苦的工作。作为一名监理人员需要坚持不懈地对建设工程投资控制的理论和实践工作进行深入的探讨和研究,把握好监理工作中投资、质量、进度三大控制目标之间的对立统一关系,完成投资控制任务。

根据现行规定,我国监理工程师在建设工程投资控制方面的基本任务是:

(1)在建设工程投资决策阶段,为建设单位进行项目建设可行性分析研究、经济评价、编制投资估算。项目的投资估算应控制在计划投资范围内,确保以最小的资源消耗取得较大的经济效益,且与国家和社会的利益相一致。

(2)在建设工程设计阶段,提出建设工程的设计要求、标准、规模,组织评选设计方案,协调选择勘察、设计单位,协助建设单位商签勘察、设计合同,审查设计方案和建设工程概预算,并将其控制在批准的投资限额内,确保建设单位提出的建设工程使用功能和工期要求,且质量最优。

(3)在建设工程实施阶段,以建设工程概预算为投资控制目标,对施工过程中的工程费用进行动态管理与控制,确定建设工程的实际投资额不超过计划投资额。

(4)在建设工程竣工验收阶段,协助业主编制竣工决算,正确核定项目新增固定资产价值,并进行投资回收分析,确保建设工程获得最佳的投资效果。

6.1.1 建设工程投资的概念

建设工程投资是指进行某项工程建设预期或实际花费的各项费用的总和,由固定资产投资和流动资产投资两部分组成,非生产性建设工程总投资则只包括固定资产投资。

根据《投资项目可行性研究指南》《建筑安装工程费用项目组成》等相关文件,建设工程固定资产投资由设备及工器具购置费用、建筑安装工程费用、工程建设其他费用、预备费、建设期贷款利息等几项组成,如图 6-1 所示。

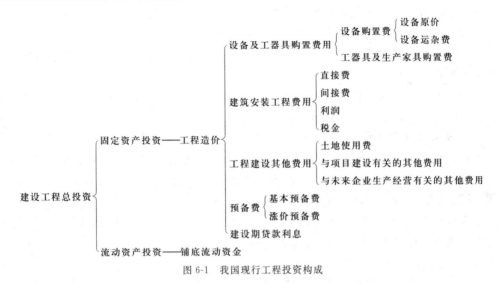

图 6-1　我国现行工程投资构成

一般把建筑安装工程费用、设备及工器具购置费用、工程建设其他费用和预备费中的基本预备费之和,称为建设工程静态投资。而动态投资则是指建设工程静态投资与价差预备费、建设期贷款利息之和。

按照国家规定,将建设工程所需流动资金的 30％ 列入建设工程总投资中去,称为铺底流动资金。

下面主要介绍一下建设工程总投资中的固定资产投资。

1. 设备及工器具购置费用

设备及工器具购置费用是由设备购置费和工器具及生产家具购置费组成的,它是固定资产投资中的积极部分。在生产性工程建设中,设备及工器具购置费用占工程造价比重的增大,意味着生产技术的进步和资本有机构成的提高。

设备购置费是指为建设工程购置或自制的达到固定资产标准的各种国产或进口设备、工具、器具的购置费用。

工器具及生产家具购置费,是指新建或扩建项目初步设计规定的,保证初期正常生产必须购置的没有达到固定资产标准的设备、仪器、工卡模具、器具、生产家具和备品备件等的购置费用。

2. 建筑安装工程费用

建筑安装工程费按照费用构成要素划分:由人工费、材料(包含工程设备)费、施工机具使用费、企业管理费、利润、规费和税金组成。

(1)人工费:是指按工资总额构成规定,支付给从事建筑安装工程施工的生产工人和附属生产单位工人的各项费用。

(2)材料费:是指施工过程中耗费的原材料、辅助材料、构配件、零件、半成品或成品、工程设备的费用。

(3)施工机具使用费:是指施工作业所发生的施工机械、仪器仪表使用费或其租赁费。

(4)企业管理费:是指建筑安装企业组织施工生产和经营管理所需的费用。

(5)利润:是指施工企业完成所承包工程获得的盈利。

(6)规费:是指按国家法律、法规规定,由省级政府和省级有关权力部门规定必须缴纳或计取的费用。

(7)税金:是指国家税法规定的应计入建筑安装工程造价内的营业税、城市维护建设税、教育费附加以及地方教育附加。

3. 工程建设其他费用

工程建设其他费用,是指从工程筹建起到工程竣工验收交付使用止的整个建设期间,除建筑安装工程费用和设备及工器具购置费用以外的,为保证工程建设顺利完成和交付使用后能够正常发挥效用而发生的各项费用。

工程建设其他费用,按其内容大体可分为三类。第一类指土地使用费;第二类指与工程建设有关的其他费用;第三类指与未来企业生产经营有关的其他费用。

(1)土地使用费

任何一个建设工程都固定于一定地点与地面相连接,必须占用一定量的土地,也就必然要发生为获得建设用地而支付的费用,这就是土地使用费。它是指通过划拨方式取得土地使用权而支付的土地征用及迁移补偿费,或者通过土地使用权出让方式取得土地使用权而支付的土地使用权出让金。

(2)与工程项目建设有关的其他费用

根据工程项目的不同,与项目建设有关的其他费用的构成也不尽相同,一般包括建设单位管理费、勘察设计费、研究试验费、建设单位临时设施费、工程监理费、工程保险费、引进技术和进口设备其他费用、工程承包费等。此外,有些工程还需根据具体情况考虑市政配套费、人防工程费等相关费用。

(3)与未来企业生产经营有关的其他费用

该项费用是在建设期发生的,但却是为了企业在生产、经营期能够顺利进行生产所发生的费用,包括联合试运转费、生产准备费、办公和生活家具购置费。

4. 预备费

预备费是指在建设工程投资测算时,考虑到在项目的实施阶段各种不确定因素的影响,所做的预测预留费用。

按照我国现行规定,预备费包括基本预备费和涨价预备费。

基本预备费是指在初步设计及概算内难以预料的工程费用,费用内容包括:

(1)在批准的初步设计范围内,技术设计、施工图设计及施工过程中所增加的工程费用;设计变更、局部地基处理等增加的费用。

(2)一般自然灾害造成的损失和预防自然灾害所采取的措施费用。实行工程保险的工程项目费用应适当降低。

(3)竣工验收时为鉴定工程质量对隐蔽工程进行必要的挖掘和修复费用。

涨价预备费是指建设工程在建设期内由于价格等变化引起工程造价变化的预测预留费用。费用内容包括：人工、设备、材料、施工机械的价差费,建筑安装工程费及工程建设其他费用调整,利率、汇率调整等增加的费用。

5.建设期贷款利息

建设期贷款利息包括向国内银行和其他非银行金融机构贷款、出口信贷、外国政府贷款、国际商业银行贷款以及在境内外发行的债券等在建设期间内应偿还的借款利息。

国外贷款利息的计算中,还应包括国外贷款银行根据贷款协议向贷款方以年利率的方式收取的手续费、管理费、承诺费;以及国内代理机构经国家主管部门批准的以年利率的方式向贷款单位收取的转贷费、担保费、管理费等。

6.1.2　建设工程投资控制基本原理

建设工程投资控制是建设工程管理的重要组成部分,也是监理工作的核心工作内容之一。所谓建设项目投资控制,是指在投资决策阶段、设计阶段、实施阶段以及终结阶段,把建设工程投资控制在批准的投资限额以内,随时纠正发生的偏差,保证项目投资管理目标的实现,以期在建设工程中能合理使用人力、物力、财力,取得较好的投资效益和社会效益。

1.建设工程投资失控的必然性

建设工程项目自身的特点和建设过程的技术经济特点,以及建设环境条件的复杂多变,是造成建设工程投资失控的根本原因,因而建设工程投资失控具有一定的必然性。

(1)参与建设的各方主体的认识与客观规律之间容易产生不一致性、不协调性等,是投资失控的首要因素。

业主对建设工程的建设构思,对市场、宏观国民经济发展和对项目自身过高或过低的估计,都将直接影响到对建设工程的规划;工程设计人员如果没有对拟建工程做出周密调查,获取大量的设计资料和数据,而是主观地从事方案和工艺技术设计,使设计成果与客观需要不相符合,进而造成工程项目建设中设计的频繁变动,是工程项目投资失控的首要原因。

(2)投资额与建设工程功能及效用的矛盾。

在工程项目建设过程中,业主普遍片面追求质量高、进度快及投资少的建设目标,使得建设工程功能及效用与项目投资额不相一致,从而引发追加投资是投资失控的另一重要原因。

(3)建设目标之间和参与建设各主体之间的矛盾对立,是产生投资失控的重要原因之一。

工程项目投资目标、质量目标和进度目标之间,参与工程项目建设的各主体之间的利益分配都是对立统一的关系。在建设过程中,由于各种因素的干扰,使得这种对立统一关系始终处于不平衡状态,项目建设投资成为调整工程控制行为由不平衡状态转向平衡状态的重要经济杠杆,是协调建设目标之间和建设各主体之间矛盾对立的重要因素,使工程项目的规划投资额在建设过程中始终处于变化状态,这种投资状态的变化是引发工程项目投资失控的重要内在因素。

(4)工程控制的复杂性与投资控制管理人员素质的矛盾,是工程项目投资控制失控的直接原因。

工程投资控制是一项复杂的系统工程活动,不仅涉及对建设目标的平衡与协调,也涉及参与建设各方主体不同利益目标的平衡与协调。这就要求工程控制管理人员必须具备工程控制的综合知识及实践经验和能力。目前,无论对投资估算控制、设计概算或预算控制、施工成本控制及采购订货价格控制等,都缺乏具有高水平、高素质的工程控制管理人员,是工程项目投资失控的直接原因。

(5)宏观经济规律的变化是引发建设工程投资失控的外在原因。

国民经济的发展及国家对基本建设投资政策的调控,也可以引起建设工程投资失控。

综上所述,由于影响投资失控的诸多因素具有客观存在性和规律性,从而使建设工程投资失控带有一定的必然性。工程投资控制的目的,就是针对确定的项目、确定的建设条件,通过对建设工程产生投资失控的影响因素分析,采取相应的控制措施、控制手段、控制对策,把产生投资失控必然性的影响因素的影响强度控制在一个理想的范围内,从而实现工程建设投资目标的控制。

2.建设工程投资控制基本原理

(1)建设工程投资控制的阶段性特点

由于建设工程具有建设周期长的特点,因而实现建设工程投资控制不能一蹴而就,需要在工程建设的不同阶段确定相应的投资控制目标,在建设实施过程中加以控制,如图6-2 所示。

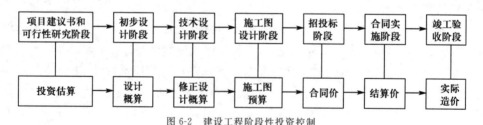

图 6-2 建设工程阶段性投资控制

(2)建设工程投资控制程序

建设工程投资控制的一般程序如图6-3 所示。该程序适用于对工程项目投资估算的控制、工程项目设计概算(或修正设计概算)的控制和工程项目施工造价控制。

(3)建设工程投资控制目标分解

在对已确定项目投资方案进行详尽的技术经济分析的基础上,确定项目投资目标就是对建设工程总投资额和有关分项的投资额的估算。总投资构成了项目投资控制的总目标;各分项投资构成了项目投资控制的分目标,从而组成建设工程投资控制目标系统。因

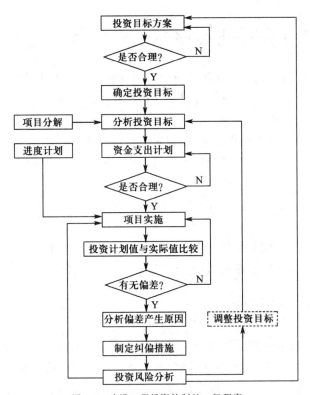

图 6-3 建设工程投资控制的一般程序

此,建立项目投资控制目标系统是对项目总投资目标进行分解的过程。一般可按项目建设费用构成进行总投资目标分解,包括建筑安装工程费用、设备工器具购置费用、工程建设其他费用、预备费用、建设期投资贷款利息及流动资产投资等。或者也可以按工程项目组成对总投资目标分解,如图 6-4 所示。

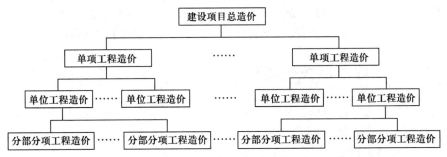

图 6-4 总投资控制目标分解

(4)工程监理投资控制方法

工程监理投资控制的方法较多,针对建设工程的不同阶段,其投资控制方法也不相同,主要方法有:投资估算方法、概算和预算方法、建设工程项目经济评价方法、技术经济分析方法、偏差分析法、投资控制点法等。

6.2 建设工程决策阶段的投资控制

建设工程投资决策是选择和决定投资行为方案的过程,是对拟建项目的必要性和可行性进行技术经济分析论证,对不同建设方案进行技术经济比较做出判断和决定的过程。监理工程师在建设工程决策阶段的投资控制,主要体现在建设工程可行性研究阶段协助建设单位或直接进行项目的投资控制,以保证项目投资决策的合理性。

建设工程决策阶段,进行项目建议书以及可行性研究的编制,除了论证项目在技术上是否先进、适用、可靠,还包括论证项目在财务上是否赢利,在经济上是否合理。决策阶段的主要任务就是找出技术经济统一的最优方案,而要实现这一目标,就必须做好拟建项目方案的投资控制工作。

在投资决策阶段,监理工程师在投资控制方面的主要任务是:协助业主编制(或审核)可行性研究报告;工程项目投资规划,选择最优方案;编制(或审核)投资估算。

6.2.1 可行性研究

所谓可行性研究,是运用多种科学手段综合论证一个工程项目在技术上是否先进、实用和可靠,在财务上是否盈利;做出环境影响、社会效益和经济效益的分析和评价,及工程项目抗风险能力等的结论,为投资决策提供科学的依据。可行性研究是项目建设前期工作的重要组成部分,项目主管机关主要是根据项目可行性研究的评价结果,并结合国家财政经济条件和国民经济发展的需要,做出项目是否应该投资和如何进行投资的决定。可行性研究的根本目的是为了避免投资决策上的失误,减少项目投资的风险,力争达到最好的经济效果。

可行性研究一般分为机会研究、初步可行性研究和详细可行性研究三个阶段,其基本工作步骤大致可以概括为:签订委托协议;组建工作小组;制订工作计划;市场调查与预测;方案编制与优化;项目评价;编写可行性研究报告;与委托单位交换意见等。

6.2.2 工程项目投资规划

工程项目投资规划是指项目建设前期对项目所需要的投资进行全面规划,主要工作内容是拟订项目投资方案,确定项目投资目标及制订资金支出计划等。

1. 确定项目投资方案

通过市场调查,初步形成项目投资方案的设想,经项目立项、可行性研究,并对拟订的项目投资方案进行详尽的技术经济分析,择优选定项目投资方案。因此,确定项目投资方案是一个复杂的技术经济活动过程。

2. 制订资金的支出计划

按照建设资金的融资渠道、资金供应计划和工程建设进度计划来制订资金的支出计划。资金的支出计划表明建设工程总投资按进度计划的时间进行分解,以便实现对建设工程总投资的"时空"控制。"时"表明了资金支付进度,"空"表明工程建设活动或工程项目分项对资金的需求量。资金的支出计划可以用类似工程进度计划横道图来表示,见表6-1。

表 6-1　　　　　　　　　　建设工程费用支出计划

编码	项目名称	时间(月)	费用强度(万元/月)	工程进度(月)												
				1	2	3	4	5	6	7	8	9	10	11	12	…
011	场地平整	1.0	20													…
012	基础施工	3.0	15													…
013	主体工程施工	6.3	30													…
014	砌筑工程施工	3.0	20													…
015	屋面工程施工	2.0	30													…
016	楼地面施工	3.0	20													…
017	室内设施安装	3.0	30													…
018	室内装饰	3.0	20													…
019	室外装饰	3.0	10													…
020	其他工程	1.0	10													…
⋮	……	⋮	⋮	⋮	⋮	⋮	⋮	⋮	⋮	⋮	⋮	⋮	⋮	⋮	⋮	⋮

6.2.3　投资估算的编制与审查

1. 投资估算的概念

在国外,如英、美等国,通常将建设项目从酝酿、提出设想直至施工图设计各阶段项目投资所做的预测均称为估算,本书中所指的投资估算是指在建设项目的投资决策阶段,在对项目的建设规模、技术方案、设备方案以及工程方案等进行研究并基本确定的基础上,采用一定方法,对拟建项目投资额所做的估计、计算、核定及相应文件的编制。

投资估算是项目建议书和可行性研究报告的重要组成部分,是项目投资决策的主要依据之一。正确的项目投资估算是保证投资决策正确的关键环节,是工程造价管理的总目标,其准确性与否直接影响到项目的决策、工程规模、投资经济效果,并影响到工程建设能否顺利进行。作为论证拟建项目的重要经济文件,投资估算有着极其重要的作用,具体可归纳为以下几点:

(1)项目建议书阶段的投资估算,是多方案比选、优化设计、合理确定项目投资的基础,是项目主管部门审批项目建议书的依据之一,并对项目的规划、规模控制起参考作用,它从经济上判断项目是否应列入投资计划。

(2)项目可行性研究阶段的投资估算,是项目投资决策的重要依据,是正确评价建设项目投资合理性,分析投资效益,为项目决策提供依据的基础。当可行性研究报告被批准之后,其投资估算额就作为建设项目投资的最高限额,不得随意突破。

(3)项目投资估算对工程设计概算起控制作用,它为设计提供了经济依据和投资限额,设计概算不得突破批准的投资估算额。投资估算一经确定,即成为设计的投资限额,作为控制和指导设计工作的尺度。

2.投资估算的阶段划分

建设项目投资决策可划分为投资机会研究或项目建议书阶段、初步可行性研究阶段及详细可行性研究阶段,因此投资估算工作也分为相应三个阶段。在不同的阶段,由于掌握的资料不同,投资估算的精确程度是不同的。随着项目条件的细化,投资估算会不断地深入、准确,从而对项目投资起到有效的控制作用。

(1)投资机会研究或项目建议书阶段的投资估算

这一阶段主要是选择有利的投资机会,明确投资方向,提出概略的项目投资建议,并编制项目建议书。该阶段工作比较粗略,投资额的估计一般是通过与已建类似项目的对比得来的,因而投资估算的误差率可在30%左右。

(2)初步可行性研究阶段的投资估算

这一阶段主要是在项目建议书的基础上,进一步确定项目的投资规模、技术方案、设备选型、建设地址选择和建设进度等情况,进行建设项目经济效益评价,初步判断项目的可行性,做出初步投资评价。该阶段是介于项目建议书和详细可行性研究之间的中间阶段,投资估算的误差率一般要求控制在20%左右。

(3)详细可行性研究阶段的投资估算

详细可行性研究阶段也称为最终可行性研究阶段,在该阶段应最终确定建设项目的各项市场、技术、经济方案,并进行全面、详细、深入的技术经济分析,选择拟建项目的最佳投资方案,对项目的可行性提出结论性意见。该阶段研究内容详尽,投资估算的误差率应控制在10%以内。这一阶段的投资估算是项目可行性论证、选择最佳投资方案的主要依据,也是编制设计文件、控制设计概算的主要依据。

在工程投资决策的不同阶段编制投资估算,由于条件不同,对其准确度的要求也就有所不同。编制人应充分把握市场变化,在投资决策的不同阶段对所掌握的资料加以全面分析,使得在该阶段所编制的投资估算满足相应的准确性要求,即可达到为投资决策提供依据、对项目投资起到有效的控制的作用。

3.投资估算的编制

由于投资估算的编制阶段及用途的不同,投资估算的编制依据、深度及编制方法也有所不同。一般情况下,对于主要的工程项目,应分别编制每个单位工程的投资估算,甚至更详细的投资估算,然后再汇总成一个单项工程的投资估算。对于附属项目或次要项目,可以单项工程为对象编制投资估算。对于其他各项费用可以按单项费用编制。

(1)单位产品法

单位产品法主要用于新建项目或新建装置的投资估算,是一种用单位产品投资推测新建项目投资额的简便方法,其特点是计算简便迅速,但是误差率较大,因此该方法适用于投资机会研究或项目建议书阶段的投资估算编制。

(2)资金周转率法

这是一种用资金周转率来推测投资额的简便方法。这种方法比较简便,计算速度快,但精确度较低,同样可用于投资机会研究及项目建议书阶段的投资估算。

其公式为

$$投资额 = \frac{产品的年产量 \times 产品单价}{资产周转率} \qquad (6\text{-}1)$$

$$资金周转率 = \frac{年销售总额}{总投资} = \frac{产品的年产量 \times 产品单价}{总投资} \qquad (6\text{-}2)$$

拟建项目的资金周转率可以根据已建相似项目的有关数据进行估计,然后再根据拟建项目的预计产品的年产量及单价,进行拟建项目的投资额估算。

(3)生产能力指数法

这种方法根据已建成的、性质类似的建设项目或生产装置的投资额和生产能力及拟建项目或生产装置的生产能力估算拟建项目的投资额。计算公式为

$$C_2 = C_1 (Q_2/Q_1)^n f \qquad (6\text{-}3)$$

其中　　C_1 —— 已建类似项目或装置的投资额;

　　　　C_2 —— 拟建项目或装置的投资额;

　　　　Q_1 —— 已建类似项目或装置的生产能力;

　　　　Q_2 —— 拟建项目或装置的生产能力;

　　　　f —— 不同时期、不同地点的定额、单价、费用变更等的综合调整系数;

　　　　n —— 生产能力指数,$0 \leqslant n \leqslant 1$。

若已建类似项目或装置的规模和拟建项目或装置的规模相差不大,生产规模比值为 $0.5 \sim 2$,则指数 n 的取值近似为 1。

若已建类似项目或装置与拟建项目或装置的规模相差不大于 50 倍,且拟建项目规模的扩大仅靠增大设备规模来达到时,则 n 的取值为 $0.6 \sim 0.7$;若是靠增加相同规格设备的数量达到时,n 的取值为 $0.8 \sim 0.9$。

采用这种方法,计算简单,速度快;但要求类似工程的资料可靠,条件基本相同,否则误差就会增大。

(4)比例估算法

是以拟建项目的设备费或主要工艺设备投资为基数,以其他相关费用占基数的比例系数来估算项目总投资的方法。

以新建项目或装置的设备费为基数编制估算,公式为

$$C = E(1 + f_1 p_1 + f_2 p_2 + f_3 p_3 + \cdots) + I \qquad (6\text{-}4)$$

其中　　C —— 拟建项目或装置的投资额;

　　　　E —— 根据拟建项目或装置的设备清单按当时当地价格计算的设备费(包括运杂费)的总和;

　　　　$p_1, p_2, p_3, \cdots$ —— 已建项目中建筑、安装及其他工程费用等占设备费百分比;

　　　　$f_1, f_2, f_3, \cdots$ —— 由于时间因素引起的定额、价格、费用标准等变化的综合调整系数;

　　　　I —— 拟建项目的其他费用。

(5)系数估算法

也称为因子估算法,系数估算法的方法较多,有代表性的包括朗格系数法、设备与厂房系数法等。

(6)指标估算法。

根据编制的各种具体的投资估算指标,进行单位工程投资的估算。投资估算指标的表示形式较多,如以元/m,元/m²,元/m³,元/t 等表示。根据这些投资估算指标,乘以所需的面积、体积、容量等,就可以求出相应的土建工程、给排水工程、照明工程、采暖工程、变配电工程等各单位工程的投资。在此基础上,可汇总成某一单项工程的投资。然后,再估算工程建设其他费用及预备费,即可得所需的投资。

(7)铺底流动资金的估算方法

铺底流动资金是指保证项目投产后,正常生产经营所需要的最基本的周转资金数额。铺底流动资金是项目总投资中流动资金的一部分,等于项目投产运营后所需全部流动资产扣除流动负债后的余额。其中,流动资产主要考虑应收账款、现金和存货;流动负债主要考虑应付和预收款。由此可以看出,这里所解释的流动资金的概念,实际上就是财务中的营运资金。

流动资金的估算一般采用扩大指标估算法和分项详细估算法。分项详细估算法,也称分项定额估算法。它是国际上通行的流动资金估算方法。

4. 投资估算的审查

为了保证项目投资估算的准确性和估算质量,以便确保其能真正起到控制投资的作用,必须加强对项目投资估算的审查工作。监理工程师在进行投资估算审查时,应注意审查以下几点:

(1)审查投资估算编制依据的准确性。主要审查估算项目投资所需的数据资料和各种规定的时效性、准确性,同时要根据工艺水平、规模大小、自然条件、环境因素等对已建项目与拟建项目在投资方面形成的差异进行调整。

(2)审查投资估算的编制内容与规划要求的一致性。主要审查项目投资估算所包括的工程内容与规划要求是否一致,是否漏掉了某些辅助工程、室外工程等的建设费用;审查项目投资估算中生产装置的先进水平和自动化程度等是否符合规划要求的先进程度。

(3)审查投资估算的费用项目、费用数额的符合性。审查费用项目与规定要求、实际情况是否相符,有无漏项或多算现象,估算的费用项目是否符合国家规定,是否针对具体情况作了适当的增减;审查"三废"处理所需投资是否进行了估算,其估算是否符合实际;审查是否考虑了物价上涨和汇率变动对投资额的影响,考虑的波动变化幅度是否合适;审查项目投资主体自有的稀缺资源是否考虑了机会成本,沉没成本是否剔除;审查是否考虑了采用新技术、新材料以及现行标准和规范比已运行项目的要求提高所需增加的投资额,考虑的额度是否合适。

(4)审查选用的投资估算方法的科学性、适用性。审查所选用的投资估算方法与项目的客观条件和情况是否相适应,是否超出了该方法所适用的范围。

6.3　建设工程设计阶段的投资控制

6.3.1　设计阶段投资控制的意义

根据《建筑工程设计文件编制深度规定》的有关要求,民用建筑工程一般应分为方案设计、初步设计和施工图设计三个阶段。对于技术要求简单的民用建筑工程,经有关主管部门同意,并且合同中有不做初步设计的约定,可在方案设计审批后直接进入施工图设计。

工程设计是建设项目由计划变为现实具有决定意义的工作阶段。设计文件是建筑安装施工的依据。拟建工程在建设过程中能否保证进度、保证质量和节约投资,在很大程度上取决于设计质量的优劣。设计阶段控制投资具有以下重要意义:

(1)在设计阶段进行投资控制可以使投资构成更合理,提高资金使用效率。设计阶段投资的形式是设计概算与施工图预算,通过设计概预算可以了解项目投资的构成,分析资金分配的合理性,并可以利用价值工程理论分析项目各个组成部分功能与成本的匹配程度,调整项目功能与成本使其更趋于合理。

(2)在设计阶段控制投资会使控制工作更主动。长期以来,人们把控制理解为目标值与实际值的比较,以及当实际值偏离目标值时分析产生差异的原因,确定下一步对策。这对于批量性生产的制造业而言,是一种有效的管理方法。但是对于建筑业而言,由于建筑产品具有单件性、投资数额高的特点,这种管理方法只能发现差异,不能消除差异,也不能预防差异的发生,而且差异一旦发生,损失往往很大。这是一种被动的控制方法。而如果在设计阶段控制投资,可以事先确定工程设计方案的投资目标限额,然后当详细设计制定出来以后,对工程设计方案的投资数额加以确定及审核。这样就可以在工程实施之前预先发现差异,主动采取措施消除差异,使设计方案更加经济合理。

(3)在设计阶段控制工程投资便于技术与经济相结合。工程设计工作往往是由建筑师等专业技术人员来完成的。他们在设计过程中往往更关注工程的使用功能,力求采用比较先进的技术方法实现项目所需功能,而对经济因素考虑较少。如果在设计阶段吸收监理工程师参与全过程设计,使设计从一开始就建立在健全的经济基础之上,在做出重要决定时就能充分认识其经济后果。另外投资限额一旦确定以后,设计只能在确定的限额内进行,有利于建筑师发挥个人创造力,选择一种最经济的方式实现技术目标,从而确保设计方案能较好地体现技术与经济的结合。

(4)在设计阶段控制工程投资效果最显著。建设工程投资控制贯穿于项目建设全过程,这一点是毫无疑问的。但是进行全过程控制还必须突出重点。图 6-5 是国外描述的工程设计各阶段影响工程项目投资的规律。

从图中可以看出,初步设计阶段对投资的影响约为 20%,技术设计阶段对投资的影响约为 40%,施工图设计准备阶段对投资的影响约为 25%。很显然,控制工程投资的关键是在设计阶段。在设计一开始就将控制投资的思想植根于设计人员的头脑中,以保证选择恰当的设计标准和合理的功能水平。

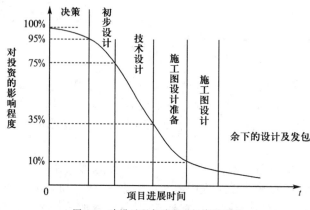

图 6-5　建设过程各阶段对投资的影响

设计阶段是建设工程项目做出投资决策后投资控制的重点。该阶段,工程监理在投资控制工作中的主要任务是明确项目设计阶段的投资控制点,强化设计人员的标准设计意识,采用限额设计、应用价值工程优化设计以及强化设计概预算的编制与审查等手段和方法,使设计在满足质量和功能的前提下,实现投资的控制目标。

6.3.2 设计阶段投资控制点设置

建设工程设计阶段参与投资控制的主体有:业主、由业主委托的设计监理组织(包括设计项目总监和专业设计监理工程师)、设计单位(包括项目总负责人和各专业设计负责人等)及建设行政主管部门。设计工作中主要控制工作任务有:项目总体设计方案的规划(对一般项目可用初步设计方案代替)、初步设计、技术设计(指大型工程建设或由业主提出要求的项目)、施工图设计及施工配合与竣工验收(指施工阶段的外延设计工作)。按控制主体对设计工作任务实施的控制职能及其所开展的相关设计阶段投资控制活动,即可确定设计阶段投资控制点。表 6-2 表示设计阶段投资控制点的设置。表中表明了两级控制,且用 P、C、D、A 分别表示各控制主体在不同控制点处的投资控制职能。

表 6-2　　　　　　　工程项目设计各阶段投资控制点设置

职能　　　　　控制主体　　控制点(工作任务)	业主	设计监理组织		设计单位		建设主管部门
		项目总监	专业监理	项目总负责人	专业负责人	
建设项目总体规划 (1)用地规划	P,C,A	P,C,A	C,A	P,C,A	D	C
(2)建筑物分布及规划	P,C,A	P,C,A	C,A	P,C,A	D	
(3)公用设施布置及规划	P,C,A	P,C,A	C,A	P,C,A	D	
(4)商业及服务网点规划	P,C	P,C,A	C,A	P,C,A	D	
(5)规划总平面图	P,C	P,C,A		P,C,A	D	C
(6)技术经济指标	P	P,C	C	P,C,A	D	

（续表）

职能＼控制主体　控制点(工作任务)	业主	设计监理组织		设计单位		建设主管部门
		项目总监	专业监理	项目总负责人	专业负责人	
初步设计 (7)工程设计依据和基础资料	P,C	C,A		P,C	D	
(8)工程设计规模及设计范围	P,C	C,A		P,C,A	D,A	
(9)设计文件的深度	C	C		P,C,A	D	
(10)专业设计方案	C	P,C	C	P,C,A	C,D	
(11)主要设备和材料		C,A	P,C	P,C,A	C,D	C
(12)总概算及分项概算控制	P,C	C	C	P,C	D	
(13)技术经济指标控制	C	P,C	C	P,C	D	
技术设计 (14)新技术、新工艺研究	P	C,A	C	P,C,A	D	
(15)新技术、新工艺引进	P	C,A	C	C,A	D	
(16)新技术、新工艺试验		C,A	C	P,C,A	D	
(17)修正总概算及分项概算	P	C	C	P,C		
(18)技术经济指标	C	P,C	C	P,C	D	
施工图设计 (19)设计标准及设计参数选择	C	C	C	P,C	C,D	
(20)设计预算	P,C	P,C	C	P,C	C,D	
(21)主要材料及设备清单	C	P,C	C	P,C	D	
(22)各专业设计成果	C	P,C	C	P,C	D	
(23)设计图纸及说明		C		P,C	D	
(24)技术经济指标	C	P,C		P,C	D	
施工配合与竣工验收 (25)设计交底与图纸会审	P,C	P,C,A	C,D	P,C,A	C,D	C
(26)设计变更与设计修改	C	P,C	C,D	P,C	C,D	
(27)技术变更	C	P,C	C,D	P,C	C,D	
(28)费用调整	P,C	P,C,A	C,D	P,C,A	C,D	
(29)重大质量事故处理	P,C	P,C,A	C,D	C,A	D	C
(30)施工中间验收	C	P,C,A	C,D	C	D	
(31)工程竣工验收	P,C	P,C,A	C,D	C,A	D	C

注：P——计划与决策；C——检查与审查；D——执行与实施；A——控制与协调

6.3.3　限额设计

1.限额设计的概念

限额设计就是按照设计任务书批准的投资估算额进行初步设计，按照初步设计概算造价限额进行施工图设计，按施工图预算造价对施工图设计的各个专业设计文件做出决策。也就是将上阶段设计审定的投资额和工程量先行分解到各专业，然后再分解到各单位工程和分部工程。各专业在保证使用功能的前提下，按分配的投资限额控制设计，严格控制技术设计和施工图设计的不合理变更，以保证总投资限额不被突破。

限额设计是建设项目投资控制系统中的一项关键措施，在整个设计过程中，以事先确定的目标限额控制设计行为，做到技术与经济的统一。设计人员在设计时考虑经济支出，做出方案比较，有利于优化设计，改变了"设计过程不算账、设计完成见分晓"的现象，达到了动态控制投资的目的。

2. 限额设计的全过程

限额设计的全过程实际上就是建设项目投资目标管理的过程,即目标分解与计划、目标实施、目标实施检查、信息反馈的控制循环过程。这个过程可用图 6-6 来表示。

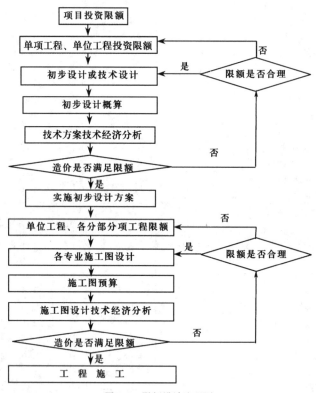

图 6-6　限额设计流程图

3. 限额设计的控制内容

限额设计的控制内容包括限额设计的纵向控制和横向控制。

限额设计的纵向控制的主要工作是将限额设计贯穿于项目可行性研究、初步勘察、初步设计、详细勘察、技术设计、施工图设计各个阶段,而在每一个阶段中贯穿于各个专业的每一道工序。在每个专业、每项设计中都应将限额设计作为重点工作内容,明确限额目标,实行工序管理。各专业限额设计的实现是限额目标得以实现的重要保证。限额设计纵向控制工作包括如下内容:

(1)初步设计阶段要重视方案的选择,按照批准的投资估算进一步落实投资的可能性。

(2)把施工图预算严格控制在批准的概算之内。

(3)加强设计变更管理工作,对非发生不可的变更,应尽量提前实现。

(4)考虑时间因素对投资的影响,树立动态管理的观念。

限额设计横向控制的主要工作是健全和加强设计单位对建设单位以及设计单位内部的经济责任制,而经济责任制的核心是处理责权利三者之间的关系。横向控制是各阶段控制措施的保证,是围绕纵向控制进行的。为了保证限额设计目标的实现,必须明确设计单位及设计人员对限额设计所负有的责任,同时建立相应的考核制度和实行限额设计"节奖超罚"的制度。

6.3.4　标准化设计、设计方案优化、价值工程

1. 推广标准化设计

标准化设计又称定型设计、通用设计,是工程建设标准化的组成部分。各类工程建设的构件、配件、零部件、通用的建筑物、构筑物、公用设施等,只要有条件的,都应该实施标准化设计。设计标准规范是重要的技术规范,是进行工程建设、勘察设计施工及验收的重要依据。推行标准化设计具有以下优点:

(1)广泛采用标准化设计,是改进设计质量,加快实现建筑工业化的客观要求。因为标准化设计来源于工程建设实际经验和科技成果,是将大量成熟的、行之有效的实际经验和科技成果,按照统一简化、协调选优的原则,提炼上升为设计规范和标准设计。所以设计质量都比一般工程设计质量要高。另外,由于标准化设计采用的都是标准构配件,建筑构配件和工具式模板的制作过程可以从工地转移到专门的工厂中批量生产,使施工现场变成"装配车间"和机械化浇注场所,把现场的工程量压缩到最少。

(2)广泛采用标准化设计,可以提高劳动生产率,加快工程建设进度。设计过程中,采用标准构件,可以节省设计力量,加快设计图纸的提供速度,大大缩短设计时间,一般可以加快设计速度1~2倍,从而使施工准备工作和订制预制构件等生产准备工作提前,缩短整个建设周期。另外,由于生产工艺定型,生产均衡,统一配料,劳动效率提高,因而使标准配件的生产成本大幅度降低。

广泛采用标准化设计,可以节约建筑材料,降低工程造价。据测算,一般可以节约建设投资10%以上。

2. 优化设计方案

为了实现设计阶段投资控制的目标,必须优化设计方案,即对工程设计方案进行技术与经济的分析、计算、比较和评价。从而选出技术上先进、结构上坚固耐用(一般指工业建筑)、功能上适用、造型上美观、环境上自然协调和经济合理的最优设计方案,为决策提供科学的依据。设计方案优化应遵循以下原则:

(1)设计方案必须要处理好经济合理性与技术先进性之间的关系。技术先进性与经济合理性存在对立关系,设计者应妥善处理好二者的关系,一般情况下,要在满足使用者要求的前提下,尽可能降低工程投资。同样,如果资金有限制,也可以在资金限制范围内,尽可能提高项目功能水平。

(2)设计方案必须兼顾建设与使用,考虑项目全寿命费用。一般情况下,项目功能水平与工程投资及使用成本之间的关系如图6-7所示。

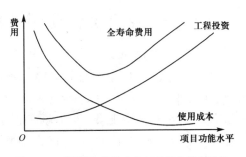

图6-7　工程投资、使用成本与项目功能水平之间的关系

在设计过程中应兼顾建设过程和使用过程,力求项目全寿命费用最低。

3. 运用价值工程优化设计方案

价值工程是建筑设计、施工中有效降低工程投资的科学方法。价值工程是对所研究对象的功能与费用进行系统分析,不断创新,提高研究对象的价值的一种技术经济分析方法。其目的是通过研究对象的最低寿命周期成本,可靠地实现使用者所需的功能,以获取最佳的综合效益。在设计阶段应用价值工程进行投资控制的步骤如下:

(1)对象选择。在设计阶段应用价值工程控制工程投资,应以对投资控制影响较大的项目作为价值工程的研究对象。因此,经常应用 ABC 分析法,将设计方案的投资分解并分成 A,B,C 三类,A 类投资比重大,品种数量少,应作为实施价值工程的重点。

(2)功能分析。分析研究对象具有哪些功能,各项功能之间的关系如何。

(3)功能评价。评价各项功能,确定功能评价系数,并计算实现各项功能的实际成本是多少,从而计算各项功能的价值系数。价值系数小于 1 的,应该在功能水平不变的条件下降低成本,或在成本不变的条件下,提高功能水平。价值系数大于 1 的,如果是重要的功能,应该提高成本,保证重要功能的实现。如果该项功能不重要,可以不做改变。

(4)分配目标成本。根据限额设计的要求,确定研究对象的目标成本,并以功能评价系数为基础,将目标成本分摊到各项功能上,与各项功能的实际成本进行对比,确定成本改进期望值,成本改进期望值大的,应首先重点改进。

(5)方案创新及评价。根据价值分析结果及目标成本分配结果的要求,提出各种方案,并应用加权评分法选出最优方案,使设计方案更加合理。

在研究对象寿命周期的各个阶段都可以实施价值工程,但是在设计阶段实施价值工程意义重大,尤其是建筑工程。一方面,在设计过程中涉及多部门多专业工种,就一项简单的民用住宅工程设计来说,就要涉及结构、建筑、电气、给排水、供暖、煤气等专业工种。在工程设计过程中,每个专业都各自独立进行设计,势必产生各个专业工种设计的相互协调问题。通过实施价值工程,不仅可以保证各专业工种的设计符合国家和用户的要求,而且可以解决各专业工种设计的协调问题,得到全局合理优良的方案;另一方面,建筑产品具有单件性的特点,工程设计往往也是一次性的。设计过程中可以借鉴的经验教训较少。利用价值工程可以发挥集体智慧,群策群力,得到最佳设计方案。

6.3.5 设计概算的编制与审查

1. 设计概算的编制

设计概算是初步设计完成后确定和控制建设工程投资的文件,是初步设计文件的重要组成部分,它是根据初步设计(或扩大初步设计)图纸及说明书,利用国家或地区颁发的概算指标、概算定额或综合指标预算定额、设备材料预算价格等数据,按照设计要求,概略地计算建筑物或构筑物所需投资的文件。

设计概算可分为单位工程概算、单项工程综合概算和建设项目总概算三级,各级概算之间的相互关系如图 6-8 所示。

（1）单位工程概算的编制方法

①单位建筑工程概算的编制方法

a.概算定额法

概算定额法又叫扩大单价法或扩大结构定额法，是采用概算定额编制建筑工程概算的方法。根据初步设计图纸资料和概算定额的项目划分计算出工程量，然后套用概算定额单价（基

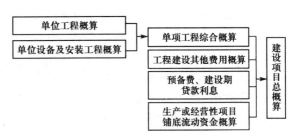

图 6-8　三级设计概算关系图

价），计算汇总后，再计取有关费用，便可得出单位工程概算造价。

概算定额法要求初步设计达到一定深度，建筑结构比较明确，能按照初步设计的平面、立面、剖面图纸计算出楼地面、墙身、门窗和屋面等分部工程（或扩大结构件）项目的工程量时，才可以采用。

b.概算指标法

概算指标法是采用直接工程费指标，用拟建的厂房、住宅的建筑面积（或体积）乘以技术条件相同或基本相同工程的概算指标，得出直接工程费，然后按规定计算出措施费、间接费、利润和税金等，编制出单位工程概算的方法。概算指标比概算定额更为扩大、综合，所以利用概算指标编制的概算比按概算定额编制的概算更加简化，其精确度也比用概算定额编制的概算低，但这种方法具有速度快的优点，它的适用范围是当初步设计深度不够，不能准确地计算出工程量，但工程设计技术比较成熟而又有类似工程概算指标可以利用时，可采用此种方法。

c.类似工程预算法

类似工程预算法是利用技术条件与设计对象相类似的已完工程或在建工程的工程造价数据来编制拟建工程设计概算的方法。类似工程预算法是以相似工程的预算或结算资料，按照编制概算指标的方法，求出工程的概算指标，再按概算指标法编制拟建工程概算。

这种方法在拟建工程初步设计与已完工程或在建工程的设计相类似而又没有可用的概算指标时采用，但必须对建筑结构差异和价差进行调整。

②设备及安装单位工程概算的编制方法

设备及安装工程概算包括设备购置费概算和设备安装工程费概算两大部分。

a.设备购置费概算。设备购置费是根据初步设计的设备清单计算出设备原价，并汇总求出设备总原价，然后按有关规定的设备运杂费率乘以设备总原价，两项相加即为设备购置费概算。

b.设备安装工程费概算的编制方法。设备安装工程费概算的编制方法是根据初步设计深度和要求明确的程度来确定的。其主要编制方法有：

i.预算单价法。当初步设计较深，有详细的设备清单时，可直接按安装工程预算定额单价编制安装工程概算，概算编制程序基本同于安装工程施工图预算。该法具有计算比较具体，精确性较高之优点。

ii.扩大单价法。当初步设计深度不够，设备清单不完备，只有主体设备或仅有成套

设备重量时,可采用主体设备、成套设备的综合扩大安装单价来编制概算。

上述两种方法的具体操作与建筑工程概算相类似。

ⅲ.设备价值百分比法。又叫安装设备百分比法。当初步设计深度不够,只有设备出厂价而无详细规格、重量时,安装费可按占设备费的百分比计算。其百分比值(即安装费率)由主管部门制定或由设计单位根据已完类似工程确定。该法常用于价格波动不大的定型产品和通用设备产品。数学表达式为:

$$设备安装费＝设备原价×安装费率(\%)$$

ⅵ.综合吨位指标法。当初步设计提供的设备清单有规格和设备重量时,可采用综合吨位指标编制概算,其综合吨位指标由主管部门或由设计院根据已完类似工程资料确定。该法常用于设备价格波动较大的非标准设备和引进设备的安装工程概算。用数学表达式为:

$$设备安装费＝设备吨重×每吨设备安装费指标(元/吨)$$

(2)单项工程综合概算的内容

单项工程综合概算文件一般包括编制说明(不编制总概算时列入)、综合概算表(含其所附的单位工程概算表和建筑材料表)和有关专业的单位工程预算数三大部分。当建设项目只有一个单项工程时,此时综合概算文件(实为总概算)除包括上述两大部分外,还应包括工程建设其他费用、建设期贷款利息、预备费的概算。

①编制说明。编制说明应列在综合概算表的前面,其内容为:

a.工程概况。简述建设项目性质、特点、生产规模、建设周期、建设地点等主要情况。引进项目要说明引进内容以及与国内配套工程等主要情况。

b.编制依据。包括国家和有关部门的规定、设计文件。现行概算定额或概算指标、设备材料的预算价格和费用指标等。

c.编制方法。说明设计概算是采用概算定额法,还是采用概算指标法,或其他方法。

d.其他必要的说明。

②综合概算表。综合概算表是根据单项工程所辖范围内的各单位工程概算等基础资料,按照国家或部委规定的统一表格进行编制。

a.综合概算表的项目组成。工业建设项目综合概算表由建筑工程和设备及安装工程两大部分组成;民用工程项目综合概算表就是建筑工程一项。

b.综合概算的费用组成。一般应包括建筑工程费用、安装工程费用、设备购置及工器具生产家具购置费。当不编制总概算时,还应包括工程建设其他费用、建设期贷款利息、预备费等费用项目。

单项工程综合概算表的结构形式与总概算表是相同的。

(3)建设项目总概算的内容

设计总概算文件一般应包括:编制说明、总概算表、各单项工程综合概算书、工程建设其他费用概算表、主要建筑安装材料汇总表。独立装订成册的总概算文件宜加封面、签署页(扉页)和目录。现将有关主要问题说明如下:

①编制说明。编制说明的内容与单项工程综合概算文件相同。

②总概算表。总概算表应反映静态投资和动态投资两个部分。静态投资是按设计概算编制期价格、费率、利率、汇率等确定的投资;动态投资是指概算编制时期到竣工验收前的工程和价格变化等多种因素所需的投资。

③工程建设其他费用概算表。工程建设其他费用概算按国家或地区或部委所规定的项目和标准确定,并按同一格式编制。

④主要建筑安装材料汇总表。针对每一个单项工程列出钢筋、型钢、水泥、原木等主要建筑安装材料的消耗量。

2. 设计概算的审查

采用适当方法审查设计概算,是确保审查质量,提高审查效率的关键。较常用方法有:

(1)对比分析法

对比分析法主要是通过建设规模、标准与立项批文对比;工程数量与设计图纸对比;综合范围、内容与编制方法、规定对比;各项取费与规定标准对比;材料、人工单价与统一信息对比;引进设备、技术投资与报价要求对比;技经指标与同类工程对比等等。通过以上对比,容易发现设计概算存在的主要问题和偏差。

(2)查询核实法

查询核实法是对一些关键设备和设施、重要装置,引进工程图纸不全、难以核算的较大投资进行多方查询核对,逐项落实的方法。主要设备的市场价向设备供应部门或招标公司查询核实;重要生产装置、设施向同类企业(工程)查询了解;引进设备价格及有关费税向进出口公司调查核实;复杂的建安工程向同类工程的建设、承包、施工单位征求意见;深度不够或不清楚的问题直接向原概算编制人员、设计者询问清楚。

(3)联合会审法

联合会审前,可先采取多种形式分头审查,包括设计单位自审,主管、建设、承包单位初审,工程造价咨询公司评审,邀请同行专家预审,审批部门复审等,经层层审查把关后,由有关单位和专家进行联合会审。在会审大会上,由设计单位介绍概算编制情况及有关问题,各有关单位、专家汇报初审、预审意见。然后进行认真分析、讨论,结合对各专业技术方案的审查意见所产生的投资增减,逐一核实原概算出现的问题。经过充分协商,认真听取设计单位意见后,实事求是地处理、调整。

6.3.6　施工图预算的编制与审查

施工图预算是在施工图设计完成之后,工程开工之前,根据已批准的施工图纸和既定的施工方案,结合现行的预算定额、地区单位估价表、取费定额、各种资源单价等计算并汇总的单位工程及单项工程造价的技术经济文件。

1. 施工图预算的编制方法

施工图预算的编制可以采用工料单价法和综合单价法。

工料单价法是目前普遍采用的方法。它是根据建筑安装工程施工图和预算定额,按分部分项的顺序,先算出分项工程量,然后再乘以对应的定额基价,求出分项工程直接工程费。将分项工程直接工程费汇总为单位工程直接工程费,直接工程费汇总后另加措施费、间接费、利润、税金生成工程承发包价。工料单价法的取费基数有三种,即直接费、人工费加机械费和人工费,以直接费为计算基础的计算程序见表6-3。

表6-3　　　　　　　　　以直接费为基础的计算程序

序号	费用项目	计算方法	备注
1	直接工程费	按预算表计算	
2	措施费	按规定标准计算	
3	小计	(1)+(2)	
4	间接费	(3)×相应费率	
5	利润	[(3)+(4)]×相应利润率	
6	材料价差等其他费用	按实计算	
7	合计	(3)+(4)+(5)+(6)	
8	含税造价	(7)×(1+相应税率)	

综合单价法是根据计算得到的综合单价确定投资的方法。所谓综合单价,即分项工程全费用单价,也就是工程量清单的单价;它综合了人工费、材料费、机械费,有关文件规定的调价、利润、税金,现行取费中有关费用、材料价差,以及采用固定价格的工程所测算的风险金等全部费用。

这种方法与前述方法相比较,主要区别在于:间接费和利润等是用一个综合管理费率分摊到分项工程单价中,从而组成分项工程全费用单价,某分项工程单价乘以工程量即为该分项工程的完全价格。

2.施工图预算的审查

施工图预算编完之后,需要认真进行审查。加强施工图预算的审查,对于提高预算的准确性,正确贯彻党和国家的有关方针政策,降低工程造价具有重要的现实意义。

审查施工图预算方法较多,主要有全面审查法、标准预算审查法、分组计算审查法、对比审查法、筛选审查法、重点抽查法、利用手册审查法和分解对比审查法等八种。

(1)全面审查法

全面审查法又叫逐项审查法,就是按预算定额顺序或施工的先后顺序,逐一地进行全部审查的方法。其具体计算方法和审查过程与编制施工图预算基本相同。此方法的优点是全面、细致,经审查的工程预算差错比较少,质量比较高;缺点是工作量大。对于一些工程量比较小、工艺比较简单,编制工程预算的技术力量又比较薄弱的工程,可采用全面审查法。

(2)标准预算审查法

标准预算审查法是对于利用标准图纸或通用图纸施工的工程,先集中力量,编制标准预算,以此为标准审查预算的方法。按标准图纸设计或通用图纸施工的工程一般上部结构和做法相同,可集中力量细审一份预算或编制一份预算作为这种标准图纸的标准预算,或用这种标准图纸的工程量为标准,对照审查,而对局部不同部分作单独审查即可。这种方法的优点是时间短、效果好、好定案;缺点是只适用于按标准图纸设计的工程,适用范围小。

（3）分组计算审查法

分组计算审查法是一种加快审查工程量速度的方法，把预算中的项目划分为若干组，并把相邻且有一定内在联系的项目编为一组，审查或计算同一组中某个分项工程量，利用工程量间具有相同或相似计算基础的关系，判断同组中其他几个分项工程量计算的准确程度的方法。

（4）对比审查法

对比审查法是用已建成工程的预算或虽未建成但已审查修正的工程预算对比审查拟建的类似工程预算的一种方法。

（5）筛选审查法

筛选审查法是统筹法的一种，也是一种对比方法。建筑工程虽然有建筑面积和高度的不同，但是它们的各个分部分项工程的工程量、造价、用工量在每个单位面积上的数值变化不大，我们把这些数据加以汇集，优选，归纳为工程量、造价（价值）、用工三个单方基本值表，并注明其适用的建筑标准。这些基本值犹如"筛子孔"，用来筛选各分部分项工程，筛下去的就不审了，没有筛下去的就意味着此分部分项工程的单位建筑面积数值不在基本值范围之内，应对该分部分项工程详细审查。当所审查的预算的建筑面积标准与"基本值"所适用的标准不同时，就要对其进行调整。

筛选审查法的优点是简单易懂，便于掌握，审查和发现问题速度快，但解决差错分析其原因需继续审查。因此，此法适用于住宅工程或不具备全面审查条件的工程。

（6）重点抽查法

重点抽查法是抓住工程预算中的重点进行审查的方法。审查的重点一般是：工程量大或造价较高、工程结构复杂的工程，补充单位估价表，计取的各项费用（计费基础、取费标准等）。

重点抽查法的优点是重点突出，审查时间短、效果好。

（7）利用手册审查法

利用手册审查法是把工程中常用的构件、配件，事先整理成预算手册，按手册对照审查的方法。如工程常用的预制构配件：洗脸池、大便台、检查井、化粪池、碗柜等，几乎每个工程都有，把这些按标准图集计算出工程量，套上单价，编制成预算手册使用，可大大简化预结算的编审工作。

（8）分解对比审查法

一个单位工程，按直接费与间接费进行分解，然后再把直接费按工种和分部工程进行分解，分别与审定的标准预算进行对比分析的方法，叫分解对比审查法。

分解对比审查法一般有三个步骤：

第一步，全面审查某种建筑的定型标准施工图或复用施工图的工程预算，经审定后作为审查其他类似工程预算的对比基础。将审定预算按直接费与应取费用分解成两部分，再把直接费分解为各工种工程和分部工程预算，分别计算出它们的每平方米预算价格。

第二步，把拟审的工程预算与同类型预算单方造价进行对比，若出入在 $1\% \sim 3\%$ 以内（根据本地区要求），再按分部分项工程进行分解，边分解边对比，对出入较大者，做进一步审查。

第三步，对比审查。经分析对比，如发现应取费用相差较大，应考虑建设项目的投资来源和工程类别及其取费项目和取费标准是否符合现行规定；材料调价相差较大，则应进一步审查《材料调价统计表》，将各种调价材料的用量、单位差价及其调增数量等进行对比。经过分解对比，如发现土建工程预算价格出入较大，首先审查其土方和基础工程，因为±0.00以下的工程往往相差较大。再对比其余各个分部工程，发现某一分部工程预算价格相差较大时，再进一步对比各分项工程或工程细目。在对比时，先检查所列工程细目是否正确，预算价格是否一致。发现相差较大者，再进一步审查预算单价，最后审查该项工程细目的工程量。

6.4　建设工程实施阶段的投资控制

当项目投资目标确定后，项目实施中的投资控制是项目投资控制的关键。实施中的投资控制包括对项目投资估算偏差控制、设计概算（或修正概算）偏差控制，以及对建设工程施工造价偏差控制。项目实施中的投资控制的基本工作内容包括：招投标工作中的投资控制、投资偏差估算；偏差原因分析；投资风险分析；判断投资偏差允许范围；制定纠偏措施，以及调整项目投资目标，以达到对项目实施中的投资控制目的。

6.4.1　招投标工作中的投资控制

1.建设工程招投标概述

建设工程招标是指招标人在发包建设项目之前，公开招标或邀请投标人根据招标人的意图和要求提出报价，择日当场开标，以便从中择优选定得标人的一种经济活动。

建设工程投标是工程招标的对称概念，指具有合法资格和能力的投标人根据招标条件，经过初步研究和估算，在指定期限内填写标书，提出报价，并等候开标，决定能否中标的经济活动。

实行建设项目的招标投标是我国建筑市场趋向规范化、完善化的重要举措，对于优化选择承包单位、合理有效地控制建设工程投资，具有十分重要的意义。

建设项目招标投标活动包含的内容十分广泛，具体说包括建设项目强制招标的范围、建设项目招标的种类与方式、建设项目招标的程序、建设项目招标投标文件的编制、标底编制与审查、投标报价以及开标、评标、定标等。所有这些环节的工作均应按照国家有关法律、法规规定认真执行并落实。

2.建设工程招标标底的编制与审查

标底是指招标人根据招标项目的具体情况编制的完成招标项目所需的全部费用，是根据国家规定的计价依据和计价办法计算出来的工程造价，是招标人对建设工程的期望价格。标底由成本、利润、税金等组成，一般应该控制在批准的总概算及投资包干限额内。

我国的《招标投标法》没有明确规定招标工程是否必须设置标底价格，招标人可根据工程的实际情况自己决定是否需要编制标底。标底价格是招标人控制建设工程投资,确定工程合同价格的参考依据,是衡量、评审投标人投标报价是否合理的尺度和依据。因此,标底必须以严肃认真的态度和科学合理的方法进行编制,应当实事求是,综合考虑和体现发包方和承包方的利益,编制切实可行的标底。

(1)招标标底的编制方法

《建筑工程施工发包与承包计价管理办法》(中华人民共和国建设部第 107 号令)第五条中规定,施工图预算、招标标底、投标报价由成本、利润和税金构成。

我国目前建设工程施工招标标底的编制,主要采用定额计价法和工程量清单计价法来编制。

①以定额计价法编制标底

定额计价法编制标底的方法与概预算的编制方法基本相同,通常是根据施工图纸及技术说明,按照预算定额规定的分部分项子目,逐项计算出工程量,再套用定额单价(或单位估价表)确定直接工程费,然后按规定的费率标准估出措施费,得到相应的直接费,再按规定的费用定额确定间接费、利润和税金,加上材料调价系数和适当的不可预见费,汇总后即为标底的基础。

虽然标底的编制在方法上并没有特殊性,但由于标底具有力求与市场的实际变化相吻合的特点,所以标底应考虑人工、材料、设备、机械台班等价格变化因素,还应包括不可预见费(特殊情况)、预算包干费、现场因素费用、保险以及采用固定价格的工程的风险金等。

②工程量清单计价法编制标底

采用工程量清单计价后,标底的作用进一步淡化。但作为招标人对拟建项目的投资期望,标底仍有一些独特作用,如:能够使招标人预先明确在拟建工程上应承担的财务义务,给上级主管部门提供适合建设规模的依据。

工程量清单下的标底价必须严格按照"规范"进行编制,以工程量清单给出的工程数量和综合的工程内容为基础,按市场价格计价。对工程量清单开列的工程数量和综合的工程内容不得随意更改、增减,必须保持与各投标单位计价口径的统一。

(2)建设工程招标标底的审查

标底价格的审查方法类似于施工图预算的审查方法,主要有:全面审查法、重点审查法、分解对比审查法、分组计算审查法、标准预算审查法、筛选审查法、应用手册审查法等。审查内容包括:

①标底计价内容:承包范围、招标文件规定的计价方法及其他有关条款。

②标底价格组成内容:工程量清单及其单价组成、直接工程费、措施费、有关文件规定的调价、间接费、利润、税金、主要材料、设备需用数量等。

③标底价格相关费用:人工、材料、机械台班的市场价格、现场因素费用、不可预见费(特殊情况)、对于采用固定价格的工程所测算的在施工周期内价格波动的风险系数等。

3.建设工程施工评标和定标

监理工程师在招投标阶段除具有编制招标文件和标底的能力和技巧外,还必须掌握正确的评标定标的原则和科学的评标定标方法,正确地选择中标单位。

对一个投标商在技术能力、管理能力和资金来源等方面的综合评价一般分为两个阶段进行。第一阶段是在投标邀请书发出以前,业主寻找对本工程有兴趣的并对本工程的特殊方面有经验的承包企业或公司,然后对每一个公司进行评估,以确定它是否是合适的"预定投标商"。第二阶段是从投标书的递交到评价结束。这一阶段是真正对承建商目前履行合同的能力进行最终的彻底的评价。不仅要对单个公司进行评价,还应对指定或批准使用的分包公司进行评价,并且要考虑与其相关的子公司或下属单位之间的合同关系或工作关系。

(1)投标期间对投标人的非技术审查

①投标人资格审查内容包括:生产能力保证程度、施工质量保证程度、建筑物竣工使用的质量保证水平和资金周转的保证程度。

②投标文件的审查内容包括:开标后,检查投标文件有无计算错误,核对计算上的准确性,以合计大写为准;分析报价构成的合理性和可行性;对不满足招标文件的实质性要求、缺乏竞争力的投标,监理工程师可以拒绝;对投标人的资格补审进行有针对性的检查。

(2)施工投标的评标和定标过程

评标活动应遵循公平、公正、科学、择优的原则,招标人应当采取必要的措施,保证评标在严格保密的情况下进行,不受任何不当因素的干扰。具体评标时必须严格执行招标文件中的评标标准。

评标定标实际上是一个方案多目标决策过程,这里根据以往评标定标的做法和系统工程原理提出一个多指标综合评价方法,分以下几个步骤进行:

①确定评标定标目标。报价合理是评标定标的主要依据之一,选择报价最佳的承包单位是评标定标的主要目标之一,但并非是唯一的目标,还应该包括按照评标定标中选择中标单位的标准确立保证质量、工期适当、企业信誉良好等若干目标。在具体项目中究竟要确定几个评标定标目标,要根据具体项目的实际情况由专家研究确定。评标定标的目标应在招标时事先明确,并写在招标文件中。

②实现评标定标目标的量化。有些评标定标目标过于笼统(尤其某些目标是定性的),在评标定标中很难把握,可以用一个或几个指标把这样的评标定标目标进行量化。

③确定各评标定标目标(指标)的相对权重。各评标定标目标(指标)对不同的工程项目或发包单位选择承包单位的影响程度是不同的。营利性的建筑和生产用户(厂房、车间、旅馆、商店等),一般侧重在工期上,如果能比国家规定的工期或标底工期提前竣工交付使用,则可给招标单位带来经济效益。对无营业收入的建筑工程造价(如行政办公楼、学生宿舍、职工住宅、医院等)则可能侧重造价,以节约投资。而对一些公共建筑如展览馆、礼堂、体育馆可能是偏重质量,保证工程结构安全、美观,因此就需要给出各评标定标目标(指标)的相对权数。相对权数根据各目标(指标)对工程项目重要性的影响程度来组织专家确定。

④用单个评标定标目标(指标)对投标单位进行初选。在实践中,往往是为了工作简便,先用单个评标定标目标(指标)对投标单位进行初选。首先给出某个评标定标目标(指标)上下界限。若哪个投标单位超出这个界限就被剔除。

⑤对投标单位进行多指标综合评价。经初选后,即可对未被剔除的投标单位进行多指标综合评价。

(3)评价报告经过以上步骤以后,监理工程师要编制评价报告,向建设方推荐合理的报价和投标商。评价报告通常由三部分组成:

①评价总情况。包括:投标工程规模概述;邀请投标或购买招标文件单位的清单;提出报价书单位清单;授予合同的推荐意见。

②对每份报价书的技术经济分析。

③作为分析依据的各种计算明细表等资料。

4. 建设工程合同安排、合同内容

招投标工作结束后,应在规定的时间内,按招标文件规定的要求进行签订合同安排,确定合同的类型,选择合同格式,起草合同条款等。

(1)建设工程施工合同类型

按照计价方式的不同,建设工程合同分为 3 种类型:

①总价合同

总价合同指在合同中确定一个完成项目的总价,施工承包单位据此完成项目全部内容的合同。这种合同类型能够使建设单位在评标时易于确定报价最低的投标人作为中标人,易于进行支付计算。总价合同适用于工程量不大且能精确计算、工期较短、技术不太复杂、风险较小的项目。这种合同类型要求建设单位提供详细而全面的施工设计文件,施工承包单位能准确计算工程量。

②单价合同

单价合同是施工承包单位在投标时,按招标文件就分部分项工程所列出的工程量表确定各分部分项工程费用的合同类型。按工程量清单计价模式进行招投标,签订合同所采用的就是单价合同类型。这种类型适用范围比较宽,其风险可以得到合理的分摊,一般建设单位承担工程量变化的风险,施工承包单位承担价格变化的风险,这类合同能够成立的关键在于双方对单价和工程量计算方法的确认,在合同履行中需要注意的问题是双方对实际工程量计量的确认。

③成本加酬金合同

成本加酬金合同是建设单位向施工承包单位支付工程项目的实际成本,并按事先约定的某一种方式支付酬金的合同类型。在这类合同中,建设单位需承担项目实际发生的一切费用,因而也就承担了项目的全部风险;而施工承包单位由于无风险,其报酬往往也较低。

(2)建设工程施工合同类型的选择

以付款方式不同划分的合同类型,在选择时应考虑如下因素。

①项目规模和工期长短

如果项目的投资建设规模较小、工期较短,则合同类型的选择余地较大,总价合同、单价合同及成本加酬金合同都可选择。如果项目投资建设规模大、工期长,则项目的风险也大,合同履行的不可预测因素也多,这种情况下不宜采用总价合同。

②项目的竞争情况

如果在某一时期、某一地点,愿意承包某一项目的投标人较多,则建设单位拥有较多的主动权,可按照总价合同、单价合同、成本加酬金合同的顺序进行选择。如果愿意承包项目的投标人较少,则施工承包单位拥有的主动权较大,可以尽量选择施工承包单位愿意采用的合同类型。

③项目的复杂程度

项目的复杂程度高,则意味着对施工承包单位的技术水平要求高并且项目风险较大。此时,施工承包单位对合同的选择有较大的主动权,总价合同被选用的可能性较小。如果项目的复杂程度较低,则建设单位对合同类型的选择拥有较大的主动权。

④项目单项工程的明确程度

如果单项工程的类别和工程量都十分明确,则可选用的合同类型较多,总价合同、单价合同、成本加酬金合同都可以选择;如果单项工程的分类详细而明确,但实际工程量与预计的工程量可能有较大出入时,则优先选择单价合同;如果单项工程的分类和工程量都不甚明确,则不能采用单价合同。

⑤项目的外部环境因素

项目的外部环境因素包括:项目所在地区的政治局势,经济局势(如通货膨胀、经济发展速度等),当地劳动力素质,交通、生活条件等。如果项目的外部环境恶劣则意味着项目的成本高、风险大、不可预测的因素多,施工承包单位很难接受总价合同方式,而较适合采用成本加酬金合同类型。

(3)建设工程施工合同条款

建设工程施工合同条款一般包括合同双方的权利、义务,施工组织设计和施工工期,施工质量和检验,合同价款与支付,竣工验收与结算,安全施工,专利技术及特殊工艺,文物和地下障碍物,不可抗力事件,保险,担保,工程分包,合同解除,违约责任,争议的解决等。由于工程项目目标的系统性、统一性,关于工程建设质量、进度、投资控制的条款都直接、间接影响到建设工程投资及费用。承发包双方签订合同时,应当采用《建设工程施工合同(示范文本)》签订合同。《建设工程施工合同(示范文本)》是建设部、国家工商行政管理总局根据有关工程建设施工的法律、法规,结合我国工程建设的实际情况,并借鉴国际上广泛使用的土木工程施工合同,特别是参照了FIDIC土木工程施工合同条件编制发布的,具有广泛的通用性和适用性。

6.4.2 建设工程施工阶段的投资控制

施工阶段是实现工程项目实体质量和工程项目价值及使用价值的重要过程,是各种资源(劳动力、原材料、机械设备、能源、资金等)消耗量最大的时期,存在着工程成本降低的极大潜力。但是,由于施工过程中存在着众多的影响因素,以及投资目标、进度目标和质量目标之间存在的错综复杂的内在关系,使施工过程阶段的投资控制极其复杂。因此,在建设目标控制协调与统一的基础上,降低施工成本是施工阶段投资控制的根本任务。

业主在施工阶段投资控制的职能是:计划与决策、检查与审查、执行与实施及控制与协调。对于不同的投资控制点,业主履行投资控制职能的侧重点有所不同。监理工程师受业主委托,在施工阶段的投资控制将履行计划与决策、检查与审查、执行与实施和控制与协调等全方位的监理职能。监理工程师在行使自身职能时必须正确把握建设工程投资目标、进度目标和质量目标之间的内在关系,并妥善地协助业主和施工单位处理好施工过程中所发生的诸多问题。监理工程师在施工阶段的投资控制对策主要有:协助业主制定工程项目造价目标,建立按项目组成分解的造价目标体系;检查和审查已完工程量清单、单位估价表、已完工程结算及结算支付签证;跟踪分析工程项目实际造价与目标造价(合同造价或按合同造价分解的子项目造价)的偏差、偏差产生原因及制定有效的纠偏措施;协助业主对项目投资、进度和质量目标的协调,制订调整工程造价控制目标计划,报业主审批;并监督施工单位执行;检查工程检验、测试、试验报告,审查新增费用及签证;参与处理施工事故,审查施工单位提出的索赔条件,协助业主处理因施工质量和施工索赔造成的费用增加;协调设计与施工,进一步挖掘设计潜力,审查设计修改、设计变更及技术变更;协助施工单位制定和实施降低施工成本的措施等。

1. 施工阶段投资控制的原理和措施

(1)施工阶段投资控制的基本原理

由于建设工程项目管理是动态管理的过程,所以监理工程师在施工阶段进行投资控制的基本原理也应该是动态控制的原理。监理工程师在施工阶段进行投资控制的基本原理是把计划投资额作为投资控制的目标值,在工程施工过程中定期地进行投资实际值与目标值的比较,通过比较发现并找出实际支出额与投资控制目标值之间的偏差,然后分析产生偏差的原因,并采取有效措施加以控制,以保证投资控制目标的实现。施工阶段投资控制应包括从工程项目开工直到竣工验收的全过程。

(2)施工阶段投资控制的措施

建设工程项目的投资主要发生在施工阶段。在这一阶段,除了控制工程款的支付外,还要从组织、技术、经济、合同等多方面采取措施,控制投资。

①组织措施

组织措施是指从投资控制的组织管理方面采取的措施,包括:

a. 在项目监理组织机构中落实投资控制的人员、任务分工和职能分工、权利和责任;

b. 编制施工阶段投资控制工作计划和详细的工作流程图。

②技术措施

从投资控制的要求来看,技术措施并不都是因为发生了技术问题才加以考虑,也可能因为出现了较大的投资偏差而加以应用。不同的技术措施会有不同的经济效果。

a. 对设计变更进行技术经济比较,严格控制设计变更;

b. 寻找建设设计方案挖潜节约投资的可能性;

c. 对主要施工方案进行技术经济分析比较。

③经济措施

a. 编制资金使用计划,确定、分解投资控制目标;

b. 进行工程计量；

c. 复核工程付款账单，签发付款证书；

d. 对工程实施过程中的投资支出做出分析与预测，定期或不定期地向建设单位提交项目投资控制存在问题的报告；

e. 在工程实施过程中，进行投资跟踪控制，定期地进行投资实际值与计划值的比较，若发现偏差，分析产生偏差的原因，采取纠偏措施。

④合同措施

合同措施在投资控制工作中主要指索赔管理。在施工过程中，索赔事件的发生是难免的，监理工程师在发生索赔事件后，要认真审查有关索赔依据是否符合合同规定，索赔计算是否合理等。

a. 做好建设工程实施阶段质量、进度等控制工作，掌握工程项目实施情况，为正确处理可能发生的索赔事件提供依据，参与处理索赔事宜；

b. 参与合同管理工作，协助建设单位进行合同变更管理，并充分考虑合同变更对投资的影响。

（3）施工阶段的投资控制点设置

由于工程施工的工期长，需要控制的各种对象复杂，且工程造价和施工进度与工程质量又有着密切的关系。因此，设置投资控制点时，应充分考虑各控制主体的职能和建设目标之间存在的复杂关系，以便实现对工程项目施工阶段的综合控制。表 6-4 列出了在施工准备阶段、施工过程阶段及竣工验收阶段主要控制对象和控制主体相适应的投资控制点的设置。

监理工程师在施工阶段投资控制中的任务是协助业主确定施工合同总造价及施工合同中的有关费用条款；按工程项目组成和合同造价的标的，建立各子项造价目标体系；协助施工单位挖掘降低工程施工成本的潜力，审查施工单位提交的组织设计；严格审查工程量清单、单位估价表、施工图预算、施工方案及有关措施；按施工进度及合同规定制订合理的资金支付计划；审查各种材料、设备及加工件的订购清单；协助施工单位创造良好的施工条件，与工程各承包方的协调配合等。

表 6-4   **工程项目施工阶段投资控制点设置**

职能 控制点（控制对象）	控制主体	业主	监理组织	施工单位	设计单位	审计部门
施工准备阶段	（1）施工合同造价	P,C	C	P,C		
	（2）项目总投资调整	P	C,D,A			
	（3）施工组织设计	C	C,A			
	（4）施工方案技术经济评价	C	C,A	P,D,A	C	
	（5）工程量清单	P	C,A	P,C		
	（6）设备及材料单价	C	P,C	P,C,D		
	（7）施工预算	C	P,C	P,C,A		
	（8）资金支付计划	P,A	C,D			

（续表）

职能　　　　　　　　控制主体　控制点（控制对象）	业主	监理组织	施工单位	设计单位	审计部门
施工过程阶段 (9)单位工程造价目标	P,C	C,A	D		
(10)单项工程造价目标	P,C	C,A	D		
(11)单位工程已完工程量	C	C,A	P,C,D		
(12)设计修改或设计变更	P	C,A	P,D	P,D	
(13)技术变更	C	P,C	P,C,D	C	
(14)实际造价与合同造价比较	P,C	D,A	C,D		
(15)分析偏差原因及纠偏措施	C	D,A	P,D		
(16)单位工程造价目标调整	P,C	C,A	D		
(17)投资、进度、质量协调	P	P,C,A	C,D,A	D,A	
(18)单项工程造价目标调整	P,C	P,D	D		
(19)分期工程结算	P,C	C	D		C
(20)施工过程索赔	P	C,A	P,D		
(21)分期工程价款支付	P,C	C	D		C
(22)施工事故处理	C	P,C	D,C	C	
(23)工程检验、测试、试验	C	P,C,A	D,A	C	
(24)施工风险分析	C	C,A	C,A		
(25)设计与施工协调	P	C,A	D,A	D,A	
(26)设计挖潜		C	P,D	C	
工程竣工验收阶段 (27)工程竣工验收	P,C	C,A	C,D	C	
(28)工程结算及各子项目结算	P,C	C	D,A		C
(29)施工单位提出索赔	P,C	C,A	D,A		C
(30)工程技术经济指标	C	C	C,D		C
(31)已支付工程款项及余款支付	P,C,A	C	D		C
(32)工程决算	P,C	C,D	C,D		C

注：P——计划与决策；C——检查与审查；D——执行与实施；A——控制与协调

2. 投资控制目标确定与资金使用计划编制

施工阶段投资控制目标，一般是以招投标阶段确定的合同价作为投资控制目标，监理工程师应对投资目标进行分析、论证，并进行投资目标分解，在此基础上依据项目实施进展编制资金使用计划。只有做到控制目标明确，才便于实际值与目标值的比较，使投资控制具有可实施性。资金使用计划可以按照各子项目编制或者按进度计划编制。

（1）按子项目编制资金使用计划

根据工程分解结构的原理，一个建设工程可以由多个单项工程组成，每个单项工程由多个单位工程组成，而单位工程又可分解成若干个分部和分项工程。按照不同子项目投资比例将投资总费用分摊到单项工程和单位工程中去，不仅包括建筑安装工程费用，而且包括设备购置费用和工程建设其他费用，从而形成单项工程和单位工程资金使用计划。施工阶段，要对各单位工程的建筑安装工程费用做进一步的分解形成具有可操作性的分部、分项工程资金使用计划。

详细的资金使用计划表，其栏目有：工程分项编码、工程内容、计量单位、工程数量、计划综合单价及本分项总价等。

（2）按进度计划编制资金使用计划

将总投资目标按使用时间进行分解，确定分目标值。按时间进度编制的资金使用计划，通常可利用控制项目进度的网络图进一步扩充而得。即在建立网络图时，一方面确定完成某项施工活动所花的时间，另一方面也要确定完成这一工作的合适的支出预算。在实践中，将工程项目分解为既能方便地表示时间，又能方便地表示支出预算的活动是不容易的，通常如果项目分解程度对时间控制合适的话，则会对支出预算分配过细，以致不可能对每项活动确定其支出预算，反之亦然。因此，在编制网络计划时，既要考虑时间控制对项目划分的要求，又要考虑确定支出预算对项目划分的要求。

通过对项目进行活动分解，进而编制网络计划。利用确定的网络计划便可计算各项活动的最早开工以及最迟开工时间，获得项目进度计划的甘特图。在甘特图的基础上便可编制按时间进度划分的投资支出预算。其表达方式有两种：

一种是在总体控制时标网络图上表示；另一种是利用时间-投资累计曲线（S 形曲线）表示。可视项目投资额大小及施工阶段时间的长短按月或旬分配投资。

3. 施工组织设计技术经济分析

施工组织设计是施工承包单位依据招标文件编制的，指导施工阶段开展工作的技术经济文件。监理工程师审核其质量、安全、工期、投资的技术组织方案的合理性、科学性，从而判断主要技术、经济指标的合理性，通过设计控制、修改、优化，达到预先控制、主动控制的效果，从而保证施工阶段投资控制的效果。

在施工阶段审核施工组织设计，还应注意施工承包单位开工前编制的施工组织设计内容应与招投标阶段技术标中施工组织设计承诺的内容一致，并注意与商务标中分部分项工程清单、措施项目清单、零星工作项目表中的单价统一。即采取什么施工方案，实际发生多少工程量，用多少人工、材料、机械、数量，发生多少费用应与投标报价清单中的吻合。为此，审核施工组织设计，应与投标报价中的分部分项工程量清单综合单价分析表、措施项目费用分析表，以及实施工程承包单位的资金使用计划结合起来进行，从而达到通过审核施工组织设计预先控制资金使用的效果。

（1）施工组织设计技术经济分析的目的与步骤

对施工组织设计进行技术经济分析的目的是论证其在技术上是否可行、在经济上是否合理，从而选择满意的方案，并寻求节约的途径。

对施工方案进行技术经济分析有助于在保证质量的前提下优化施工方案，降低工程造价，正确处理施工过程中工程质量、施工进度以及建设投资之间的平衡关系，通过分析各主要指标，评价施工组织设计的优劣，为批准施工组织设计提供决策依据。图 6-9 是施工组织设计技术经济分析的具体步骤。

（2）施工组织设计技术经济分析方法

①定性分析方法

定性分析法是根据经验对施工组织设计的优劣进行分析。例如，工期是否适当，可按一般规律或工期定额进行分析；选择的施工机械是否适当，主要看它能否满足使用要求及机械提供的可能性等；流水段的划分是否适当，主要看它是否给流水施工带来方便；施工平面图设计是否合理，主要看场地是否合理利用、临时设施费用是否适当。定性分析法比较方便，但不精确，不能优化，决策易受主观因素制约。

②定量分析方法

经常采用多指标比较法、评分法和价值法。其中，多指标比较法简便实用，也用得较多，比较时要选用适当的指标，注意可比性。如果一个方案的各项指标优于另一个方案，优劣是明显的或通过计算，几个方案的指标优劣不同，分析比较时要进行加工，形成单指标，然后分析优劣。对以上两种情况的分析方法有评分法、价值法等。评分法，即组织专家对施工组织设计进行评分，采用加权计算法计算总分，高者为优；价值法，即对各方案均计算出最终价值，用价值大小评定方案优劣。

4. 工程计量

工程计量是指根据设计文件及承包合同中关于工程量计算的规定，项目监理机构对承包商申报的已完成工程的工程量进行的核验。经过项目监理机构计量所确定的数量是向承包商支付款项的凭证。

按照施工合同（示范文本）规定，工程计量的一般程序是：承包人应按专用条款约定的时间，向监理工程师提交已完工程量的报告，监理工程师接到报告后 7 天内按设计图样核实已完工程量，并在计量前 24 小时

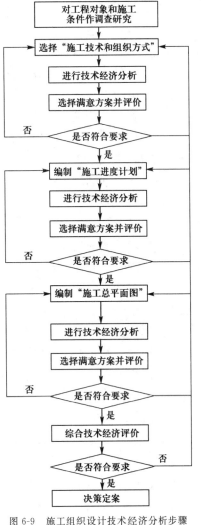

图 6-9　施工组织设计技术经济分析步骤

通知承包人，承包人为计量提供便利条件并派人参加。承包人收到通知后不参加计量，计量结果有效，并作为工程价款支付的依据。监理工程师收到承包人报告后 7 天内未进行计量，从第 8 天起，承包人报告中开列的工程量即视为已被确认，作为工程价款支付的依据。监理工程师不按约定时间通知承包人，使承包人不能参加计量，计量结果无效。对承包人超出设计图样范围和因承包人原因造成返工的工程量，监理工程师不予计量。

计量工作完成后，监理工程师据此审核施工承包单位提交的已完工程结算单，签发付款证书。总监理工程师签署工程款支付证书后报建设单位批准，未经监理人员质量验收合格的工程量，或不符合规定的工程量，监理人员应拒绝计量，拒绝该部分的工程款支付申请。

计量依据一般有质量合格证书、工程量清单前言、技术规范中的"计量支付"条款和设计图样、修订的工程量清单及工程变更指令，及后文提到的索赔审批文件。

5. 工程变更

（1）工程变更的内容与处理程序

①工程变更的内容

为了有效地解决工程变更问题，一般合同中都有一条专门的变更条款，对有关工程变更的问题做出具体规定。

a. 工程设计变更

我国施工合同范本规定承包人可以按照监理工程师发出的工程变更通知进行以下变更，也就是：更改工程的有关标高、基线、位置和尺寸；增减合同中约定的工程量；改变有关工程的施工时间和顺序；其他有关工程变更需要的附加工作。

b. 其他变更

其他变更是指发包人要求变更工程的质量要求及发生其他实质性变更。

②工程变更的估价

我国施工合同范本对确定工程变更价款的规定：承包人在工程变更确定后 14 天内，提出变更工程价款的报告，经监理工程师确认后调整合同价款。变更合同价款按下列方法进行：

合同中已有适用于变更工程的价格，按合同已有的价格变更合同价款；

合同中已有类似于变更工程的价格，可以参照类似价格变更合同价款；

合同中没有适用或类似于变更工程的价格，由承包人提出适当的变更价格，经监理工程师确认后执行。

③施工合同范本约定的工程变更程序

a. 建设单位提前书面通知承包单位有关工程变更，或承包单位提出变更申请经监理工程师和发包人同意变更；

b. 由原设计单位出图并在实施前 14 天交承包单位。如超出原设计标准或设计规模时，应由发包人按原程序报审；

c. 承包人必须在确定工程变更后 14 天内提出变更价款，提交监理工程师确认；

d. 监理工程师在收到变更价款报告后的 14 天内必须审查并完成变更价款报告后确认变更价款；

e. 监理工程师不同意承包人提出的变更价款时，按合同争议的方式解决。

④监理规范关于监理工程师对工程变更处理的程序要求

a. 设计单位对原设计存在的缺陷提出工程变更，应编制设计变更文件；建设单位或承包单位提出的工程变更，应提交总监理工程师，由总监理工程师组织专业监理工程师审查。审查同意后，应由建设单位转交原设计单位编制设计变更文件。当工程变更涉及安全、环保等内容时，应按规定经有关部门审定。

b. 项目监理机构应了解实际情况和收集与工程变更有关的资料。

c. 总监理工程师必须根据实际情况、设计变更文件和其他有关资料，按照施工合同的有关条款，在指定专业监理工程师完成下列工作后，对工程变更的费用和工期做出评估：

确定工程变更项目与原工程项目之间的类似程度和难易程度；

确定工程变更项目的工程量；

确定工程变更的单价或总价。

d.总监理工程师应就工程变更费用及工期的评估情况与承包单位和建设单位进行协商。

e.总监理工程师签发工程变更单。

工程变更应包括工程变更要求、工程变更说明、工程变更费用和工期、必要的附件等内容,有设计变更文件的工程变更应附设计变更文件。

f.项目监理机构应根据工程变更单监督承包单位实施。

(2)项目监理机构在处理工程变更中的权限

监理规范规定监理机构处理工程变更的权力有：

①所有工程变更必须经过总监理工程师的签发,承包单位方可实施。这是监理机构保证工程项目的实施处于受控状态的一个非常重要的方面。在许多的工程项目中,工程变更不通过监理机构,监理人员开展监理工作时非常被动。

②建设单位或承包单位提出工程变更时要经过总监理工程师审查。总监理工程师要从工程项目建设的大局来审查工程变更的建议或要求。

③项目监理机构对工程变更的费用和工期做出评估只是作为与建设单位、承包单位进行协商的基础。没有建设单位的充分授权,监理机构无权确定工程变更的最终价格。

④项目监理机构在工程变更的质量、费用和工期方面取得建设单位授权后,应按施工合同规定与承包单位进行协商,经协商达成一致后,总监理工程师应将协商结果向建设单位通报,并由建设单位与承包单位在变更文件上签字,作为该项的最终处理依据。

⑤当建设单位与承包单位就工程变更的价格等未能达成一致时,监理机构有权确定暂定价格来指令承包单位继续施工和进行工程进度款的支付。

⑥在项目监理机构未能就工程变更的质量、费用和工期方面取得授权时,总监理工程师应协助建设单位和承包单位进行协商,并达成一致。

⑦项目监理机构应按照委托监理合同的约定进行工程变更的处理,不应超越所授权限,并应协助建设单位与承包单位签订工程变更的补充协议。

⑧如果建设单位委托监理单位有权处理工程变更时,监理单位一定要谨慎使用这一权利,一切以合同为依据,以为建设单位负责为出发点。

⑨工程变更审批的原则：

工程变更的管理与审批一般原则应为:首先考虑工程变更对工程进展是否有利;第二要考虑工程变更可否节约工程成本;第三应考虑工程变更是否兼顾业主、承包商或工程项目之外其他第三方的利益,不能因为工程变更而损害任何一方的正当权益;第四必须保证变更工程符合本工程的技术标准;最后一种情况为工程受阻,如遇到特殊风险、人为阻碍、合同一方当事人违约等不得不变更工程。

总之,监理工程师应注意处理好工程变更问题,并对合理确定工程变更后的估价与费率非常熟悉,以免引起索赔或合同争端。

（3）工程变更的实施原则

①在总监理工程师签发工程变更单之前,承包单位不得实施工程变更。

②未经总监理工程师审查同意而实施的工程变更,项目监理机构可不予计量。

③工程变更的实施必须经总监理工程师批准并签发工程变更单。

6.费用索赔的处理

（1）费用索赔的概念、索赔的机会与分析以及索赔依据

①索赔的概念

索赔的概念很广泛,概括地讲,是作为经济合同中合法的所有者及权利方申请或要求他认为自己应该得到的资格、权益或付款,也就是索取赔偿。

②索赔的机会与分析

工程承包实践表明:合同条件的分析与运用,工程进度分析,工程成本分析和索赔具体事件分析,是搞好索赔工作的重点,索赔应分析:

a.合同条款的分析和运用;

b.工程进度分析;

c.工程成本分析;

d.具体的索赔事件分析。

③项目监理机构处理索赔的依据,应依据下列有关文件或凭证:

a.工程施工合同文件。这是处理索赔的最关键和最主要的依据;

b.国家的有关法律、法规和工程所在地的地方法规;

c.国家、部门和地方有关标准、规定和定额;

d.施工合同履约过程中有关索赔的各种凭证。这是施工中的费用是否真正变化的现实依据,它反映了工程的计划情况和实际情况。

④施工合同文件是处理索赔的重要依据,处理索赔时除了依据合同的明示条款外,还应考虑合同的暗示条款。

除此之外,在国际工程中金融市场的汇率变化,国际关系变化,物价变化也影响工程费用,也是处理索赔的依据。

（2）监理机构受理索赔的基本条件、索赔内容及索赔准则

①基本条件

根据合同法关于赔偿损失的规定及建设工程施工合同条件的约定,《建设工程监理规范》第6.3.2条规定了承包单位向建设单位提出索赔理由成立的基本条件:

a.索赔事件造成了承包单位直接经济损失;

b.索赔事件是由于非承包单位的责任发生的;

c.承包单位已按照施工合同规定的期限和程序提出费用索赔申请表,并附索赔凭证材料。

d.当承包单位提出费用索赔的理由同时满足以上三个条件时,承包单位提出的索赔成立,项目监理机构应予受理。但是依法成立的施工合同另有规定时,按施工合同规定办理。

e.当建设单位向承包单位提出索赔也符合类似的条件时,索赔同样成立。

②索赔内容

承包商向业主提出索赔的可能的原因:

a.合同文件内容出错引起的索赔;

b.由于图纸延迟交付造成索赔;

c.由于不利的实物障碍和不利的自然条件引起索赔;

d.由于监理工程师提供的水准点、基线等测量资料不准确造成的失误与索赔;

e.承包商根据监理工程师指示,进行额外钻孔及勘探工作引起索赔;

f.由建设单位风险所造成的损害的补救和修复所引起的索赔;

g.施工中承包单位开挖到化石、文物、矿产等物品,需要停工处理引起的索赔;

h.由于需要加强道路与桥梁结构以承受"特殊超重荷载"而引起的索赔;

i.由于建设单位雇用其他承包单位的影响,并为其他承包商提供服务提出的索赔;

j.由于额外样品与试验而引起索赔;

k.由于对隐蔽工程的揭露或开孔检查引起的索赔;

l.由于工程中断引起的索赔;

m.由于建设单位延迟移交土地引起的索赔;

n.由于非承包单位原因造成了工程缺陷需要修复而引起的索赔;

o.由于要求承包单位调查和检查缺陷而引起的索赔;

p.由于工程变更引起的索赔;

q.由于变更使合同总价格超过有效合同价而引起的索赔;

r.由特殊风险引起的工程被破坏和其他款项支出提出的索赔;

s.因特殊风险使合同终止后引起的索赔;

t.因合同解除后引起的索赔;

u.建设单位违约引起工程终止等引起的索赔;

v.由于物价变动引起的工程成本的增减的索赔(合同允许);

w.由于后继法规的变化引起的索赔;

x.由于货币及汇率变化引起的索赔(合同允许)。

③监理工程师审核和处理索赔准则

a.依据合同条款和实事求是的精神对待索赔事件;

b.各项记录、报表、文件、会议纪要等索赔证据等文档资料准确和齐全;

c.核算数据必须正确无误;

d.监理工程师收到承包单位送交的索赔报告和有关资料后,于 28 天内给予答复,或要求承包单位进一步补充索赔理由和证据。工程师在 28 天内未予答复或未对承包人做出进一步要求,则视为对该项索赔已经认可。

e.当专业监理工程师确定的索赔额超过其权限范围时,必须报请建设单位批准。索赔报告经业主批准后,监理工程师即可签发有关证书。

(3)项目监理机构对费用索赔的审查和处理程序

①处理程序

a.承包单位在施工合同规定的期限内向项目监理机构提交对建设单位的费用索赔意向通知书；

b.总监理工程师指定专业监理工程师收集与索赔有关的资料；

c.承包单位在承包合同规定的期限内向项目监理机构提交对建设单位的费用索赔申请表；

d.总监理工程师初步审查费用索赔申请,符合监理规范所规定的条件时予以受理；

e.总监理工程师进行费用索赔审查,并在初步确定一个额度后,与承包单位和建设单位进行协商;审查和初步确定索赔批准额时,项目监理机构要审查以下三个方面：

i.索赔事件发生的合同责任；

ii.由于索赔事件的发生,施工成本及其他费用的变化和分析；

iii.索赔事件发生后,承包单位是否采取了减少损失的措施。承包单位报送的索赔额中是否包含了让索赔事件任意发展而造成的损失额。

项目监理机构在确定索赔批准额时,可采用实际费用法。索赔批准额等于承包单位为了某项索赔事件所支付的合理实际开支减去施工合同中的计划开支,再加上应得的管理费和利润。

②审核程序与要点

a.查证索赔原因。监理工程师首先应看到承包单位的索赔申请是否有合同依据,然后查看承包单位所附的原始记录和账目等。与驻地监理工程师所保存的记录核对,以了解以下情况：

i.工程遇到怎样的情况导致减慢或停工的；

ii.需要另外雇用多少人才能加快进度,或停工已使多少人员闲置；

iii.怎样另外引进所需的设备,或停工已使多少设备闲置；

iv.监理工程师曾经采取哪些措施。

b.核实索赔费用的数量。承包商的索赔费用数量计算一般包括：

i.所列明的数量；

ii.所采用的费率。在费用索赔中,承包单位一般采用的费率为:采用工程量清单中有关费率或从工程量清单里有关费率中推算出费率;重新计算费率。

原则上,承包单位提出的所有费用索赔均可不采用工程量清单中的费率而重新计算。

监理工程师在审核承包单位提出的费用索赔时应注意:索赔费用只能是承包单位实际发生的费用,而且必须符合工程项目所在国或所在地区的有关法律和规定。另外,绝大部分的费用索赔是不包括利润的,只涉及直接费和管理费。只有遇到工程变更时,才可以索赔到费用和利润。

③总监理工程师附送索赔审查报告的内容

总监理工程师在签署费用索赔审批表时,可附一份索赔审查报告。索赔审查报告可包括以下内容：

a.正文:受理索赔的日期,工作概况,确认的索赔理由及合同依据,经过调查、讨论、协商而确定的计算方法及由此而得出的索赔批准额和结论。

b.附件:总监理工程师对索赔评价,承包单位索赔报告及其有关证据、资料。

(4)费用索赔与工期索赔的互联处理

费用索赔与工期索赔有时候会相互关联,在这种情况下,建设单位可能不愿给予工程延期批准或只给予部分工程延期批准,此时的费用索赔批准不仅要考虑费用补偿还要给予赶工补偿。所以总监理工程师要综合做出费用索赔和工程延期的批准决定。

(5)建设单位向承包单位的索赔处理原则

由于承包单位的原因造成建设单位的额外损失,建设单位向承包单位提出费用索赔时,总监理工程师在审查索赔报告后,应公正地与建设单位和承包单位进行协商,并及时做出答复。

7.工程结算

(1)工程价款的结算

①工程价款的主要结算方式按现行规定,建安工程价款结算可根据不同情况采用按月结算、竣工后一次结算、分段结算、双方商定的其他方式结算等形式。

②工程价款支付的方法与时间

a.工程预付款。支付工程预付款,双方应在合同条款内约定发包人向承包人预付工程款的时间和数额,开工后按约定时间和比例逐次扣回。

b.工程款(进度款)支付。在确认计量结果后 14 天内,发包人应向承包人支付工程款(进度款)。按约定时间发包人应扣回的预付款,与工程款同期结算。法律、法规、政策变化和价格调整确定的合同价款,工程变更调整的合同价款及其他条款中约定的追加合同价款,应与工程款同期调整支付。

c.竣工结算。工程竣工验收报告经发包人认可后 28 天内,承包人向发包人递交竣工结算报告及完整的结算资料,双方按照协议书约定的合同价款及专用条款约定的合同价款调整内容,进行竣工结算。

d.保修金的返还。工程保修金由甲乙双方协商按照合同价款的一定比例或一笔固定数额在合同专用条款中约定,发包人在工程保修期满后的 14 天内,将剩余保修金返还承包人。

(2)工程价款结算的审查工作

工程价款结算过程中,审查工作包括对支付依据的审查工作、施工过程中的支付工作、意外情况下的支付工作、竣工支付和最终支付的工作等。结算中的审查工作一般从以下几个方面入手:

①核对合同条款。首先,应核对竣工工程内容是否符合条件要求,工程是否竣工验收合格,只有按合同要求完成全部工程并验收合格才能竣工结算;其次,应按合同规定的结算方法、计价定额、取费标准、主材价格和优惠条款等,对工程竣工结算进行审核,若发现合同开口或有漏洞,应请建设单位认真研究,明确结算要求。

②检查隐蔽验收记录。所有隐蔽工程均需进行验收并经监理工程师签证确认。审核

竣工结算时应核对隐蔽工程施工记录和验收签证,手续完整、工程量与竣工图一致方可列入结算。

③落实设计变更签证。设计变更应由原设计单位出具变更通知单和修改的设计图样、校审人员签字并加盖公章,经建设单位和监理工程师审查同意并签证;重大设计变更应经原审批部门审批,否则不应列入结算。

④按图核实工程数量。竣工结算的工程量应依据竣工图、设计变更单和现场签证等进行核算,并按国家统一规定的计算规则计算工程量。

⑤执行定额单价。结算单价应按合同约定或招标文件规定的计价定额与计价原则执行。

⑥防止各种计算误差。工程竣工结算子项目多、篇幅大,往往有计算误差,应认真核算,防止因计算误差多计或少算。

6.5　建设工程竣工验收阶段的投资控制

6.5.1　竣工结算的投资控制

工程项目进入竣工验收阶段,按照我国工程项目施工管理惯例,也就进入了工程尾款结算阶段,监理工程师应在全面检查验收工程项目质量的基础上,对整个工程项目施工预付款、已结算价款、工程变更费用、合同规定的质量保留金等综合考虑分析计算后,审核施工承包单位工程尾款结算报告,符合支付条件的,报建设单位进行支付。

工程竣工结算是指施工承包单位按照合同规定的内容全部完成所承包的工程,经验收质量合格,并符合合同要求之后,向建设单位进行的最终工程价款结算。办理工程价款结算的一般公式如下。

$$竣工结算工程价款=预算(或概算)或合同价+施工过程中预算或合同价款调整数额-预算及已结算工程价款-保修金 \quad (6-5)$$

我国《建设工程施工合同(示范文本)》对竣工结算的规定如下:

(1)工程竣工验收报告经建设单位认可后28天内,施工承包单位向建设单位递交竣工结算报告及完整的结算资料,双方按照协议书约定的合同价款及专用条款约定的合同价款调整内容,进行工程竣工结算;

(2)建设单位收到施工承包单位递交的竣工结算报告及结算资料后28天内进行核实,给予确认或者提出修改意见。建设单位确认竣工结算报告后通知经办银行向施工承包单位支付工程竣工结算价款。

(3)建设单位收到竣工结算报告及结算资料后28天内无正当理由不支付工程竣工结算价款,从第29天起按施工承包单位向银行贷款利率支付拖欠工程价款的利息,并承担违约责任。

(4)建设单位收到竣工结算报告及结算资料后28天内不支付工程竣工结算价款,施工承包单位可以催告建设单位支付结算价款。建设单位在收到竣工结算报告及结算资料56 天内仍不支付的,施工承包单位可以与建设单位协议工程折价,也可以由施工承包单位申请人民法院将该工程依法拍卖,施工承包单位就该工程折价或拍卖的价款优先受偿。

(5)工程竣工验收报告经建设单位认可后 28 天内,施工承包单位未能向建设单位递交竣工结算报告及完整的结算资料,造成工程竣工结算不能正常进行或工程竣工结算价款不能及时支付,建设单位要求交付工程的,施工承包单位应当交付;建设单位不要求交付工程的,施工承包单位承担保管责任。

(6)建设单位和施工承包单位对工程竣工结算价款发生争议时,按争议的约定处理。

按照我国现行《建设工程监理规范》(GB50319-2000)的规定和委托建设监理工程项目管理的通常做法,在竣工结算过程中,监理机构及其监理工程师的主要职责是:一方面承发包双方之间的结算申请、报表、报告及确认等资料均通过监理机构传递,监理方起协调、督促作用;另一方面,施工承包单位向建设单位递交的竣工结算报表应由专业监理工程师审核,总监理工程师审定,由总监理工程师与建设单位、施工承包单位协商一致后,签发竣工结算文件和最终的工程款支付证书报建设单位。项目监理机构应及时按施工合同的有关规定进行竣工结算,并应对竣工结算的价款总额与建设单位和施工承包单位进行协商。

6.5.2　竣工决算的投资控制

所有竣工验收的项目,在办理验收手续之前,必须对所有财产和物资进行清理,编制竣工决算。通过竣工决算,一方面反映建设工程实际造价和投资效果,另一方面还可以通过竣工决算与概算、预算的对比分析,考核投资控制的工作成效,总结经验教训,积累技术经济方面的基础资料,提高未来建设工程的投资效益。

竣工决算是建设工程从筹建到竣工投产全过程中发生的所有实际支出费用,包括设备工器具购置费、建筑安装工程费和其他费用等。竣工决算由竣工决算报表、竣工财务决算说明书、竣工工程平面示意图、工程投资造价比较分析 4 部分组成。

(1)竣工决算的编制依据

①可行性研究报告、投资估算书、初步设计或扩大初步设计、修正总概算及其批复文件;

②设计变更记录、施工记录或施工签证及其他施工发生的费用记录;

③经批准的施工图预算或标底造价、承包合同、工程结算等有关资料;

④历年基建计划、历年财务决算及批复文件;

⑤设备、材料调价文件和调价记录;

⑥其他有关资料。

(2)竣工决算的编制步骤

①整理和分析有关依据资料。在编制竣工决算文件之前,应系统地收集、整理所有的技术资料、费用结算资料、有关经济文件、施工图纸和各种变更与签证资料,并分析它们的正确性。

②清理各项财务、债务和结余物资。在收集、整理和分析有关资料时，要特别注意建设工程从筹建到竣工投产或使用的全部费用的各项账务、债权和债务的清理，做到工程完毕账目清晰。既要核对账目，又要查点库存实物的数量，做到账与物相等，账与账相符；对结余的各种材料、工器具和设备，要逐项清点核实，妥善管理，并按规定及时处理，收回资金。对各种往来款项要及时进行全面清理，为编制竣工决算提供准确的数据和结果。

③填写竣工决算报表。填写建设工程竣工决算表格中的内容，应按照编制依据中的有关资料进行统计或计算各个项目和数量，并将其结果填到相应表格的栏目内，完成所有报表的填写。

④编制建设工程竣工决算说明。按照建设工程竣工决算说明的内容要求，根据编制依据材料填写在报表中，一般以文字说明表述。

⑤做好工程造价对比分析。

⑥清理、装订好竣工图。

⑦上报主管部门审查。

思考题

1. 简述建设工程投资及构成。

2. 如何理解建设工程投资控制的基本原理？

3. 监理工程师在决策阶段投资控制的主要工作有哪些？

4. 监理工程师在设计阶段投资控制的主要工作有哪些？

5. 监理工程师在招投标阶段投资控制的主要工作有哪些？

6. 建设工程施工阶段投资控制的基本原理有哪些？

7. 建设工程施工阶段投资控制的主要措施有哪些？

8. 监理工程师在工程结算过程中的主要工作有哪些？

第 7 章

建设工程质量控制

7.1 概述

7.1.1 基本概念

1. 质量

根据 GB/T 19000—ISO 9000(2000)标准,质量是指"一组固有特性满足要求的程度"。

(1)质量不仅是指产品质量,也可以是某项活动或过程的工作质量,还可以是质量管理体系运行的质量。质量固有特性是指满足顾客和其他相关方要求的特性,并由其满足要求的程度加以表征。固有的意思是指在某事或某物中本来就有的,尤其是那种永久的特性。

(2)满足要求就是应满足明示的(如合同、规范、标准、技术、文件、图纸中明确规定的)、通常隐含的(如组织的惯例、一般习惯)或必须履行的(如法律、法规、行业规则)需要和期望。

与要求相比较,满足要求的程度才反映为质量的好坏。对质量的要求除考虑满足顾客的需要外,还应考虑其他相关方即组织自身利益、提供原材料和零部件等的供方的利益和社会的利益等多种需求。例如需考虑安全性、环境保护、节约能源等外部的强制要求。只有全面满足这些要求,才能评定为好的质量或优秀的质量。

(3)顾客和其他相关方对产品、过程或体系的质量要求是动态的、发展的和相对的。质量要求随着时间、地点、环境的变化而变化。如随着技术的发展、生活水平的提高,人们对产品、过程或体系会提出新的质量要求。因此应定期评定质量要求、修订规范标准,不断开发新产品、改进老产品,以满足已变化的质量要求。

2. 工程质量

建设工程质量简称工程质量。工程质量是指工程满足业主需要,符合国家法律、法规、技术规范标准、设计文件及合同规定的特性综合。

建设工程作为一种特殊的产品,除具有一般产品共有的质量特性,如性能、寿命、可靠性、安全性、经济性等满足社会需要的使用价值及其属性外,还具有特定的内涵。

建设工程质量要求主要表现在以下 6 个方面:

(1)适用性。即功能,是指工程满足使用目的的各种性能。包括:理化性能,如尺寸、规格、保温、隔热、隔声等物理性能,耐酸、耐碱、耐腐蚀、防火、防风化、防尘等化学性能;结构性能,如地基基础牢固程度,结构的强度、刚度和稳定性;使用性能,如住宅工程要能使居住者安全,建设工程的组成部件、配件、水、暖、电、卫器具、设备也要能满足其使用功能;外观性能,如建筑物的造型、布置、室内装饰效果、色彩等美观大方、协调等。

(2)耐久性。即满足规定功能要求使用的年限,也就是工程竣工后的合理使用寿命周期。由于建筑物本身结构类型不同、质量要求不同、施工方法不同、使用性能不同的个性特点,目前国家对建设工程的主体结构耐用年限规定为 4 级(15~30 年,30~50 年,50~100 年,100 年以上)。

(3)安全性。是指工程建成后在使用过程中保证结构安全、保证人身和环境免受危害的程度。建设工程产品的结构安全度、抗震、耐火及防火能力,防空、抗辐射、抗核污染、抗爆炸波等能力,是否能达到规定的要求,都是安全性的重要标志。工程交付使用之后,必须保证人身财产、工程整体免遭工程结构破坏及外来危害的伤害。工程组成部件,如阳台栏杆、楼梯扶手、电器产品漏电保护、电梯及各类设备等,也要保证使用者的安全。

(4)可靠性。是指工程在规定的时间和规定的条件下完成规定功能的能力。工程不仅要求在交工验收时要达到规定的指标,而且在一定的使用时期内要保持应有的正常功能。如工程上的防洪与抗震能力、防水隔热、恒温恒湿措施、管道防"跑、冒、滴、漏"等,都属可靠性的质量范畴。

(5)经济性。是指工程从规划、勘察、设计、施工到整个产品使用寿命周期内的成本和消耗的费用。工程经济性具体表现为设计成本、施工成本、使用成本之和。包括从征地、拆迁、勘察、设计、采购(材料、设备)、施工、配套设施等建设全过程的总投资和工程使用阶段的能耗、维护、保养乃至改建更新的使用维修费用。通过分析比较,判断工程是否符合经济性要求。

(6)与环境的协调性。是指工程与其周围生态环境协调,与所在地区经济环境协调以及与周围已建工程相协调,以适应可持续发展的要求。

上述 6 个方面的质量特性彼此之间是相互依存的,总体而言,适用、耐久、安全、可靠、经济、与环境协调性,都是必须达到的基本要求,缺一不可。但是对于不同门类不同专业的工程,如工业建筑、民用建筑、公共建筑、住宅建筑、道路工程,可根据其所处的特定地域环境条件、技术经济条件的差异,有不同的侧重点。

3.质量控制

根据 GB/T 19000—ISO 9000 标准,质量控制是质量管理的一部分,致力于满足质量要求。所以,质量控制就是为了保证产品的质量满足合同、规范、标准和顾客的期望所采取的一系列监督检查的措施、方法和手段。

7.1.2　建设工程项目质量的形成过程

工程项目质量是按照基本建设程序,经过工程建设各个阶段而逐步形成的。要实现对工程项目质量的控制,就必须严格执行工程建设程序,对工程建设过程中各个阶段质量严格控制。工程建设的不同阶段,对工程项目质量的形成产生不同作用和影响。具体表现在:

(1)项目可行性研究对工程项目质量的影响。项目可行性研究是运用技术经济学原理,在对投资建议有关的技术、经济、社会、环境等所有方面进行调查研究的基础上,对各种可能的拟建方案和建成后的经济效益、社会效益和环境效益等进行技术经济分析、预测和论证,确定项目建设的可行性,并在可行的情况下提出最佳建设方案作为决策、设计的依据。在此阶段,需要确定工程项目的质量要求,并与投资目标协调。因此,项目的可行性研究直接影响项目的决策质量和设计质量。

(2)项目决策阶段对工程项目质量的影响。项目决策阶段,主要是确定工程项目应达到的质量目标及水平。对于工程项目建设,需要控制的总体目标是投资、质量和进度,它们三者之间是互相制约的,要做到投资、质量、进度三者协调统一,达到建设单位最为满意的质量水平,则应通过可行性研究和多方案论证来确定。因此,项目决策阶段是影响工程项目质量的关键阶段,要充分反映建设单位对质量的要求和意愿。在进行项目决策时,应从全局出发,根据工程需要,有效地控制投资规模,以确定工程项目最佳的投资方案、质量目标和建设周期,使工程项目的预定质量标准,在投资、进度目标下能顺利实现。

(3)工程设计阶段对工程项目质量的影响。工程项目设计阶段,是根据项目决策阶段已确定的质量目标和水平,通过工程设计使其具体化。设计的技术是否可行、工艺是否先进、经济是否合理、设备是否配套、结构是否安全可靠等,都将决定工程项目建成后的使用价值和功能。因此,设计阶段是影响工程项目质量的决定性环节。

(4)工程施工阶段对工程项目质量的影响。工程项目施工阶段,是根据设计文件和图纸的要求,通过施工形成工程实体。这一阶段直接影响工程的最终质量。因此,施工阶段是工程质量控制的关键环节。

(5)工程竣工验收阶段对工程项目质量的影响。工程项目竣工验收阶段,是对项目施工阶段的质量进行试车运转、检查评定、考核质量目标是否符合设计阶段的质量要求。这一阶段是工程建设向使用转移的必要环节,影响工程能否最终形成生产能力,体现工程质量水平的最终结果。因此,工程竣工验收阶段是工程质量控制的最后一个重要环节。

综上所述,工程项目质量的形成是一个系统的过程,即工程质量是可行性研究、投资决策、工程设计、工程施工和竣工验收各阶段质量的综合反映。

7.1.3　建设工程质量的特点

建设工程质量的特点是由建设工程形成过程和生产特点决定的。建设工程(产品)及其生产的特点:一是产品的固定性,生产的流动性;二是产品多样性,生产的单件性;三是产品形体庞大、高投入、生产周期长、具有风险性;四是产品的社会性,生产的外部约束性。正是由于上述建设工程的特点而决定了工程质量本身有以下特点:

1. 影响因素多

工程质量受到多种因素的影响,如决策、设计、材料、机具设备、施工方法、施工工艺、技术措施、人员素质、工期、工程造价、地形、地质、水文、气象等,这些因素直接或间接地影响工程项目质量。

2. 质量波动大,易产生质量变异

由于建筑生产的单件性、流动性,不像一般工业产品的生产那样,有固定的生产流水线、有规范化的生产工艺和完善的检测技术、有成套的生产设备和稳定的生产环境,所以工程质量容易产生波动且波动大。同时由于影响工程质量的偶然性因素和系统性因素比较多,其中任一因素发生变动,都会使工程质量产生波动。如材料规格品种使用错误、施工方法不当、操作未按规程进行、机械设备过度磨损或出现故障、设计计算失误等等,都会发生质量波动,产生系统因素的质量变异,造成工程质量事故。为此,要严防出现系统性因素的质量变异,要把质量波动控制在偶然性因素范围内。

3. 质量隐蔽性

建设工程施工过程中,由于工序交接多,中间产品多、隐蔽工程多,因此质量存在隐蔽性。若不及时进行质量检查,事后只能从表面上检查,就很难发现内在的质量问题,这样就容易产生第二判断错误,也就是说,容易将不合格的产品,认为是合格的产品。反之,若不认真检查,测量仪表不准,读数有误,就会产生第一判断错误,也就是说容易将合格产品,认为是不合格的产品。因此,在质量检查时应特别注意。

4. 终检局限性大

工程项目建成后,不可能像某些工业产品那样,可以拆卸或解体来检查内在的质量。所以工程项目终检验收时难以发现工程内在的、隐蔽的质量缺陷。所以,对工程质量更应重视事前控制、事中严格监督,防患于未然,将质量事故消灭于萌芽之中。

5. 评价方法的特殊性

工程质量的检查评定及验收是按检验批、分项工程、分部工程、单位工程进行的。检验批的质量是分项工程乃至整个工程质量检验的基础,检验批合格与否主要取决于主控项目和一般项目抽样检验的结果。隐蔽工程在隐蔽前要检查合格后验收,涉及结构安全的试块、试件以及有关材料,应按规定进行见证取样检测,涉及结构安全和使用功能的重要分部工程要进行抽样检测。工程质量是在施工单位按合格质量标准自行检查评定的基础上,由监理工程师(或建设单位项目负责人)组织有关单位、人员进行检查确认验收。这种评价方法体现了"验评分离、强化验收、完善手段、过程控制"的指导思想。

7.1.4 建设工程质量的影响因素

在工程建设中,无论勘察、设计、施工和设备的安装,影响质量的因素主要有"人、材料、机械、方法和环境"五大方面。因此,事前对这五方面的因素予以严格控制,是保证建设项目工程质量的关键。

1. 人的因素

人是指直接参与工程建设的决策者、组织者、指挥者和操作者。工程实施过程中应充分调动人的积极性,发挥人的主导作用。

为了避免人的失误,调动人的主观能动性,增强人的责任感和质量观,达到以工作质量保工序质量、保工程质量的目的,除了加强政治思想教育、劳动纪律教育、职业道德教育、专业技术知识培训、健全岗位责任制、改善劳动条件、公平合理的激励外,还需根据工程项目的特点,从确保质量出发,本着适才适用,扬长避短的原则来控制人的使用。

2. 材料因素

工程材料泛指构成工程实体的各类建筑材料、构配件、半成品等,它是工程建设的物质条件,是工程质量的基础。工程材料选用是否合理、产品是否合格、材质是否经过检验、保管使用是否得当等等,都将直接影响建设工程的结构刚度和强度、工程外表及观感、工程的使用功能、工程的使用安全。

3. 机械设备因素

施工机械设备是实现施工机械化的重要物质基础,对工程项目的施工进度和质量均有直接影响。为此,在项目施工阶段,必须综合考虑施工现场条件、建筑结构形式、机械设备性能、施工工艺和方法、施工组织与管理、建筑技术经济等各种因素,参与承包单位机械化施工方案的制订和评审,使之合理装备、配套使用、有机联系,以充分发挥建筑机械的效能,力求获得较好的综合经济效益。

4. 工艺方法因素

工艺方法是指施工现场采用的施工方案,包括技术方案和组织方案。前者如施工工艺和作业方法,后者如施工区段空间划分及施工流向顺序、劳动组织等。在工程施工中,施工方案是否合理,施工工艺是否先进,施工操作是否正确,都将对工程质量产生重大的影响。尤其是施工方案正确与否,将直接影响工程项目的进度控制、质量控制、投资控制三大目标能否顺利实现。往往由于施工方案考虑不周而拖延进度、影响质量、增加投资。因此,必须结合工程实际,从技术、组织、管理、工艺、操作、经济等方面进行全面分析、综合考虑,力求方案技术可行、经济合理、工艺先进、措施得力、操作方便,有利于提高质量、加快进度、降低成本。

施工方案选择的前提,一定要满足技术的可行性,如液压滑模施工,要求模板内混凝土的自重,必须大于混凝土与模板间的摩擦阻力,否则,当混凝土自重不能克服摩擦阻力时,混凝土必然随着模板的上升而被拉断、拉裂。所以,当剪力墙结构、筒体结构的墙壁过薄,框架结构柱的断面过小时,均不宜采用液压滑模施工。又如,在有地下水、流沙,且可能产生管涌现象的地质条件下进行沉井施工时,则沉井只能采取连续下沉、水下挖土、水下浇筑混凝土的施工方案,否则,若采取排水下沉施工,则难以解决流沙、地下水和管涌问题,若采取人工降水下沉施工,又可能更不经济。

总之,方法是实现工程建设的重要手段,无论方案的制订、工艺的设计、施工组织设计的编制、施工顺序的开展和操作要求等,都必须以确保质量为目的,严加控制。

5.环境因素

环境因素是指对工程质量特性起重要作用的环境条件。

影响工程项目质量的环境因素较多,有工程技术环境,如工程地质、水文、气象等;工程管理环境,如质量保证体系、质量管理制度等;劳动环境,如劳动组合、劳动工具、工作面等。环境因素对工程质量的影响,具有复杂而多变的特点,如气象条件就变化万千,温度、湿度、大风、暴雨、酷暑、严寒都直接影响工程质量,往往前一工序就是后一工序的环境,前一分项、分部工程就是后一分项、分部工程的环境。因此,根据工程特点和具体条件,应对影响质量的环境因素,采取有效的措施,严加控制。

此外,在冬期、雨季、风季、炎热季节施工中,还应针对工程的特点,尤其是对混凝土工程、土方工程、深基础工程、水下工程及高空作业等,必须拟定季节性施工保证质量和安全的有效措施,以免工程受到冻害、干裂、冲刷、坍塌的危害。同时,要不断改善施工现场的环境和作业环境,要加强对自然环境和文物的保护,要尽可能减少施工所产生的危害及对环境的污染,要健全施工现场管理制度,合理的布置,使施工现场秩序化、标准化、规范化,实现文明施工。

加强环境管理,改进作业条件,把握好技术环境,辅以必要的措施,是控制环境对质量影响的重要保证。

7.1.5 建设工程项目的质量控制

建设工程项目简称工程项目。在工程项目的建设过程中,对工程项目的质量控制包括三方面,即政府的质量控制、施工单位的质量控制和社会监理单位的质量控制。

政府对工程项目的质量控制,主要侧重于宏观的社会效益,贯穿于建设的全过程,其作用是强制性的,其目的是保证工程项目的建设符合社会公共利益,保证国家的有关法规、标准及规范的执行。政府对工程项目的质量控制,在决策阶段,主要是审批项目的建议书和可行性研究报告,以及项目的用地和场址的选择等;在设计阶段,主要是审核设计文件和图纸;在施工阶段政府对建设工程的质量控制主要是通过由政府认可的第三方——质量监督机构,依据法律、法规和工程建设强制性标准对工程的质量实施监督管理,主要监督的内容是地基基础、主体结构、环境质量和与此相关的工程建设各方主体的质量行为,主要手段是施工许可制度和竣工验收备案制度。

建设工程质量监督机构的主要任务是:

(1)根据政府主管部门的委托,受理建设工程项目的质量监督。

(2)制定质量监督方案。确定负责该项工程的质量监督工程师和助理质量监督工程师。

根据有关法律、法规和工程建设强制性标准,针对工程特点,明确监督的具体内容、监督方式。在方案中对地基基础、主体结构和其他涉及结构安全的重要部位和关键工序,做出实施监督的详细计划安排。建设工程质量监督机构应将质量监督工作方案通知建设、勘察、设计、施工、监理单位。

（3）检查施工现场工程建设各方主体的质量行为。核查施工现场工程建设各方主体及有关人员的资质和资格；检查勘察、设计、施工、监理单位的质量管理体系和质量责任制落实情况；检查有关质量文件、技术资料是否齐全并符合规定。

（4）检查建设工程的实体质量。按照质量监督工作方案，对建设工程地基基础、主体结构和其他涉及结构安全的关键部位进行现场实地抽查，对用于工程的主要建筑材料、构配件的质量进行抽查，对地基基础分部、主体结构分部工程和其他涉及结构安全的分部工程的质量验收进行监督。

（5）监督工程竣工验收。监督建设单位组织的工程竣工验收的组织形式、验收程序以及在验收过程中提供的有关资料和形成的质量评定文件是否符合有关规定，实体质量是否存在严重缺陷，工程质量的检验评定是否符合国家验收标准。

（6）报送工程质量监督报告。工程竣工验收后 5 日内，应向委托部门报送建设工程质量监督报告，内容包括对地基基础主体结构质量检查的结论，工程竣工验收的程序、内容和质量检验评定是否符合有关规定，以及历次抽查该工程发现的质量问题及处理情况等。

（7）对预制的建筑构件和商品混凝土质量进行监督。

（8）政府主管部门委托的工程质量监督管理的其他工作。

施工单位对工程项目的质量控制是受工程承包合同制约的，施工单位必须按合同要求完成工程项目，提交建设单位所需要的工程产品。为此，施工单位在施工过程中要建立和健全质量管理体系，并使之行之有效，以保证产品的质量。

虽然施工单位的职责行为已由承包合同所界定，但是也不能排除施工单位在追求自身利益的情况下，忽视了工程项目的质量。为了使工程项目能达到要求的质量标准和使用功能，在施工过程中建设单位还必须对工程项目的质量进行监督和检查。但由于现代工程的复杂性，建设单位依靠自身的力量往往无法对工程项目进行监督与管理，必须委托内行的专业监理机构，即社会监理机构，代表建设单位对工程项目的质量进行监督和控制。所以监理单位的任务就是对施工单位的工程质量进行监督认证，以满足建设单位所提出的质量要求，这对施工单位来讲是具有制约性的。

由此可见，在工程项目实施的过程中，质量监督机构的质量控制、施工单位管理部门的质量控制和工程监理的质量控制是相互关联的，但三者又均是不可缺少的。

7.2　勘察、设计阶段的质量控制

7.2.1　项目的设计质量

项目的设计阶段决定了工程项目的质量目标和水平，同时也是工程项目质量目标和水平的具体体现。工程设计在技术上是否先进，经济上是否合理，是否符合有关的法规等等，都对项目的适用性、耐久性、安全性、可靠性、经济性和对环境的影响起着决定性作用。

项目的设计对项目的经济性起着重要的影响，根据我国一些工程设计的统计，项目的前期工作对项目经济性的影响达 90%～95%，初步设计阶段的影响为 75%～90%，技术设计阶段的影响为 35%～75%，施工图设计阶段的影响为 10%～35%，而施工阶段的影响约为 10%。由此可见，设计质量对建设项目质量和经济性的重要影响。

项目的设计质量应满足建设者(业主)对项目所要求的功能和使用价值，满足建设者对项目建设的意图和投资的意愿。具体来说，项目的设计应该在符合有关法律、法规、政策的前提下，使项目的平面和立面布置合理，尺度适宜，有利于管理和生产，方便生活；结构的强度、稳定性和刚度有保障，满足安全可靠、坚固耐久的要求，并具有抵御自然灾害(如地震、台风、水灾、火灾、雷电等)的能力；投资低、工期短、效益高，能有效地利用各种资源，生产出符合需要的产品；建筑物造型新颖、美观；同时四周的生态环境、卫生条件得到保护，并能与周围的建筑协调一致，不影响这些建筑的安全和功能的发挥等。

因此，项目设计的质量就是在遵守现行的有关法规、标准的基础上和符合投资、资源、技术和环境等的约束条件的情况下，满足建设者(业主)对项目功能和使用价值的需求，并取得最大的经济效益。

7.2.2 项目勘察、设计阶段的质量控制

在项目勘察、设计实施阶段，监理工程师应审核勘察结果、设计文件及图纸是否符合设计合同规定的质量要求，进行咨询、质询及提出意见，要求设计单位做出解释或修正。

1. 勘察工作的质量控制

(1)协调设计要求与勘察工作之间的关系。

(2)审查勘察方案。

(3)控制勘察工作的进度。

(4)审查和验收勘察成果。

(5)对勘察工作量进行计量，并审查勘察费用。

2. 设计阶段的质量控制

(1)初步设计阶段的质量控制

初步设计质量控制的内容包括：

①审核设计依据。核查初步设计是否符合批准的设计任务书或规划设计大纲以及相关的批文；是否符合签订的设计合同或评定的设计方案，以及有关的建设标准、规定和法规等。

②审核建设规模。包括主要建筑物和构筑物的结构形式及布置，主要设备的选型及配置，占地面积及场地布置等。

③审核原材料、动力等资源的用量及来源。审核工程建设所需各种原材料的规格、品种、质量、用量和来源，燃料、动力的供应保障等。

④审核各主要建筑物和构筑物的施工顺序和工期。

⑤审核主要的技术经济指标是否符合质量目标和水平。

⑥审核项目的总概算。

⑦核实外部协作条件及对外交通。

⑧审核各专业的设计方案,重点是审核设计方案的设计参数、设计标准、设备和结构选型、功能和使用价值等方面是否满足适用、经济、美观、可靠等要求。具体的审核内容如下:

建筑设计方案:主要审核平面和空间布置是否合理和适用;建筑物理功能,如采光、隔热、保温、隔声、通风等的方式是否达到规定标准,材料的选择、布置和构造是否满足要求等。

结构设计方案:主要审核结构方案的设计依据及设计参数;结构方案的选择;安全度、可靠度以及抗震性是否符合要求;主体结构布置;结构材料的选择等。

其他专业设计方案:如给水工程、排水工程、通风空调、动力工程、供热工程、通信工程、厂内运输和"三废"治理工程等设计方案。主要审核设计依据、设计参数、各专业设计方案的选择,路线或管道(管网)的布置及所需设备、器材、工程材料的选择等。初步设计的深度应能满足设计方案的评选,满足主要设备、材料的订货及生产安排;土地的征用和移民安排;技术设计(或施工图设计)的进行;施工组织设计的编制和有关的施工准备工作等。

(2)技术设计阶段的质量控制

技术设计的深度比初步设计更进一步,主要应对设计中的某些技术问题或技术方案进行进一步确定,例如:

①进行特殊工艺流程方面的试验、研究和确定。

②新技术、新工艺、新方案的试验、研究和确定。

③主要建筑物、构筑物的某些关键部位的试验、研究和确定。

④新型设备的试验、制作和应用。

⑤编制修正概算。

在技术设计阶段,监理工程师应审查设计文件、图纸和有关的试验研究报告。

(3)施工图阶段的质量控制

监理对施工图的审核,侧重于使用功能及质量要求是否得到满足。在施工图的总体方面着重审查下列三方面:审查建筑物的稳定性和安全性,包括地基基础和主体结构体系是否安全可靠;工程项目设计是否符合消防、节能、环保、抗震、卫生、人防等有关强制性标准、要求;施工图的设计是否达到规定的深度要求。

政府机构对设计图纸的审核,侧重于:是否符合城市规划方面的要求;工程建设是否符合法定技术标准;对安全、防火、卫生、防震、"三废"治理等方面是否符合有关标准的规定;对供水、排水、供电、供热、供煤气、交通道路、通信等专业工程设计,主要审核是否符合市政规划要求等。

7.3　施工阶段的质量控制

7.3.1　质量控制阶段的划分

1. 事前质量控制

即施工准备阶段进行的质量控制。它是指在各工程对象正式施工开始前,对各项准备工作及影响质量的各因素和有关方面进行的质量控制,也就是对投入工程项目的资源和条件的质量控制。

2. 事中质量控制

就是在施工过程中进行的质量控制。事中质量控制的策略是:全面控制施工过程,重点控制工序质量。其具体措施是:工序交接有检查;质量预控有对策;施工项目有方案;技术措施有交底;图纸会审有记录;配制材料有试验;隐蔽工程有验收;计量器具校正有复核;设计变更有手续;钢筋代换有制度;质量处理有复查;成品保护有措施;行使质控有否决(如发现质量异常、隐蔽未经验收、质量问题未处理、擅自变更设计图纸、擅自代换或使用不合格材料、未经资质审查的操作人员无证上岗等,均应对质量予以否决);质量文件有档案(凡是与质量有关的技术文件,如水准点、坐标位置,测量、放线记录,沉降、变形观测记录,图纸会审记录,材料合格证明、试验报告,施工记录,隐蔽工程记录,设计变更记录,调试、试压运行记录,试车运转记录,竣工图等都要编目建档)。

3. 事后质量控制

它是指对于通过施工过程所完成的具有独立的功能和使用价值的最终产品(单位工程或工程项目)及其有关方面(例如质量文档)的质量进行控制。也就是对已完工程项目的质量检验、验收控制。

以上三个阶段的质量控制系统过程及其所涉及的主要方面如图 7-1 所示。

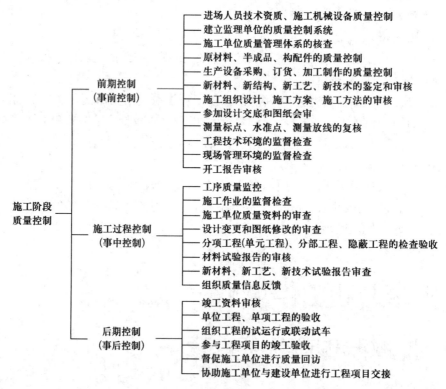

图 7-1　施工阶段工程项目质量控制过程示意图

7.3.2　质量控制的程序和目标

工程项目施工阶段是工程项目实体形成的过程,也是工程项目质量目标具体实现的过程,监理工程师应对施工的全过程进行监控,对每道工序、分项工程、分部工程和单位工程进行监督、检查和验收,使工程质量的形成处于受控状态。

1. 质量控制的程序

(1)项目开工前,施工单位在全面完成各项准备工作的基础上,提出项目的开工申请,并提交施工准备的有关资料,包括人员、材料、机械进场情况等。监理工程师应对其开工申请进行审查,并对其完成的施工准备工作进行全面检查,在审查通过并征得建设单位及其上级主管部门同意后,监理单位即可签发开工令,批复施工单位。

(2)工程项目开工后,监理机构应派出现场监理员,对每道工序的施工进行旁站监督和检查,必要时对工序的施工质量进行抽样检验。工序完工后,在施工单位自检合格的基础上填报验收通知单,监理单位接到验收通知单后,应在24h内派出监理人员到现场进行检查验收。如果检查结果质量不合格,监理工程师可指令其返工修理,必要时可下达停工令。工序质量检查合格,经监理工程师确认验收后,施工单位进行下一道工序的施工。

(3)分项工程完工后,施工单位在质量自检合格的基础上,填写分项工程验收单,通知监理单位验收。监理单位在接到施工单位的验收通知后,应派出监理人员进行现场质量检查,并对施工单位提交的该分项工程的有关资料(包括质量自检资料)进行审查,检查合格后,准予确认验收。

(4)分部工程完工后,施工单位在质量自检合格的基础上,填写分部工程验收单,监理单位在接到施工单位的验收通知单后,应组织监理人员进行现场检查,并汇总该分部工程中各分项工程的验收单,进行复验,检查合格后予以确认验收,并签发验收签证。

(5)单位工程(单项工程)完工后,施工单位应组织内部预验,在预验合格的基础上,向监理单位提出验收申请,并提交该单位工程(单项工程)的质量保证资料(包括由勘测、设计、施工、工程监理等单位分别签署的质量合格文件和施工单位签署的工程保修书),监理工程师在接到提交的验收申请后,组织内部初验,即组织监理人员进行现场检查,并审查该单位工程(单项工程)的质量资料和文件,是否齐全和真实,如检查通过,则应填写初验报告,并提交建设单位,在建设单位同意后,由建设单位向上级主管部门提出正式验收申请,批准后,由建设单位组织主持有关部门验收。

2. 质量控制的目标

(1)保证工程项目是按已确认的施工单位所提交的质量保证计划完成的。

(2)工程质量完全满足设计的要求和合同的规定,质量可靠。

(3)所提供的技术文件和质量文件可以满足用户对工程项目运行、维修、扩建和改建的要求。

7.3.3 质量控制的方法和手段

监理单位对工程项目施工质量所采取的控制方法,基本上分为五种,即质量控制统计法、PDCA循环工作方法、审核施工单位所提供的有关技术报告和文件、进行施工现场质量检查和质量信息的及时反馈;监理工程师对工程项目施工质量控制的手段有:旁站监督、下达指令文件、规定监控程序和使用支付控制手段等。

1. 质量控制统计法

(1)排列图法,又称主次因素分析图法。它是用来寻找影响工程质量主要因素的一种方法。

(2)因果分析图法,又称树枝图或鱼刺图。它是用来寻找产生某种质量问题所有可能原因的有效方法。

(3)直方图法,又称频数(或频率)分布直方图。它是把从生产工序搜集来的产品质量数据,按数量整理分成若干级,画出以组距为底边,以根数为高度的一系列矩形图。通过直方图可以从大量统计数据中找出质量分布规律,分析判断工序质量状态,进一步推算工序总体的合格率,并能鉴定工序能力。

(4)控制图法,又称管理图。它是用样本数据来分析判断工序(总体)是否处于稳定状态的有效工具。它的主要作用有:一是分析生产过程是否稳定,为此,应随机地连续收集数据,绘制控制图,观察数据点分布情况并评定工序状态;二是控制工序质量,为此,要定时抽样取得数据,将其描在图上,随时进行观察,以发现并及时消除生产过程中的失调现象,预防不合格品产生。

(5)散布图法。它是用来分析两个质量特性之间是否存在相关关系。即根据影响质量特性因素的各对数据,用点表示在直角坐标图上,以观察判断两个质量特性之间的关系。

(6)分层法,又称分类法。它是将搜集的数据根据不同的目的,按其性质、来源、影响因素等加以分类和分层进行研究的方法。它可以使杂乱的数据和错综复杂的因素系统化、条理化,从而找出主要原因,采取相应措施。

(7)统计分析表法。它是用来统计整理数据和分析质量问题的各种表格,一般根据调查项目,可设计出不同格式的统计分析表,对影响质量的原因作粗略分析和判断。

2. PDCA 循环工作方法

PDCA循环是指由计划(Plan)、实施(Do)、检查(Check)和处理(Action)四个阶段组成的工作循环。

(1)计划——包含分析质量现状,找出存在的质量问题;分析产生质量问题的原因和影响因素;找出影响质量的主要因素;制定改善质量的措施,提出行动计划,并预计效果。

(2)实施——组织对质量计划或措施的执行。

(3)检查——检查采取措施的结果。

(4)处理——总结经验,巩固成绩;提出尚未解决的问题,反馈到下一步循环中去,使质量水平不断提高。

PDCA 循环在质量管理中的应用如图 7-2 所示。

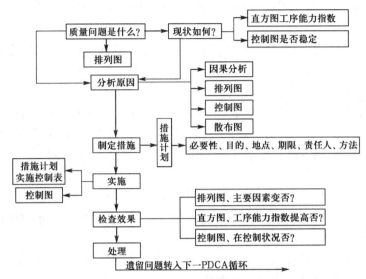

图 7-2　PDCA 循环在质量管理中的应用

3. 审核技术报告和文件

(1)审核施工单位提出的开工报告。监理工程师在接到施工单位的开工申请后,应详细进行审核,并经现场检查核对后,下达开工令。

(2)审核分包单位的技术资质证明文件。

(3)审核施工单位提交的施工组织设计、施工方案。施工组织设计、施工方案的审查是工程项目开工前质量控制的主要内容和步骤,施工单位所采用的施工方法除应使施工的进度满足工期的要求外,还应保证工程的施工符合规定的质量标准。监理工程师在审核时,应着重审查施工安排是否合理,施工机械的配置是否得当,施工方法是否可行,施工外部条件是否具备等方面。

(4)审核施工单位提交的材料、半成品、构配件的质量检验报告,包括出厂合格证、技术说明书、试验资料等质量保证文件。

(5)审核新材料、新技术、新工艺的现场试验报告。

(6)审核机械设备的型式、技术性能和质量。

(7)审核施工单位的质量管理体系文件,包括对分包单位质量控制体系和质量控制措施的审核。

(8)审核设计变更和图纸修改。

(9)审核施工单位提交的反映工程质量动态的统计资料或图表。

(10)审核有关工程质量事故的处理方案。

(11)审核有关应用新材料、新技术、新工艺的鉴定报告。

4. 现场质量检查

现场质量检查的内容包括开工检查、工序施工过程中的监督检查、工序交接检查、隐蔽工程检查、工程施工预验、停工后复工前的检查、成品保护检查、分部分项工程完工后验收检查等。

质量检查的方法,通常可分为视觉检查、量测检查和试验检查三类。

(1)视觉检查

就是凭借人的视觉、触觉和听觉来检查和判断施工的质量,它包括观察和目测检查、手摸检查和耳听检查。根据检查对象的不同,通常又将上述检查方法具体化为看、摸、敲、照等四种方法。

①看。就是根据质量标准的要求,用观察和目测的方法进行外观检查。例如工人的施工操作是否正常,地基面层的清理是否符合要求,墙面是否洁净,模板安装的稳定性、刚度和强度是否符合要求,混凝土浇筑表面的平整情况等,均可采用"看"的方法来进行检查。

②摸。就是用手触摸,通过手的感觉来检查、鉴定是否符合质量要求。例如油漆的光滑度,浆活是否牢固掉粉,水刷石、干粘石黏结的牢固程度,地面是否起砂等,均可通过手摸的方法加以检查和鉴别。

③敲。就是用工具进行敲击,通过音感来进行检查和鉴别。例如对地面工程中的地砖铺砌、拼镶木地板,装饰工程中的墙面瓷砖、大理石贴面等,均可采用"敲"的方法进行检查。通过敲击后所发出的声音的虚实,确定有无空鼓;通过声音的清脆和沉闷,判断是属于面层空鼓还是底层空鼓。

④照。就是通过灯光照射或反光镜反射的方法,来检查难以看清或光线较暗的部位。例如检查孔洞内的情况,阴暗部位的情况,均可采用"照"的方法。

(2)量测检查

通过测量仪器、量测工具或计量仪表进行检查,根据实际测量的结果与标准或规范规定的质量要求相对比,来判断是否符合质量标准的要求。根据检查手段的不同,量测检查可归纳为靠、吊、量、套四种方法。

①靠。就是用直尺、塞尺检查墙面、地面、屋面的平整度。

②吊。就是用托线板以线锤吊线检查垂直度。

③量。就是用测量仪器、测量工具、计量仪表等检查断面尺寸、标高、轴线、温度等。

④套。就是以方尺套方,辅以塞尺检查。例如检查预制构件的方正、阴阳角的方正、踢脚线的垂直度等。

(3)试验检查

通过现场取样或制作试件,由专门的试验室进行试验,或直接通过现场试验,取得数据,然后分析判断质量是否符合要求。试验检查可分为:

①理化试验。理化试验通常包括物理性质试验、化学成分试验和力学性能试验三种。

物理性质试验如测定密度、比重、含水量、安定性、抗渗性、抗冻性、耐磨性等。

化学成分试验如钢筋中的含硫量、含磷量,混凝土骨料中的活性氧化硅含量,粉煤灰中的三氧化硫含量,水中的 pH 值、氯化物含量、硫酸盐含量等的测定。

力学性能试验如抗压强度、抗拉强度、抗弯强度、抗折强度、承载力、硬度等的测定。

②无损检测。利用专门的仪器仪表探测结构物、材料、设备的内部组织结构或损伤的情况。目前常采用的无损检测方法有超声波探伤、X 射线探伤、Y 射线探伤、同位素检测、磁粉检测等。

5. 检查质量信息的反馈

检查员(监理员或巡视员)的值班、巡视、现场检查监督和处理的信息,除应以日报、周报、值班记录等形式作为工作档案外,还应及时地反馈给监理工程师和总监理工程师。对于重大问题及普遍发生的问题,还应以函件的方式通知施工单位,要求迅速采取措施加以纠正和补救,并保证以后不再发生类似问题。

现场检测的结果,也应及时反馈到施工生产系统,以督促施工单位及时进行调整和纠正。

6. 质量控制的方式和手段

在工程项目施工阶段,监理工程师进行质量控制时一般可采用下列几种方式和手段。

(1)施工阶段质量控制的方式

①旁站监督

在工程项目施工中,监理工程师派出监理人员(监理员)到施工现场,对施工过程进行临场定点旁站观察、监督和检查,采用视觉性质量控制方法对施工人员情况、材料、工艺与操作、施工环境条件等实施监督与检查,发现问题及时向施工单位提出和纠正,以便使施工过程始终处于受控状态。旁站监督应对监督内容及过程进行记录,并编写日报、周报。

②现场巡视

现场巡视是指在施工过程中,监理人员对施工现场进行的巡回视察检查,以便了解施工现场情况,发现质量事故苗头和影响质量的不利因素,及时采取措施加以排除。现场巡视检查后,应写出巡视报告。

③抽样检验

抽样检验是抽取一定样品或确定一定数量的检测点进行检查、测量或试验,以确定其质量是否符合要求。

抽样检验时所采用的检验方法有检查、量测和试验三种。

a. 检查。根据确定的检测点,采用视觉检查的方法,对照质量标准中要求的内容逐项检查,评价实际的施工质量是否满足要求。

b. 量测。利用测量仪器、仪表和工具,对确定的检测点进行量测,取得实际量测数据后与规定的质量标准或规范的要求相对照,以确定施工质量是否符合要求。

c. 试验。通过对抽样取得的样品进行理化试验,或通过对确定的检测点用无损检测的方法进行现场检测,取得实测数据,然后与规定的质量标准或规范的要求相对照,分析判断质量情况。

④规定质量控制制度或工作程序

规定施工阶段施工单位和监理单位双方都必须遵守的质量控制制度或工作程序。监理人员根据这一制度或工作程序来进行质量控制。例如施工单位在进行材料和设备的采购时,必须向监理工程师申报,经监理工程师审查确认后,才能进行采购订货;工序完工后,未经监理人员检查验收,未经监理工程师签署质量验收单,施工单位不得进行下一道工序的施工等。

(2)施工阶段质量控制的手段

①下达指令文件

指令文件是指监理工程师对施工单位发出指示和要求的书面文件,用以向施工单位提出或指出施工中存在的问题,或要求和指示施工单位应做什么或如何做等等。例如施工准备完成后,经监理工程师确认并下达开工指令,施工单位才能施工;施工中出现异常情况,经监理人员指出后,施工单位仍未采取措施加以改正或采取的措施不力时,监理工程师为了保证施工质量,可以下达停工指令,要求施工单位停止施工,直到问题得到解决为止等等。监理工程师所发出的各项指令都必须是书面的,并作为技术文件存档保存,如确因时间紧迫来不及做出书面指令,可先以口头指令的方式下达施工单位,但随后应及时补发正式书面指令予以确认。

②利用支付手段

支付手段是监理合同赋予监理工程师的一种支付控制权,也是国际上通用的一种控制权。所谓支付控制权,是指对施工单位支付各项工程款时,必须有监理工程师签署的支付证明书,建设单位(业主)才向施工单位支付工程款,否则建设单位(业主)不得支付。

监理工程师可以利用赋予他的这一控制权进行施工质量的控制,即只有施工质量达到规定的标准和要求时,监理工程师才签发支付证明书,否则可拒绝签发支付证明书。例如分项工程完工,未经验收签证擅自进行下一道工序的施工,则可暂不支付工程款;分项工程完工后,经检查质量未达合格标准,在未返工修理达到合格标准之前,监理工程师也可暂不支付工程款。

③拒绝签认

当工程施工质量未达到规定的标准和要求时,监理工程师可以拒绝签认,并要求施工单位返工处理,只有当施工质量符合规定的标准和要求时,才签字确认。

④建议建设单位撤换施工单位

当施工承包单位违反合同、技术规范和监理程序规定,造成严重后果,而且拒绝按监理工程师意见进行整改,多次提出均无效时,可以建议建设单位撤换承包单位。

7.3.4 工序质量控制的内容与控制的实施

工程项目的整个施工过程,就是完成一道一道的工序,所以施工过程的质量控制主要是工序的质量控制,而工序的质量控制又表现为施工现场的质量控制,也是施工阶段质量控制的重点。监理工程师应加强施工现场和施工工艺的监督控制,督促施工单位认真执行工艺标准及操作规程,进行工序质量的控制。同时监理工程师还应实施现场检查认证制度,工程的关键部位应实施现场观察、中间检查和技术复核,并做好施工记录,认真分析质量统计数据,对质量不合格的产品和施工工艺及时处理和纠正。

1. 工序质量控制的内容

工序的质量控制包括工序活动(作业)条件的控制、工序活动(作业)过程的控制和工序活动(作业)效果的控制等三个方面。

(1)工序活动(作业)条件的控制

工序活动(作业)条件的控制,就是为工序的活动(作业)创造一个良好的环境,使工序能够正常进行,以确保工序的质量,所以工序活动(作业)条件的控制就是对工序准备的控制。

工序的质量受到人、材料、机械、方法、环境等因素(即 5MIE 因素)综合作用的影响,所以工序的质量控制就是要利用各种手段首先对影响工序质量的人、材料、机械、方法、环境等因素加以控制。

①人的因素。人的因素对工序质量的影响,主要表现在操作人员的质量意识差,粗心大意,不遵守操作规程,技术水平低,操作不熟练等。因此对人的因素的控制措施是:检查操作人员和其他工作人员是否具备上岗条件,进行岗前考核,竞争上岗;进行质量教育,增强质量意识和责任心;建立质量责任制,进行岗前培训等。

②材料因素。影响工序质量的材料因素主要是材料的质量特性指标是否符合设计和标准的要求,控制的措施是加强使用前的检验和试验,例如混凝土、沥青混凝土、防水材料配合比的试验、测定和控制;重视材料的使用论证和材料的现场管理,防止错用和使用不合格材料;使用代用材料时必须通过计算和充分论证等。

③机械因素。影响工序质量的机械因素主要是机械的性能和操作使用,控制的措施是根据工序的特点和要求合理地选择施工机械设备的形式、数量和性能参数,同时应加强施工机械设备的使用管理,严格执行操作规程,遵守各种管理制度等。

④方法因素。影响工序质量的方法因素主要是工艺方法,即工艺流程、技术措施、工序间的衔接等。控制的措施是确定正确的工艺流程,施工工艺和操作规程,进行质量预控,加强工序交接的检查验收等。

⑤环境因素。影响工序质量的环境因素主要有气象条件、管理环境和劳动环境等。控制的措施是预测气象条件的可能变化(如湿度、大风、暴雨、酷暑、严寒等),应采取相应的预防措施,如防风、防雨、降温、保温措施等;制定相应的质量监督管理制度和管理程序;进行合理的劳动组合和现场管理,建立文明施工和文明生产的环境,保持材料堆放有序,道路通畅,施工程序井井有条等。

(2)工序活动(作业)过程的控制

工序活动是在预先(施工前)准备好的条件和环境下进行的,在工序活动过程中,影响质量的因素会发生变化。所以在工序活动过程中,监理人员应注意各种影响因素和条件的变化,如发现不利于工序质量的因素和条件变化,要立即采取有效措施加以处理,使工序质量始终处于受控状态。为此,监理人员应通过现场巡视、旁站监督等方式监督现场操作人员(施工人员和质检人员)按规定的操作规程和工艺标准进行施工;随时注意各种其他因素和条件的变化,如物料、人员、施工机械设备、气象条件和施工现场环境状况和条件的变化,应及时采取相应措施加以控制和纠正。

(3)工序活动(作业)效果的控制

工序活动(作业)效果的控制主要是对工序施工完成的工程产品质量性能状况和性能

指标的控制,通常是工序完成后,首先由施工单位进行自检,自检合格后填写质量验收通知单,监理单位在接到验收通知单后,在规定的时间内到达现场对工序进行抽样,通过对子样(样品)检验的数据,进行统计分析,判断工序活动的效果(质量)是否正常和稳定,是否符合质量标准的要求。通常,其程序如下:

①抽样。对工序抽取规定数量的样品,或确定规定数量的检测点(工序的一部分)。

②实测。采用必要的检测设备和手段,对抽取的样品或确定的检测点进行检验,测定其质量性能指标或质量性能状况。

③分析。对检验所得的数据,用统计方法进行分析、整理,发现其所遵循的变化规律。

④判断。根据对数据分析的结果,与质量标准或规定相对照,判断该工序产品的质量是否达到规定的质量标准的要求。

⑤认可或纠正。通过判断,如果符合规定的质量标准的要求,则可对该工序的质量予以确认;如果通过判断发现该工序的质量不符合规定的质量标准的要求,则应进一步分析产生偏差的原因,并采取相应的措施予以纠正。

2. 工序质量控制的实施

监理工程师在实施工序质量控制时,通常按下列程序进行:

(1)制定质量控制的工作程序或工作流程。

(2)制订工序质量控制计划,明确质量控制的工作程序和质量控制制度。

(3)分析影响工序质量的各种可能因素,从中找出对工序质量可能产生重要影响的主要因素,针对这些主要因素制定控制措施,进行主动地预防性控制,使这些因素处于受控状态。

(4)设置工序质量控制点,并进行质量预控。通过对工序施工过程的全面分析,确定需要进行重点控制的对象、关键部位或薄弱环节,设置质量控制点,并对所设置的质量控制点在施工中可能出现的质量问题,制定对策,进行预控。

(5)对工序活动过程进行动态跟踪控制。监理人员通过现场巡视、旁站监督等方式,对工序的整个活动过程实施连续的动态跟踪控制,发现工序活动出现异常状态,应及时查找原因,采取相应的措施加以排除或纠正,保证工序活动过程处于正常、稳定的受控状态。

(6)工序施工完成后,及时进行工序活动效果的质量检验。

7.3.5 施工过程中的技术复核制度

在工程项目施工过程中,各项工作是否按照合同、规范、设计文件、施工图和操作规程进行,将直接影响工程质量。因此,监理工程师必须对关键性技术内容采取技术复核制度,发现问题,及时纠正。

1. 技术复核的内容

对某些关键性施工内容和施工质量,在施工单位自检的基础上,监理人员还应进行检查验收,以确认其质量。施工过程中技术复核的内容大致可归纳为:

（1）隐蔽工程的检查验收

隐蔽工程是指在施工过程中上一道工序结束后，即被下一道工序所掩盖而无法再进行检查的工程部位，如钢筋混凝土工程中的钢筋工程、基础工程中的基槽和基础等。表7-1中列出建筑工程中的隐蔽工程项目及内容。

表 7-1　　　　　　　　　　　　　　　隐蔽工程项目及内容

序号	项目	项目内容
1	基础工程	地质、土质情况，标高尺寸，基础断面尺寸，桩的位置、数量
2	钢筋混凝土工程	钢筋的规格、品种、数量、尺寸、位置、形状、焊接尺寸、接头位置。预埋件的数量及位置，材料代用情况
3	防水工程	屋面、地下室、水下结构的防水层层数，防水处理措施的质量
4	其他	完工后无法进行检查的工程，重要结构部位和有特殊要求的隐蔽工程

隐蔽工程完工后，施工单位在自检合格的基础上，向监理单位提出报验申请表，监理单位在接到施工单位的报验申请表后，应该在24h内派出监理人员到施工现场，采用必要的检查工具对该隐蔽工程进行检查，并填写隐蔽工程检查记录，将检查结果与设计、图纸、施工规范和质量标准对照，判断其质量是否符合规定要求，如果确认质量符合规定要求，则经监理人员签证后，施工承包单位才能进行下一道工序；如果质量不符合规定要求，监理人员也应以书面形式签发通知单通知施工单位，令其返工处理，返工处理后再重新进行检查验收。

（2）施工交接检查

①工序间的交接检查验收。前一道工序施工完成后，在进行下一道工序前，应经监理人员检查认可，确认其质量合格并签证后，方可进行下一道工序的施工。

②施工班组之间的交接检查。一个施工班组在其所承担工序施工结束后，在移交给下一个班组继续施工之前，为了确保工序的质量符合规定的要求，监理人员应对该班组所施工的工序质量进行复查，确认合格后才能交接。

③专业施工队之间的交接检查。一个专业施工队在其所承担的分部分项工程施工结束后，在移交给另一专业施工队继续施工之前，监理人员应对该分部分项工程的质量进行复查。

④专业工程处（局）之间的交接检查。例如土建工程处（局）施工完毕后，在移交给设备安装工程处（局）继续施工之前，监理人员所进行的交接检查。

⑤不同承包单位之间的交接检查。一个承包单位所承包的施工项目施工完毕后，在移交给下一个承包单位继续施工之前，监理人员所进行的交接检查。

（3）工程施工预验（或复核性检查）

工程施工预验是指在工程施工之前，对某些与该工程的施工质量有密切关系的已完成的工作或技术问题进行预先检查，复核其正确性或其质量是否满足规定要求。通常进行这类施工预验的工作内容包括：分部分项工程的定位、放线（轴线）、标高、预留孔洞的位置及尺寸等。

（4）见证取样和送检

见证取样和送检是指在建设单位或工程监理单位人员的见证下，由施工单位的现场试验人员对工程中涉及结构安全的试块、试件和材料在现场取样，并送至经过省级以上建设行政主管部门对其资质认可和质量技术监督部门对其计量认证的质量检测单位进行检测。见证人员应由建设单位或该工程的监理单位具备建筑施工试验知识的专业技术人员担任，并应由建设单位或该工程的监理单位书面通知施工单位、检测单位和负责该项工程的质量监督机构。

在见证取样和送检时，取样人员应在试样或其包装上做出标识、封志，标识和封志应标明工程名称、取样部位、取样日期、样品名称和样品数量，并由见证人员和取样人员签字。

见证人员应填写见证记录，并将其归入施工技术档案。

见证取样的试块、试件和材料送检时，送检单位应填写委托单，委托单应有见证人员和送检人员的签字，检测单位在检查委托单及试样上的标识和封志无误后，方可进行检测。

见证取样和送检的范围包括：

①用于承重结构的混凝土试块；

②用于承重墙体的砌筑砂浆试块；

③用于承重结构的钢筋及连接接头试件；

④用于承重墙的砖和混凝土小型砌块；

⑤用于拌制混凝土和砌筑砂浆的水泥；

⑥用于承重结构的混凝土中所使用的掺加剂；

⑦地下、屋面、厕浴间使用的防水材料；

⑧国家规定必须进行见证取样和送检的其他试块、试件和材料。

见证取样和送检的比例不得低于有关技术标准中规定取样数量的30%。

（5）重要质量检验数据及计算数据的复核

对某些重要的质量检验数据及计算数据，监理人员应进行复核性的检验，以判定施工单位检验及计算的结果是否正确，精度是否达到规定要求。

2. 技术复核的程序

（1）施工单位呈交有关质量资料

在某一工序（或某项工程）完工后，施工单位应将全部质量保证文件和资料、工程质量的必要说明以及有关的工程记录（如隐蔽工程记录）等质量资料呈交给监理工程师。

（2）监理工程师审查质量文件

监理工程师在接到施工单位提供的质量保证文件后，应进行详细审查，如认为质量文件可靠，施工质量没有问题，即可签证认可，并以书面形式通知施工单位。如果监理工程师尚有怀疑，或认为有必要进一步进行现场检查，则可组织现场复核。

（3）监理工程师进行现场检查

监理工程师对照质量标准和施工单位所提交的质量检查记录，采用视觉检查、量测检查和试验检查的方法,进行现场复核。

(4)监理工程师做出认可与否的决定

监理工程师将现场检查的结果,与质量标准对照,对工程的质量做出判断。如果认为质量合格,则可签证确认;如果认为质量不合格,则应要求施工单位返修补救。

7.3.6　质量控制点的设置

1. 质量控制点的概念

质量控制点是指在工程项目施工之前,为保证工程项目作业过程质量而确定的需要重点控制的对象、关键部位或薄弱环节。

选择"重点"和"关键"设置质量控制点,是根据"关键的少数"原理进行质量控制的卓有成效的控制方法,是保证达到施工质量要求的必要前提,在拟定质量控制工作计划时,应予以详细地考虑,并以制度来保证落实。对于质量控制点,一般要事先分析可能造成质量问题的原因,再针对原因制定对策和措施进行预控。

施工单位在工程施工前应根据施工过程质量控制的要求,列出质量控制点明细表,表中详细地列出各质量控制点的名称或控制内容、检验标准及方法等,提交工程师审查批准后,在此基础上实施质量预控。

2. 质量控制点设置的原则和步骤

质量控制点设置的原则是根据工程的重要程度,即质量特性值对整个工程质量的影响程度来确定。为此,在设置质量控制点时,首先要对施工的工程对象进行全面分析、比较,以明确质量控制点;而后进一步分析所设置的质量控制点在施工中可能出现的质量问题或造成质量隐患的原因,针对隐患的原因,相应地提出对策措施予以预防。

3. 质量控制点的设置对象

可作为质量控制点的对象涉及面较广,应根据工程特点,视其重要性、复杂性、精确性、质量标准和要求而定,可能是技术要求高、施工难度大的某一结构部位、构件或分项、分部工程,也可能是影响质量的关键工序、操作或某一环节。总之,无论是操作、材料、机械设备、施工顺序、技术参数,还是自然条件、工程环境等,均可作为质量控制点来设置,主要是视其对质量特征影响的大小及危害程度而定。

质量控制点的设置对象主要有以下几个方面:

(1)施工过程中的关键工序或环节以及隐蔽工程,例如预应力结构的张拉工序、钢筋混凝土结构中的钢筋架立。

(2)施工中的薄弱环节,或质量不稳定的工序、部位或对象,例如地下防水层施工。

(3)对后续工序质量(或安全)有重大影响的工序、部位或对象,例如预应力结构中的预应力钢筋质量、模板的支撑与固定等。

(4)采用新技术、新工艺、新材料的部位或环节。

(5)施工条件困难、技术难度大或施工经验不足的工序或环节,例如复杂曲线模板的放样等。

质量控制点的选择要准确有效,究竟选哪些对象作为质量控制点,主要应视其对质量特征影响的大小、危害程度以及质量保证的难度大小而定,由有经验的质量管理人员进行选择,表7-2为建筑工程质量控制点设置的一般位置示例。

表 7-2
质量控制点的设置位置

分项工程	质量控制点
工程测量定位	标准轴线桩、水平桩、龙门板、定位轴线、标高
地基、基础(含设备基础)	基坑(槽)尺寸、标高、土质、地基承载力,基础垫层标高,基础位置、尺寸、标高,预留洞孔、预埋件的位置、规格、数量、基础标高、杯底弹线
砌体	砌体轴线、皮数杆、砂浆配合比、预留洞孔、预埋件位置、数量、砌块排列
模板	位置、尺寸、标高,预埋件位置,预留洞孔尺寸、位置,模板强度及稳定性,模板内部清理及润湿情况
钢筋混凝土	水泥品种、强度等级,砂石质量,混凝土配合比,外加剂掺量,混凝土振捣,钢筋品种、规格、尺寸、搭接长度,钢筋焊接,预留洞孔及预埋件规格、数量、尺寸、位置,预制构件吊装或出场(脱模)强度,吊装位置、标高、支承长度、焊缝长度
吊装	吊装设备起重能力、吊具、索具、地锚
钢结构	翻样图、放大样
焊接	焊接条件、焊接工艺
装修	视具体情况而定

4. 质量控制点的实施

(1)质量控制措施的设计

选择了控制点,就要针对每个控制点进行控制措施的设计,主要步骤和内容如下:

列出质量控制点明细表;设计控制点施工流程图;进行工序分析,找出主导因素;制定工序质量表,对各影响特性的主导因素规定出明确的控制范围和控制要求;编制保证质量的作业指导书;绘制计量网络图,该网络图明确标出各控制因素采用的计量仪器、编号、精度等,以便进行精确的计量;监理工程师对上述质量控制措施进行审核。

(2)质量控制点的实施

质量控制点的实施要点如下:

①交底。施工单位将控制点的"控制措施设计"向操作班组进行认真交底,必须使工人真正了解操作要点,这是保证"制造质量",实现"以预防为主"思想的关键一环。

②按作业指导书进行认真操作,保证操作中每个环节的质量。

③认真记录检查结果,取得第一手数据。

④运用数理统计方法不断进行分析与改进(实施 PDCA 循环),直到质量控制点验收合格。

7.3.7 工程质量预控

工程质量预控,就是针对所设置的质量控制点或分部、分项工程,事先分析施工中可能发生的质量问题和隐患,分析可能产生的原因,并提出相应的对策,采取有效的措施进行预先控制,以防在施工中发生质量问题。

质量预控及对策的表达方式主要有：文字表达、表格表达、解析图表达。

1. 文字表达的质量预控对策

（1）可能出现的质量问题

例如模板质量预控：轴线、标高偏差；模板断面、尺寸偏差；模板刚度不够、支撑不牢或沉陷；预留孔中心线位移、尺寸不准；预埋件中心线位移。

（2）质量预控措施

绘制关键性轴线控制图，每层复查轴线标高 1 次，垂直度以经纬仪检查控制；绘制预留、预埋图，在自检基础上进行抽查，看预留、预埋是否符合要求；回填土分层夯实，支撑下部应根据荷载大小进行地基验算、加设垫块；重要模板要经设计计算，保证有足够的强度和刚度；模板尺寸偏差按规范要求检查验收。

2. 用表格形式表达的质量预控对策

例如，混凝土灌注桩的质量预控见表 7-3。

表 7-3　　　　　　　　　　　　混凝土灌注桩质量预控表

可能发生的质量问题	质量预控措施
孔斜	督促承包单位在钻孔前对钻机认真整平
混凝土强度达不到要求	随时抽查原料质量；混凝土配合比经监理工程师审批确认；评定混凝土强度；按月向监理报送评定结果
缩颈、堵管	督促承包单位每桩测定混凝土坍落度 2 次，每 30～50cm 测定一次混凝土浇筑高度，随时处理
断桩	准备足够数量的混凝土供应机械（搅拌机等），保证连续不断地灌注
钢筋笼上浮	掌握泥浆比重和灌注速度，灌注前做好钢筋笼固定

3. 用解析图的形式表示质量预控对策

用解析图的形式表示质量预控及措施对策是用两份图表表达的：

（1）工程质量预控图。在该图中按施工过程各阶段划分工作任务，针对各工作任务列出各阶段所需进行的与质量控制有关的技术工作，用框图的方式分别与工作阶段相连接，并列出各阶段所需进行质量控制有关管理工作的要求。

（2）质量控制对策图。在该图中列出某一分部分项工程影响质量的各种因素，并列出针对各种质量影响因素所采取的对策和措施。

7.4　设备采购与安装的质量控制

设备通常是指生产设备。生产设备是工程项目投产和发挥效益所必需的设备，如果缺少这种设备，工程就不能投产或不能发挥效益。例如，水利水电工程中的闸门及其启闭机、水轮机、调速器、水轮发电机、变压器。通常，生产设备（永久设备）中的主要设备的采购由建设单位负责，部分设备由施工安装单位负责。而且生产设备的采购单位应负责设备的质量控制，监理单位主要负责设备的质量监控。

生产设备的质量要求和设备的种类、用途和功能有关,应根据有关的质量标准和技术规范、规程来确定。为了保证生产设备的质量,监理工程师必须对生产设备的采购订货、制造加工、运输、安装和试验进行监控,并组织好设备的验收工作。

7.4.1 设备采购订货的原则

设备采购订货的原则是指设备的质量、数量、规格及交货日期应满足设计和施工的要求。满足设计要求是指生产设备的质量符合标准(国家标准、部颁标准)及设计规定的质量;满足施工要求是指厂方交货的日期和数量符合施工进度安排,即符合设计供货时间,过早将影响施工场地和仓库的有效利用,过晚则影响施工的正常进行。

7.4.2 设备采购的方式与程序

1.设备采购方式

设备采购的方式目前有下列几种:

(1)市场采购。生产设备直接由供应市场或商店采购,这种采购方式所采购的生产设备质量和费用与采购人员的工作经验和工作态度有很大关系,局限性较大,一般适用于小型零星的通用设备、配件和辅机的采购。

(2)向厂家订购。这种采购方式要求采购方对生产设备的市场价格及其变化、设备的技术性能和生产设备制造厂家的情况比较熟悉,而且有经验丰富、善于商务和技术洽谈的人员。一般适用于专用生产设备的采购。

(3)招标采购。这种采购方式是由采购单位发出招标书,由有能力供货的单位自愿参加投标,并对供应设备的质量、价格和供货时间等以书面形式(投标书)做出承诺;采购单位从众多投标单位中择优选择供货单位,签订设备订货合同。通过招标采购方式选择供货厂家的,多用于大型、复杂、关键设备和成套设备的采购。

(4)委托施工承包单位或建筑安装承包单位采购设备。一般是由建设单位委托有设备采购能力和富有经验的施工承包单位或建筑安装承包单位来进行生产设备的采购,双方签订委托书,受托方应对所采购的设备的质量负责。这种采购方式适用于专业性较强的设备和生产线设备的采购。

2.设备采购程序

设备的采购一般按下列程序进行:

(1)编制生产设备采购计划,包括设备采购总计划和单项设备采购计划两部分;

(2)进行市场调查;

(3)根据调查资料的分析,确定可能的供货厂商;

(4)进行询价或招标;

(5)进行报价评审或评标,确定合格的供货厂商;

(6)进行合同谈判,拟定合同条款,签订采购或订货合同。

7.4.3　设备采购订货的质量控制

1. 市场采购设备的质量控制

在设备采购之前,施工单位应向监理单位申报,并提供设备的采购计划,其中包括所拟采购设备的规格、品种、型号、数量和质量标准等,经监理工程师审核,确认符合合同和设计要求后,方可采购。为此,监理单位应在平时对市场调查分析的基础上,建立合格供货厂商名录,以便在需要时可以进行比较,从中优选认可的供货厂商。合格供货厂商名录的建立一般是:

(1)在平时市场调查分析的基础上,对供货厂商的资质、供货能力、业绩、信誉等状况进行评审,确定认可的供货厂商。

(2)将认可的供货厂商编入合格供货厂商名录,并将其有关资料整理存档。

(3)根据供货厂商的生产经营情况、设备的发展变化,对列入合格供货厂商名录中的供货厂商进行定期评审,及时调整合格供货厂商,实行动态管理。

2. 向厂家订购设备的质量控制

(1)向厂家订购设备的质量控制原则

在设备订购之前,监理工程师应要求申报所拟采购设备的规格、型号、性能、单价和供货厂家的基本情况,经监理工程师会同建设单位和设计单位共同审核同意后,方可订购。如果缺乏可靠数据和资料,或者对供货厂家的生产能力、人员素质、设备情况、生产工艺、质量控制和检测手段等还有疑问时,监理工程师可以与施工单位、建设单位代表一起进行实地考察,经实地调查确认其可靠后,经监理工程师核准并发出通知后,才能进行设备的订货。

(2)供货厂家的选择

①对供货厂家的质量保证能力进行调查、分析,并做出评价。调查的内容包括:

技术能力:包括装备条件、人员组成、技术工作水平和工艺水平等;

管理能力:包括管理的组织、管理的水平、质量保证及《质量保证手册》情况;

质量检验能力:包括检验手段如何,检验人员的资格及素质,检验工作的水平;

工序能力:工序处于稳定状态下生产出质量符合要求的产品的能力;

服务能力:包括售后服务的手段和措施。

②对厂方的信誉进行调查,了解以往用户对厂方供货能力、产品质量、价格、交货日期、售后服务的反映情况。

③对厂方产品质量进行实际检验和评价。

通过以上调查和评价,对可能的厂家进行对比分析,最后选定供货厂商或协作单位。

3. 招标采购设备的质量控制

对于通过招标方式采购设备时,监理工程师应协助建设单位做好招标工作。

(1)协助建设单位编制招标文件。

(2)审查投标单位的资质。查验投标单位的资质证书、生产许可证、设备试验报告或鉴定证书。

(3)参加由建设单位组织的对设备制造厂家或投标单位的考察,并与建设单位一起做出考察结论。

(4)参加评标和定标会议,对投标单位进行综合比较和分析,协助建设单位择优确定中标单位。

(5)协助建设单位编制或审查合同。合同内容通常应包括设备的规格、型号、数量、技术参数、价格、采用标准、验收条件、交货状态、包装要求、交货时间和地点、运输要求、付款方式、经济担保、索赔和仲裁条款等。

(6)协助建设单位向中标单位或厂家提供必要的技术资料及文件。

4.提交设备采购监理资料

设备采购监理工作结束后,监理单位应向建设单位提交生产设备采购监理工作总结及下列监理资料:

(1)设备采购方案计划;

(2)设备的设计图纸和文件;

(3)市场调查、考察报告;

(4)生产设备采购招标文件;

(5)生产设备采购订货合同;

(6)生产设备采购监理工作总结。

7.4.4　生产设备到货后的检查验收

生产设备到货后,监理单位应进行的质量控制工作主要是:总监理工程师应组织专业监理工程师参与主要设备的清点、检查及验收工作;检查设备的储存环境和储存条件是否符合要求,并督促有关单位定期检查和维护。

生产设备到货后,监理工程师应根据设计图纸、订购合同和有关的质量标准,对厂家提供的质量保证资料进行核查,并根据具体情况作必要的质量确认检验,然后分析和判断设备的质量是否达到了规定的质量要求。生产设备质量确认检验的目的,是通过质量检验取得数据后与厂方提供的质量保证文件相比较,以判断质量保证文件和设备质量的可靠性,决定是否可以验收和安装使用。

1.质量确认检验的程序

(1)将厂方提供的质量保证文件和资料提交监理工程师审查。

(2)根据厂方提供的质量保证文件对设备的标记、规格、品种、型号、数量、外观等进行清点和确认检查,确认无误后,才允许入库或进行复验。

(3)当对厂方的质量保证资料有怀疑,或文件与实物不符,或设计、技术规程和合同中明确规定需要进行复验后才能使用,或对于重要设备,均应进行复验,根据复验的结果再决定是否安装使用。

2. 质量确认检验的方法

(1)外观检查:包括标记、品种、规格、型号、外形尺寸、包装等情况的检查。

(2)试验:主要是设备的性能试验、材料品质的鉴定等。

(3)无损检测:用超声波、X 射线、表面探伤等方法进行检验。

3. 生产设备质量检验的程度

生产设备质量检验的程度(类型)通常有免检、抽检和全检三种。

(1)免检

符合下列情况之一时,可以免检:

①有足够质量保证文件的一般性小型设备;

②质量长期稳定,信誉可靠,且质量保证文件齐全的设备;

③实行质量监造,并获得全部质量保证文件的设备。

(2)抽检

符合下列情况之一时,需进行抽检:

①对厂方的质量保证文件有怀疑,或质量保证文件与实物不符时;

②对于重要设备,或需要进行质量追踪检验的设备;

③设计、技术规程或合同中规定必须进行复验的设备。

(3)全检

符合下列情况之一时,需进行全检:

①对于重要工程的设备;

②非重要工程的关键设备;

③国内生产的新设备;

④国外生产的各种设备。

4. 设备检验的要求

(1)有包装的设备应检查包装是否符合要求,包装是否受到损坏。

(2)对整机装运的新购设备,应进行运输质量及供货情况的检查。

(3)对解体装运的自组装设备,应对总成、部件及随机附件、备品等进行外观检查,同时在工地组装后还应进行必要的检测试验。

(4)对工地交货的机械设备,应由厂方在工地组装、调试和生产性试验合格后,再由监理单位组织复验,确认符合要求后才能验收。

(5)对进口的设备,应在开箱后进行全面检查,并做好详细记录或照相,如发现问题,应及时向供货厂家进行交涉和索赔。

设备的保修期和索赔期一般为:国产设备从发货日起 12～18 个月;进口设备从发货日起 6～12 个月。

5. 不合格设备的处理

对于经检验判定为不合格的设备,可作如下处理:

(1)向厂方退货。

(2)退厂修复,消除缺陷。

(3)经设计单位研究分析后允许降低设备标准,用于级别较低或规模较小的工程。

(4)报废处理,向厂方索赔。

7.4.5　生产设备安装调试的质量控制

监理人员对生产设备安装调试时的质量控制,主要着重于对设备安装调试的组织工作和生产技术准备工作、设备基础及预埋件、安装工艺过程、隐蔽工程、单机调试检验、生产线或整机联动试车检验等问题的质量控制。具体的质量控制内容如下:

(1)核查生产设备安装调试单位的资质及质量管理体系。

(2)审查生产设备安装调试的施工组织设计、施工方案及施工进度计划。

(3)核查设备安装的准备工作,审查安装单位提交的开工申请,下达开工令。

(4)监督设备基础、预埋件的施工及检测工作。

(5)对设备安装中的隐蔽工程进行检查验收。

(6)在生产设备安装过程中进行旁站监理,监督设备安装的工艺过程和关键工序的施工。

(7)审查工程变更和设计修改事宜。

(8)审查设备安装和调试的施工记录。

(9)参加设备安装和调试的调度会和协调会,协调施工进度和各方面的关系。

(10)参加质量事故的调查处理,审查事故处理方案,并对事故的处理进行检查验收。

(11)在有必要的情况下达停工令和复工令。

(12)监督生产设备的单机调试,生产线或整机的联动试车,审查调试记录,进行调试的检查验收。

(13)对生产设备的安装调试进行评估,并写出评估报告。

7.4.6　生产设备试运行阶段的质量控制

生产设备试运行阶段是在生产设备安装完毕和通过调试,并已交工验收的情况下,按正式生产条件和规定的期限进行试运行(试车)的阶段,通过将试运行阶段记录的数据与设计要求对比,检查生产设备的设计、制造、安装和调试的质量,验证生产设备连续正常运行的可靠性和稳定性。试运行阶段一般也是生产设备的保修阶段,通过试运行检查后,生产设备才能进行正式竣工验收。试运行阶段监理单位应做好下列工作:

(1)在生产设备试运行阶段,监理单位应定期或不定期地到达现场,观察了解生产设备试运行情况。

(2)督促生产单位做好试运行记录,并检查试运行记录。

（3）将试运行记录数据与设计要求进行对比，检查生产设备运行的可靠性和稳定性。同时通过检查找出差距，分析原因，并与有关方面共同研究处理办法和改进措施。

（4）当生产设备试运行过程中出现故障或质量问题时，应会同建设单位、设计单位、制造厂家、安装单位和生产单位（使用单位）共同分析原因，找出处理办法，及时排除故障。

（5）参与生产设备试运行后的检验，并对生产设备的质量做出评价。

7.5　建设工程施工质量验收

建筑工程施工质量的验收一般可分为检验批的验收、隐蔽工程验收、分项工程验收、分部工程验收、单位工程验收和竣工验收等几类。

7.5.1　工程质量验收的条件

工程施工质量的验收应满足下列条件：

（1）施工质量应符合建筑工程施工质量验收统一标准和相关专业验收规范的规定，应符合工程勘察、设计文件的要求。

（2）参加工程施工质量验收的各方人员应具备规定的资格。

（3）工程质量的验收均应在施工单位自行检查评定的基础上进行。

（4）隐蔽工程在隐蔽前由施工单位通知有关单位进行验收，并形成验收文件。

（5）涉及结构安全的试块、试件以及有关材料，应按规定进行见证取样检验，承担见证取样检测及有关结构安全检测的单位应具有相应资质。

（6）检验批的质量应按主控项目和一般项目验收。

（7）对涉及结构安全和使用功能的重要分部工程应进行抽样检测。

（8）工程观感质量应由验收人员通过现场检查，并应共同确认。

7.5.2　工程质量验收基本规定

1. 检验批

检验批的质量应根据资料检查、主控项目检验和一般项目检验的结果来确定。

质量控制资料反映了检验批从原材料到最终验收的各施工工序的操作依据、检查情况及保证质量所必需的管理制度等。

主控项目是对检验批的基本质量起决定性影响的检验项目，一般检验项目是除主控项目以外的其他检验项目。

检验批合格质量应符合下列规定：

（1）主控项目和一般项目的质量经抽样检验合格。

（2）具有完整的施工操作依据、质量检查记录。

检验批质量验收记录见表 7-4。

表 7-4 　　　　　　　　　　　　　检验批质量验收记录

工程名称			分项工程名称		验收部位	
施工单位			专业工长		项目经理	
施工执行标准 名称及编号						
分包单位			分包项目经理		施工班组长	

		质量验收规范的规定		施工单位检查评定记录									监理（建设） 单位验收记录
主控项目	1												
	2												
	3												
	4												
	5												
	6												
	7												
	8												
	9												
一般项目	1												
	2												
	3												
	4												
施工单位 检查评定 结果		项目专业质量检查员：									年　月　日		
监理（建设）单位验收结论		监理工程师 （建设单位项目专业技术负责人）									年　月　日		

2. 分项工程

分项工程的验收是在其所含的检验批验收的基础上进行的，对涉及安全和使用功能的地基基础、主体结构、有关安全及重要使用功能的安装分部工程，应进行有关见证取样试验或抽样检验，同时还应进行观感质量验收，由参加验收的各方人员以观察、触摸或简单量测的方式对观感质量综合给出评价，对"差"的检查点应通过返修处理等补救。

分项工程质量验收合格应符合下列规定：

（1）分项工程所含检验批均应符合合格质量的规定。

（2）分项工程所含检验批的质量验收记录应完整。

分项工程质量验收记录和报验申请表见表 7-5 和表 7-6 所示。

表 7-5 ＿＿＿＿＿分项工程质量验收记录

工程名称		结构类型		检验批数	
施工单位		项目经理		项目技术负责人	
分包单位		分包单位负责人		分包项目经理	
序号	检验批部位、区段	施工单位检查评定结果	监理（建设）单位验收结论		
1					
2					
3					
4					
5					
6					
7					
8					
9					
10					
11					
12					
13					
14					
15					
16					
17					
检查结论	项目专业技术负责人：　　　　　年 月 日		验收结论	监理工程师（建设单位项目专业技术负责人）　　年 月 日	

表 7-6 _____报验申请表

工程名称： 编号

致： （监理单位）

    我单位已完成了_____工作,现报上该工程报验申请表,请予以审查和验收。

    附件：

承包单位(章)_____

项目经理_____

日　　期_____

审查意见：

项目监理机构_____

总/专业监理工程师_____

日　　期_____

3.分部工程

    分部工程的验收是在其所含各分项工程验收的基础上进行的,分部工程质量验收合格应符合下列条件：

    (1)分部(子分部)工程所含分项工程的质量均验收合格。

    (2)质量控制资料完整。

    (3)地基与基础、主体结构和设备安装等分部工程有关安全及功能的检验、抽样检测结果应符合有关规定。

    (4)观感质量验收应符合要求。

    分部(子分部)工程验收记录见表 7-7。

表 7-7   分部(子分部)工程验收记录

工程名称		结构类型		层数	
施工单位		技术部门负责人		质量部门负责人	
分包单位		分包单位负责人		分包技术负责人	
序号	分项工程名称	检验批数	施工单位检查评定	验收意见	
1					
2					
3					
4					
5					
6					
质量控制资料					
安全和功能检验(检测)报告					
观感质量验收					
验收单位	分包单位		项目经理		年 月 日
	施工单位		项目经理		年 月 日
	勘察单位		项目负责人		年 月 日
	设计单位		项目负责人		年 月 日
	监理(建设)单位		总监理工程师 (建设单位项目专业负责人)		年 月 日

4. 单位(子单位)工程

单位工程质量验收是该单位工程质量的竣工验收,在单位(子单位)工程验收时,对涉及安全和使用功能的分部工程应进行资料的复查,不仅要检查其完整性(无漏检缺项),而且对分部工程验收时补充进行的见证抽样检验报告也要复核。此外对主要使用功能还须进行抽查,抽查项目是在检查资料文件的基础上由参加验收的各方人员商定,并用计量、计数的抽样方法确定检查部分。最后还应由参加验收的各方人员共同进行观感质量检查,检查的方法、内容、结论与分部(子分部)工程质量验收相同。

单位工程质量验收合格应符合下列规定:

(1)单位(子单位)工程所含分部(子分部)工程的质量均应验收合格。

(2)质量控制资料完整。

(3)单位(子单位)工程所含分部(子分部)工程有关安全和功能的检验资料完整。

(4)主要功能项目的抽查结果应符合相关专业质量验收规范的规定。

(5)观感质量验收符合要求。

单位(子单位)工程竣工报验单、质量竣工验收记录、质量控制资料核查记录、安全和功能检验资料核查及主要功能抽查记录、观感质量验收记录,分别见表 7-8、表 7-9、表 7-10、表 7-11 和表 7-12。

表 7-8   **工程竣工报验单**

工程名称: 编号

致: (监理单位)

    我方已按合同要求完成了_____工程,经自检合格,请予以审查和验收。

    附件:

承包单位(章)_____

项目经理_____

日 期_____

审查意见:

    经初步验收,该工程

    1.符合/不符合我国现行法律、法规要求;

    2.符合/不符合我国现行工程建设标准;

    3.符合/不符合设计文件要求;

    4.符合/不符合施工合同要求。

    综上所述,该工程初步验收合格/不合格,可以/不可以组织正式验收。

项目监理机构_____

总监理工程师_____

日 期_____

表 7-9　　　　　　　　　　　单位(子单位)工程质量竣工验收记录

工程名称		结构类型		层数/建筑面积	/
施工单位		技术负责人		开工日期	
项目经理		项目技术负责人		竣工日期	

序号	项目	验收记录	验收结论
1	分部工程	共_____分部,经查_____分部 符合标准及设计要求_____分部	
2	质量控制资料核查	共_____项,经审查符合要求_____项, 经核定符合规范要求_____项	
3	安全和主要使用功能检查及抽查结果	共核查_____项,符合要求_____项, 共抽查_____项,符合要求_____项, 经返工处理符合要求_____项	
4	观感质量验收	共抽查_____项,符合要求_____项, 不符合要求_____项	
5	综合验收结论		

参加验收单位	建设单位	监理单位	施工单位	设计单位
	公章	公章	公章	公章
	单位(项目)负责人 年　月　日	总监理工程师 年　月　日	单位负责人 年　月　日	单位(项目)负责人 年　月　日

表 7-10   **单位（子单位）工程质量控制资料检查记录**

工程名称			施工单位			
序号	项目	资料名称	份数	核查意见		核查人
1	建筑与结构	图纸会审、设计变更、洽商记录				
2		工程定位测量、放线记录				
3		原材料出厂合格证书及进场检(试)验报告				
4		施工试验报告及见证检测报告				
5		隐蔽工程验收记录				
6		施工记录				
7		预制构件、预拌混凝土合格证				
8		地基基础、主体结构检验及抽查检测资料				
9		分项、分部工程质量验收记录				
10		工程质量事故及事故调查处理资料				
11		新材料、新工艺施工记录				
12						
1	给排水与采暖	图纸会审、设计变更、洽商记录				
2		材料、配件出厂合格证书及进场检(试)验报告				
3		管理、设备强度试验，严密性试验记录				
4		隐蔽工程验收记录				
5		系统清洗、灌水、通水、通球试验记录				
6		施工记录				
7		分项、分部工程质量验收记录				
8						
1	建筑电气	图纸会审、设计变更、洽商记录				
2		材料、设备出厂合格证书及进场检(试)验报告				
3		设备调试记录				
4		接地、绝缘电阻测试记录				
5		隐蔽工程验收记录				
6		施工记录				
7		分项、分部工程质量验收记录				
8						

（续表）

工程名称				施工单位		
序号	项目	资料名称		份数	核查意见	核查人
1	通风与空调	图纸会审、设计变更、洽商记录				
2		材料、配件出厂合格证书及进场检(试)验报告				
3		制冷、空调、水管道强度试验、严密性试验记录				
4		隐蔽工程验收记录				
5		制冷设备运行调试记录				
6		通风、空调系统调试记录				
7		施工记录				
8		分项、分部工程质量验收记录				
9						
1	电梯	土建布置图纸会审、设计变更、洽商记录				
2		设备出厂合格证书及开箱检验记录				
3		隐蔽工程验收记录				
4		施工记录				
5		接地、绝缘电阻测试记录				
6		负荷试验、安全装置检查记录				
7		分项、分部工程质量验收记录				
8						
1	建筑智能化	图纸会审、设计变更、洽商记录、竣工图及设计说明				
2		材料、设备出厂合格证和技术文件及进场检(试)验报告				
3		隐蔽工程验收记录				
4		系统功能测定及设备调试记录				
5		系统技术、操作和维护手册				
6		系统管理、操作人员培训记录				
7		系统检测报告				
8		分项、分部工程质量验收记录				
9						

结论：

施工单位项目经理　　　　　年 月 日　　　　　总监理工程师　　　　　年 月 日
　　　　　　　　　　　　　　　　　　　　　　（建设单位项目负责人）

表 7-11　　单位(子单位)工程安全和功能检验资料核查及主要功能抽查记录

工程名称				施工单位			
序号	项目	安全和功能检查项目		份数	核查意见	抽查结果	核查(抽查)人
1	建筑与结构	屋面淋水试验记录					
2		地下室防水效果检查记录					
3		有防水要求的地面蓄水试验记录					
4		建筑物垂直度、标高、全高测量记录					
5		抽气(风)道检查记录					
6		幕墙及外窗气密性、水密性、耐风压检测报告					
7		建筑物沉降观测测量记录					
8		节能、保温测试记录					
9		室内环境检测报告					
10							
1	给排水与采暖	给水管道通水试验记录					
2		暖气管道、散热器压力试验记录					
3		卫生器具满水试验记录					
4		消防管道、燃气管道压力试验记录					
5		排水干管通球试验记录					
6							
1	电气	照明全负荷试验记录					
2		大型灯具牢固性试验记录					
3		避雷接地电阻测试记录					
4		线路、插座、开关接地检验记录					
5							
1	通风与空调	通风、空调系统试运行记录					
2		风量、温度测试记录					
3		洁净室洁净度测试记录					
4		制冷机组试运行调试记录					
5							
1	电梯	电梯运行记录					
2		电梯安全装置检测报告					
1	智能建筑	系统试运行记录					
2		系统电源及接地检测报告					
3							

结论：

施工单位项目经理　　　　　　　年　月　日　　　　　　　总监理工程师　　　　　　　　年　月　日
　　　　　　　　　　　　　　　　　　　　　　　　　　　(建设单位项目负责人)

表 7-12　　　　　　　　单位(子单位)工程观感质量检查记录

工程名称			施工单位			
序号		项目	抽查质量状况	质量评价		
				好	一般	差
1	建筑与结构	室外墙面				
2		变形缝				
3		水落管、屋面				
4		室内墙面				
5		室内顶棚				
6		室内地面				
7		楼梯、踏步、护栏				
8		门窗				
1	给排水与采暖	管道接口、坡度、支架				
2		卫生器具、支架、阀门				
3		检查品、扫除口、地漏				
4		散热器、支架				
1	建筑电气	配电箱、盘、板、接线盒				
2		设备器具、开关、插座				
3		防雷、接地				
1	通风与空调	风管、支架				
2		风口、风阀				
3		风机、空调设备				
4		阀门、支架				
5		水泵、冷却塔				
6		绝热				
1	电梯	运行、平层、平关门				
2		层门、信号系统				
3		机房				
1	智能建筑	机房设备安装及布局				
2		现场设备安装				
3						
	观感质量综合评价					
检查结论		施工单位项目经理　　　　年　月　日		总监理工程师 (建设单位项目负责人)　　年　月　日		

7.5.3　工程质量不符合要求的处理

当建筑工程质量验收不符合验收标准的要求时,则可按下列方式处理:

(1)在检验批验收时,其主控项目不能满足验收规范规定或一般项目超过偏差限值的子项不符合检验规定的要求时,对其中的严重缺陷应返工重做,对一般缺陷则通过翻修或更换器具、设备进行处理,通过返工处理的检验批,应重新进行验收。

(2)在检验批发现试块强度等不满足要求,但经具有资质的法定检测单位检测鉴定能够达到设计要求的,应认为检验批合格,应予以验收。

(3)如检验批经检测鉴定达不到设计要求,但经原设计单位核算,认为能够满足结构安全和使用功能时,则该检验批可予以验收。

(4)经返修或加固处理的分项、分部工程,虽然改变外形尺寸,但仍能满足安全使用要求,可按技术处理方案和协商文件进行验收。通过返修或加固处理仍不能满足安全使用要求的分部工程、单位(子单位)工程,则严禁验收。

7.5.4　工程质量验收程序和组织

1.质量验收程序和组织

(1)检验批和分项工程的验收。由监理工程师或建设单位项目技术负责人组织施工单位质量(技术)负责人等进行验收。验收前,施工单位应先填写"检验批和分项工程的质量验收记录",见表7-4和表7-5。检验后,由项目专业质量检验员和项目专业技术负责人分别在检验批和分项工程质量检验记录中相关栏目上签字,并填写报验申请表(表7-6),然后由监理工程师组织验收,并在"检验批和分项工程质量验收记录"上填写监理记录和验收结论,并签字。

(2)分部(子分部)工程的验收。由总监理工程师或建设单位项目负责人组织施工单位的项目负责人和项目技术、质量负责人(因地基基础及主体结构的主要技术资料和质量问题归技术部门和质量部门管理)及有关人员进行验收。由于地基基础、主体结构的技术性能要求严格,技术性强,关系到整个工程的安全,故对于这些分部工程的验收,勘测、设计单位工程项目负责人也应参加相关分部工程的验收。验收记录见表7-7。

(3)单位工程的验收。单位工程完成后,施工承包单位首先应依据质量标准、设计图纸等自行组织有关人员进行检查和评定(自检),在自检符合要求的基础上,填写工程竣工报验单(表7-8)和单位(子单位)工程质量竣工验收记录(表7-9),并向建设单位提交工程验收报告和完整的质量资料,请建设单位组织验收。

建设单位在收到施工承包单位提交的工程验收报告后,由建设单位负责人组织设计、施工(包括分包单位)、监理单位(项目)负责人进行现场检查和质量控制资料的核查,并将检查结果与合同、规范、标准相对照,根据单位工程中分项、分部工程质量检查评定的统计资料,结合单位工程观感质量评议的结果,对单位工程的外观及使用功能等方面做出全面综合评定,最后判断该单位工程的质量是否达到规定要求,是否同意验收。

单位(子单位)工程质量控制资料、工程安全和功能检查资料的核查结果应分别填写在表 7-10 和表 7-11 上。在单位工程验收时,施工承包单位负责人、技术、质量负责人和监理单位总监理工程师均应参加。

单位工程质量验收记录由施工单位填写,验收结论由监理(建设)单位填写。单位工程的综合验收结论由参加验收的各方共同商定后由建设单位填写,见表 7-9。综合验收结论中应包括对工程质量是否符合设计和规范要求及总体质量水平做出评价。单位(子单位)工程观感质量检查的情况应填写在表 7-12 上,并应对检查的质量状况做出评价。

2. 监理工程师对单位工程质量控制资料的核查

监理工程师对单位工程质量控制资料的核查内容包括:

(1)质量控制资料是否齐全,资料的内容是否符合标准的规定。

(2)对新材料、新技术、新工艺的鉴定材料和施工单位对外委托检验的材料,应审查鉴定检验单位有无权威性。

(3)质量控制资料是否真实。

(4)质量控制资料提供的时间是否与工程进展同步(排除完工后补做的可能性)。

当单位工程有分包单位施工时,分包单位对所承包的工程项目应按上述程序进行检查评定,总承包单位应派人参加,分包单位应将工程有关资料交总承包单位。

单位工程质量验收后,建设单位应在规定时间内将工程竣工验收报告和有关文件,报建设行政主管部门备案。

当参加验收各方对工程质量验收意见不一致时,可请当地建设行政主管部门或工程质量监督机构协调处理。

思考题

1. 简述建设工程质量及含义。
2. 如何理解建设工程质量的形成过程?
3. 简述建设工程质量的特点及影响因素。
4. 监理工程师如何做好勘察设计阶段的质量控制工作?
5. 简述施工阶段质量控制程序及目标。
6. 监理工程进行质量控制的方法有哪些?
7. 工序质量控制的内容有哪些?
8. 监理工程师在质量控制过程中如何设置质量控制点?
9. 质量控制点设置的原则是什么?
10. 建设工程质量不符合要求的处理方式有哪些?

第 **8** 章
建设工程进度控制

■ 8.1 概述

　　建设工程进度控制是指为保证工程项目实现预期的工期目标,对建设工程项目的各阶段中的各项工作时间进行计划、实施、检查和调整的一系列工作。建设工程进度控制的最终目标是确保建设项目能够按照预定的工期目标投入使用。无论对于建设单位、监理单位还是施工单位来说,其进度控制的工作都是围绕着建设项目的总工期目标开展的。作为监理单位,其进度控制实际上是在既定的投资和质量要求前提下,在监理的职权范围内,通过有效的措施和方法对工程的实施进度进行控制,以确保工程如期完工或提前完工。

　　在实际工程建设过程中,原有的工程进度计划经常会受到各种事件和突发情况的干扰,致使建设工程项目实际执行进度与原计划进度不符,作为监理工程师,需要结合工程进度的实际开展情况,比较实际进度与计划进度的偏差,找出导致偏差的原因,通过组织、技术、经济和合同等措施,对工程进度和工程计划进行调整,从而保证建设工程项目的建设进度能够满足工程进度控制目标的要求。

　　在进行进度控制时,监理工程师不能单纯追求进度目标的合理性和最优化,还要考虑到进度、投资和质量三大目标之间的对立统一关系。因此,监理工程师在进度控制或对工程进度进行调整时,还要兼顾投资和质量目标,在实施进度控制时,尽可能优先选择那些对投资和质量目标有利的进度控制措施。当进度目标和投资、质量目标产生矛盾时,尽可能采取那些对投资、质量目标负面影响比较小的进度控制措施。

　　建设工程项目的基本建设程序各个阶段具有相对独立性,但各阶段的工作内容相互联系,可以在工作的开展时间上适当的搭接,如施工准备阶段的一些工作内容可以和设计工作同时开展,像征地与拆迁、设备采购与设计工作同时进行,再如采用 CM 建造模式时,施工工作与设计工作平行开展等等。监理工程师在实施进度控制时,应充分了解并充分利用各阶段、各工作程序之间的内在联系,合理地确定各项工作之间的搭接方式、内容和搭接时间。监理工程师在实施进度控制时,还要对影响工程建设进度的各项工程内容、工作内容,以及各种影响因素进行全面的了解和控制,才能切实保证工程按期完成。

此外,监理工程师在实施进度控制时,还必须注意监理合同的委托范围与委托阶段。如果监理企业受业主的委托,负责整个建设项目的全过程项目管理,则监理工程师的进度控制的对象是包括项目咨询阶段、设计招标阶段、设计阶段、施工招标阶段、施工阶段在内的项目建设全过程。如果业主仅仅委托监理机构负责施工阶段的监理,则监理工程师进度控制对象局限于施工阶段。另外,监理工程师在实施进度控制时,必须明确自己所处的位置,监理单位是代业主实施进度控制,而不是施工单位的进度控制。在进度控制时,监理工程师实施进度控制的方式和方法也与施工单位自身的控制是不同的,监理工程师主要通过监督工程实施,通过对施工单位施加影响来控制工程进度。因此,监理工程师应将工作重点放在对实施方进度计划的审查和对施工单位进度计划执行过程的监督方面。

8.1.1　影响建设工程进度的主要因素

由于建设工程项目具有规模大、建设周期长、结构和工艺复杂、参与方众多等特点,影响建设工程进度的因素也很多。对影响工程进度的各种因素进行分析和预测,是有效控制建设工程进度的前提。通过对这些影响因素的分析和预测,一方面可以促进对有利因素的充分利用和对不利因素的妥善预防,另一方面,也便于事先制定预防措施,事中采取有效对策,事后进行妥善补救,以缩小实际进度与计划进度的偏差,实现对建设工程进度的主动控制和动态控制。

影响建设工程进度的因素可以分为有利因素和不利因素两大类,以下主要介绍影响建设工程进度的不利因素。影响建设工程进度的不利因素可以归纳为人、设备、技术、方法、环境五个大的方面,在工程建设过程中,常见的影响因素如下:

1. 业主因素

如业主要求设计变更,业主没有及时提供施工场地,业主不能及时向施工单位支付工程款等。

2. 勘察设计因素

如勘察资料不准确,设计内容不完善,设计有缺陷或错误,设计对施工的可行性考虑不周,施工图纸供应不及时或出现重大差错等。

3. 自然环境因素

如复杂的工程地质条件,不明的水文气象条件,地下埋藏物的保护、处理,洪水、地震、台风等不可抗力等。

4. 社会环境因素

如外单位临近工程施工干扰,市容整顿,临时停水、停电,法律及规章制度变化,战争、骚乱爆发等。

5. 组织管理因素

如向有关部门提出各种申请审批手续的延误,合同签订时遗漏条款、表达失当,计划安排不周密、组织协调不力、领导不力、指挥失当使各个单位、各个专业及施工过程之间的交接配合发生矛盾等。

6. 材料设备因素

如材料、构配件、设备供应环节的差错,材料的品种、规格、质量、数量等方面不能满足工程的需要,施工设备不配套、选型失当、安装失误、有故障等。

7. 资金因素

如业主方拖欠资金、资金不到位,施工单位资金短缺,汇率浮动和通货膨胀等。

8.1.2 建设工程项目进度控制的一般程序

建设工程项目进度控制的一般程序如图 8-1 所示。

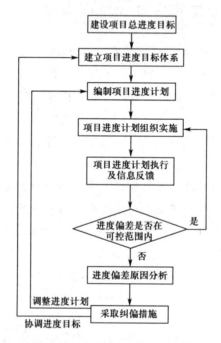

图 8-1 建设工程进度控制的一般程序

8.1.3 建设工程监理进度控制的主要内容

1. 建立监理进度控制体系

项目监理单位在建立项目监理机构时,为了完成项目监理进度控制的目标,首先必须建立监理进度控制体系。在监理组织内部,无论是直线制、职能制、直线职能还是矩阵制监理组织,都必须明确进度控制的任务和职责划分,建立责权一致的进度控制体系,并且在分工的基础上,预先明确协调机制,建立起分工协作的进度控制体系。

2. 编制监理进度控制计划

监理工程师在项目监理工作正式开展之前,应根据业主与实施单位所签订的合同工期,确定监理的进度控制目标。在此基础上,制订监理的控制性进度计划。对总进度目标分解的方法有多种,可以按年度、季度分解为年度进度计划、季度进度计划和月度进度计划等;也可按各建设阶段分解为设计准备阶段进度计划、设计阶段进度计划、施工阶段进度计划和运用前准备阶段进度计划等;还可以按各子项目分解。上述这些工作,可以在制定监理规划和监理实施细则时进行。

3. 审查施工单位提交的进度计划

项目施工开始前,监理工程师应当要求项目被监理单位提交项目实施进度计划和进度保证措施,比照监理的进度控制计划,审查其是否能够实现预期进度目标,其进度保证措施是否可行、有效。如果监理工程师认为被监理单位提交的计划不足以保证项目进度目标的实现,有权要求其修改计划。只有当监理工程师认为被监理单位提交的进度计划能够保证项目进度目标的实现时,才会对其签字批准,此时,被监理单位才能据此进行施工。

4. 进度计划实施中的监测与调整

监理工程师要在项目实施过程中对实际进度进行监测,如果发现项目实际进度偏差,则应分析偏差产生的原因,然后再采取相应的调整措施。实际进度监测的方法主要有两种,一种是定期由被监理单位报送实际进度报告,第二种是通过监理人员现场检查实际进度的开展情况。按照进度监测的时间周期,可以将项目的进度监测分为定期监测和不定期监测两种。监理工程师按月或按周要求被监理单位报送本月或本周的实际进度信息,并以监理进度协调会等形式协调项目进度情况的形式是定期监测;不定期监测则主要在监理人员现场检查时采用。

5. 调整计划保证工期目标实现

在项目实施过程中,许多因素会影响到项目的进度。当总工期目标受到影响时,监理单位应配合业主采取相应的补救措施和办法。如果是被监理单位的原因所造成的进度拖延,监理单位有权要求被监理单位自费赶工。当由非被监理单位原因或按合同规定不应由被监理单位负责的原因引起的实际进度拖后时,监理单位应做好相应的签证和确认工作,妥善处理由此引起的工程延期和赶工费用索赔等问题。监理工程师应协助业主通过及时调整计划,使总工期目标得以实现。

8.1.4　建设工程监理单位的进度计划

为了更有效地实施进度控制,监理单位不仅要审核被监理单位提交的进度计划,而且要为自身编制进度计划,监理单位主要进度计划有以下几种:

(1)总进度计划。合理地确定建设总进度目标是对工程项目建设进度进行控制的首要问题。监理单位编制的总进度计划应阐明建设工程项目前期准备、设计、施工、动用前准备及项目动用等几个阶段的控制进度。一般用横道图来表示,如表 8-1 所示。

表 8-1	总进度计划															
阶段名称	阶段进度															
	20××年				20××年				20××年				20××年			
	1	2	3	4	1	2	3	4	1	2	3	4	1	2	3	4
前期准备																
设计																
施工																
动用前准备																
项目动用																

(2)总进度分解计划。包括:年度进度计划;季度进度计划;月进度计划;设计准备阶段进度计划;设计阶段进度计划;施工阶段进度计划;动用前准备阶段进度计划等。

(3)各子项进度计划。

(4)进度控制工作制度。包括:进度流程图及进度控制措施(组织措施、技术措施、经济措施、合同措施)。

(5)进度目标实现风险分析。

(6)进度控制方法规划。

8.1.5　建设工程监理进度控制的措施

为了有效地实施进度控制,监理工程师必须根据建设工程的具体情况,以及建设工程合同条件,认真制定进度控制措施,以确保建设工程进度控制目标的实现。通常进度控制的措施应包括组织措施、技术措施、经济措施及合同措施。

1.组织措施

监理进度控制的组织措施通常包括:

(1)建立项目监理组织,确定项目监理班子成员,落实监理人员管理职责。

(2)建立监理进度控制目标体系,明确进度控制任务。

(3)建立工程进度报告制度及进度信息沟通网络。

(4)建立进度计划审核制度和计划实施中的检查分析制度,及时发现和解决进度问题。

(5)建立进度协调会议制度,包括协调会议举行的时间、地点,协调会议的参加人员等。

(6)建立图纸审查、工程变更和设计变更管理等进度管理制度。

2.技术措施

监理进度控制的技术措施通常包括:

(1)审查施工单位提交的进度计划,使被监理单位按照批准的进度计划实施项目。

(2)编制进度控制工作细则,指导监理人员实施进度控制。

(3)采用网络计划技术及其他科学适用的计划方法,利用计算机辅助监理进度控制,实施项目进度动态控制。

3. 经济措施

监理进度控制的经济措施通常包括:

(1)利用工程预付款及工程进度款的支付控制工程进度。

(2)在业主的授权下,对应急赶工给予优厚的赶工费用;

(3)按照合同规定,对工期提前给予奖励。

(4)按照合同规定,对工程延误收取误期损失赔偿金。

(5)加强索赔管理,公正地处理工期延误带来的工期与费用索赔。

4. 合同措施

监理进度控制的合同措施主要包括:

(1)通过承发包模式的选择达到有利于进度控制的目的。如推行 CM 承发包模式,对建设工程实行分段设计、分段发包和分段施工。

(2)加强合同管理,协调合同工期与进度计划之间的关系,保证合同中进度目标的实现。

(3)严格控制合同变更,对各方提出的工程变更和设计变更,监理工程师应严格审查后再补入合同文件之中。

(4)加强风险管理,在合同中应充分考虑风险因素及其对进度的影响,以及相应的处理方法。

(5)加强索赔管理,客观公正地处理由进度变化带来的索赔问题。

8.2　建设工程进度控制的主要方法

建设工程进度计划由被监理单位完成后,应提交监理工程师审查,监理工程师审查合格后即可付诸实施。但在建设工程实施过程中,由于各种因素的影响,原有的计划安排常常会被打乱,致使工程进度出现偏差,对此,监理工程师应经常地、定期地对进度计划的执行情况进行跟踪检查,分析进度偏差产生的原因,及时采取措施加以解决。下面将介绍几种常用的建设工程进度控制方法。

8.2.1　实际进度与计划进度的比较方法

在建设工程项目中,常用的进度比较方法有进度控制表法、横道图比较法、S 形曲线比较法、香蕉曲线比较法、前锋线法和列表比较法等。

1. 横道图比较法

横道图比较法是指将在项目实施中检查实际进度的信息,经整理后直接用横道线并标于原计划的横道线处,进行直观比较的方法。用横道图编制进度计划具有简明、形象和直观的特点。例如表 8-2 中所示某基础工程施工实际进度与计划进度的比较,其中虚线表示计划进度,粗实线表示实际进度。假设在第 8 周周末进行施工进度检查时,从实际进度与计划进度的比较中可以看出,土方开挖工作已经完成,混凝土垫层工作只完成了计划的 67%,实际进度比计划进度拖后两周。

表 8-2   某基础工程进度实施计划

工作序号	工作名称	工作时间(周)	进度(周)													
			1	2	3	4	5	6	7	8	9	10	11	12	13	14
1	土方开挖	2	▬	▬												
2	混凝土垫层	6			▬	▬	▬	▬	▬	▬	-	-	-	-		
3	砌基础	4										-	-	-	-	
4	回填土	2													-	-

通过实际进度与计划进度的比较,管理者可以清楚地掌握实际进度与计划进度之间的偏差,并以此为依据采取进度调整措施。横道图比较法是人们施工中进行进度控制经常使用的一种最简单、熟悉的方法。

但是,在横道图比较法中,各项工作之间的逻辑关系表达不够明确,无法确定关键工作与关系线路,一旦某些工作实际进度出现偏差时,难以预测其对后续工作和总工期的影响,也难以确定相应的进度计划调整方法。因此,横道图比较法主要应用于工程项目中某些工作实际进度与计划进度的局部比较。根据工程项目中各项工作的进展是否匀速进行,其比较方法主要可分为两种:

(1)匀速进展横道图比较法

匀速进展是指工程项目中,每项工作的实施进展速度都是均匀的,即在单位时间内完成的任务量都是相等的,累计完成的任务量与时间呈直线变化,如图 8-2 所示。为了便于比较,常用实际完成任务量的累计百分比进行比较。完成的任务量可以用实物工程量或劳动消耗量或费用支出表示。

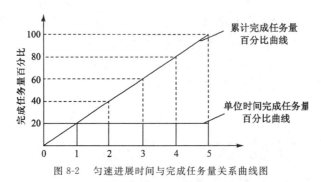

图 8-2   匀速进展时间与完成任务量关系曲线图

匀速进展时采用横道图比较法的步骤如下:

①编制横道图进度计划;

②在进度计划上标出检查日期;

③将检查收集到的实际进度数据,按比例用涂黑的粗线标于计划进度线的右下方,如图 8-3 所示;

④比较分析实际进度与计划进度:

a. 如果涂黑的粗线右端与检查日期重合,表明实际进度与计划进度一致;

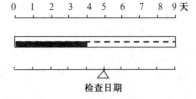

图 8-3   匀速进展横道图比较图

b.如果涂黑的粗线右端落在检查日期的右侧,表明实际进度超前;

c.如果涂黑的粗线右端落在检查日期的左侧,表明实际进度拖后。

需要注意的是,匀速进展横道图比较法只适用于工作从开始到完成的整个过程中,工作的进展速度是固定不变的,累计完成的任务量与时间成正比。若工作的进展速度是变化的,用这种方法就不能比较实际进度与计划进度。

(2)双比例单侧横道图比较法

当工作在不同单位时间内的进展速度不同时,累计完成的任务量与时间的关系就不是呈直线变化,如图 8-4 所示。按匀速进展横道图比较法绘制的实际进度涂黑粗线,不能反映实际进度与计划进度完成任务量的比较情况。此时,可以采用双比例单侧横道图比较法。

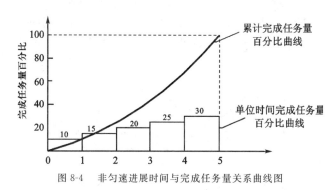

图 8-4　非匀速进展时间与完成任务量关系曲线图

双比例单侧横道图比较法在绘出表示工作实际消耗时间的涂黑粗线的同时,在粗线两侧标出其实际完成任务的累计百分比与计划完成任务的累计百分比。通过对应时刻实际完成任务累计百分比与其同时刻计划完成任务累计百分比的比较,来判断工作的实际进度与计划进度之间的关系。其比较步骤为:

①编制横道图进度计划;

②在横道线上方标出各主要时间工作的计划完成任务累计百分比;

③在横道线下方标出相应日期工作的实际完成任务累计百分比;

④用涂黑粗线标出实际进度线,由工作开始日标起,同时反映出实施过程中的连续与间断情况,如图 8-5 所示;

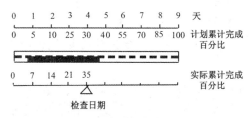

图 8-5　双比例单侧横道图比较图

⑤比较分析实际进度与计划进度:

a.同一时刻上下两个累计百分比相等,表明实际进度与计划进度一致;

b.同一时刻上面的累计百分比小于下面的累计百分比,表明该时刻实际进度超前,超前进度量为二者之差;

c.同一时刻上面的累计百分比大于下面的累计百分比,表明该时刻实际进度拖后,拖后进度量为二者之差。

双比例单侧横道图比较法,不仅适合于进展速度变化情况下的进度比较,同时除标出检查日期进度比较情况外,还能提供某一指定时间二者比较情况的信息。从图 8-5 中可以看出,工作实际开始时间比计划晚一段时间,进程中连续工作,在检查日工作是超前的,第一天比实际进度超前 2%,以后各天分别为 4%、−4% 和 5%。

2.S形曲线比较法

S形曲线比较法是以横坐标表示时间,纵坐标表示累计完成任务量,先绘制一条按计划时间累计完成任务量的S形曲线;然后将工程项目实施过程中各检查时间实际累计完成任务量的S形曲线也绘制在同一坐标系中,进行实际进度与计划进度比较的一种方法,如图 8-6 所示。

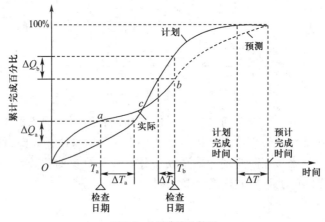

图 8-6　S形曲线比较图

S形曲线比较法的应用步骤是:

(1)确定工程进展速度

根据每单位时间内完成的实物工程量、投入的劳动力或费用,计算出计划单位时间的工程进展速度量值 q_i,建设工程项目的全过程中,一般是开始和收尾时单位时间投入的资源量较少,中间阶段单位时间投入的资源量相对较多,这种规律与其相应单位时间内完成的任务量是一致的,如图 8-7(a)所示。

(2)计算规定时间 j 累计完成的任务量

将各时间单位完成的任务量累加求和,即可求出 j 时间累计完成的任务量 Q_j 如式(8-1)所示:

$$Q_j = \sum_{j=1}^{n} q_j \tag{8-1}$$

（3）绘制 S 形曲线

按各规定的时间 j 及其对应的累计完成任务量 Q_j 分别绘制计划进度和实际进度的 S 形曲线,绘制方法如图 8-7(b)所示。

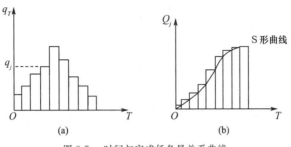

图 8-7　时间与完成任务量关系曲线

（4）比较实际进度 S 形曲线和计划进度 S 形曲线

通过两者之间的比较,可得到以下信息:

①建设工程项目实际进展状况。如果工程实际进度 S 形曲线上点 a 落在计划 S 形曲线左上方,表明此时实际进度比计划进度超前;如果工程实际进度 S 形曲线上点 b 落在 S 形曲线右下方,表明此时实际进度拖后;如果工程实际进度 S 形曲线与计划进度 S 形曲线交于点 c,表明此时实际进度与计划进度一致,如图 8-6 所示。

②建设工程项目实际进度超前或拖后的时间。在 S 形曲线比较图中可以直接比较出实际进度比计划进度超前或拖后的时间,即在某产量点上两曲线横坐标的差值。如图 8-6 所示,ΔT_a 表示 T_a 时刻实际进度超前的时间,ΔT_b 表示 T_b 时刻实际进度拖后的时间。

③ 建设工程项目实际进度比计划进度超额或拖欠的任务量。在 S 形曲线比较图中可直接比较出实际进度比计划进度超前或拖欠的任务量,即在某时间点上两曲线纵坐标的差值。如图 8-6 所示,ΔQ_a 表示 T_a 时刻实际进度超额完成的任务量,ΔQ_b 表示 T_b 时刻实际进度拖欠的任务量。

④ 后期工程进度预测。如果后期工程按原计划速度进行,则可做出后期工程计划 S 形曲线,如图 8-6 中虚线所示,则工期拖延预测值 ΔT。

3. 香蕉形曲线比较法

香蕉形曲线是由两条 S 形曲线组合而成的闭合曲线。根据网络图原理,任一建设工程项目的工作时间在理论上都可以分为最早和最迟两种开始与完成时间。因此,任一建设工程项目的网络计划都可以绘制出两条曲线,其中一条曲线是以各项工作最早开始时间 ES 安排进度计划而绘制的 S 形曲线,称为 ES 曲线;另一条曲线是以各项工作最迟开始时间 LS 安排进度计划而绘制的 S 形曲线,称为 LS 曲线。根据网络图原理,两条曲线闭合于项目的开始和结束时刻,形成一个形如香蕉的曲线,故称其为香蕉形曲线,如图 8-8 所示。

香蕉形曲线比较法的应用步骤是:

（1）绘制计划进度香蕉形曲线

其具体做法是:

①以工程项目的网络计划为基础,计算各项工作的最早开始时间 ES 和最迟开始时

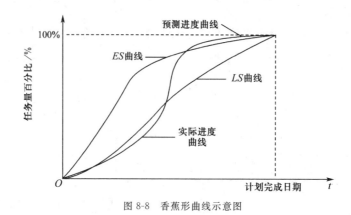

图 8-8　香蕉形曲线示意图

间 LS；分别根据各项工作的按照最早开始时间和最迟开始时间安排的进度计划确定各项工作在各单位时间的计划完成任务量。

②将所有工作在各单位时间计划完成的任务量累加求和，分别根据各项工作按最早开始时间、最迟开始时间安排的进度计划，确定不同时间累计完成的任务量或任务量的百分比。

③分别根据各项工作按最早开始时间、最迟开始时间安排的进度计划而确定的累计完成任务量或任务量的百分比描绘各点，并连接各点分别得到 ES 曲线和 LS 曲线，由此组成香蕉曲线。

（2）绘制实际进度 S 形曲线

在项目实施过程中，按照规定时间将检查收集到的实际累计完成任务量或者其百分比绘制在香蕉曲线图上，即得到实际进度 S 形曲线。

（3）实际进度与计划进度比较

建设工程项目实施进度的理想状态是任一时刻工程实际进度 S 形曲线上的点均落在香蕉形曲线所包含的范围内。如果工程实际进度 S 形曲线上的点落在 ES 曲线的左侧，表明此刻实际进度比各项工作按其最早开始时间安排的计划进度超前；如果工程实际进度 S 形曲线上的点落在 LS 曲线的右侧，表明此刻实际进度比各项工作按其最迟开始时间安排的计划进度拖后。

（4）预测后期工程进展趋势

如果后期工程按原计划速度进行，则可以做出后期工程进展情况的预测，如图 7-8 中的虚线所示。

香蕉形曲线除了可以用于进度比较外，它还可以用于合理安排工程项目进度计划。因为，如果工程项目中的各项工作均按其最早开始时间安排进度计划，将会导致项目的投资加大。而如果各项工作都按其最迟开始时间安排进度，则一旦受到进度影响因素的干扰，又将导致工程拖期，使工程进度风险加大。因此，一个科学合理的进度优化曲线应处于香蕉形曲线所包含的区域之内。同时，香蕉形曲线的形状还可以反映出进度控制的难易程度。当香蕉形曲线很窄时，说明进度控制的难度大，当香蕉形曲线很宽时，说明进度控制很容易。由此,也可以利用其判断进度计划编制的合理程度。

4. 前锋线比较法

当建设工程项目的进度计划用时标网络计划表达时,可采用实际进度前锋线进行实际进度与计划进度比较。

前锋线比较法是从检查时刻的时标点出发,自上而下地用直线段依次连接各项工作的实际进度点,最后到达计划检查时刻的时间刻度线为止,由此组成一条折线,这条折线被称为前锋线。按前锋线与箭线交点的位置判定工程实际进度与计划进度的偏差,进而判定该偏差对后续工作及总工期影响程度的一种方法。

用前锋线比较法比较实际进度与计划进度的步骤如下:

(1)绘制时标网络计划

按照时标网络计划图的绘制方法绘制时标网络图,并在时标网络计划图的上方和下方各设一时间坐标轴。

(2)绘制实际进度前锋线

从时标网络计划图上方时间坐标的检查日期开始连线,依次连接相邻工作的实际进展位置点,最后与时标网络计划图下方坐标的检查日期相连接。工作实际进展位置点的标定方法有两种:

①按该工作已完成任务量比例进行标定。假设工程项目中各项工作均为匀速进展,根据实际进度检查该工作已完任务量占其计划完成总任务量的比例,在工作箭线上从左至右按相同的比例标定其实际进展位置点。

②按尚需作业时间进行标定。当某些工作的持续时间难以按实物工程量来计算而只能凭经验估算时,可以先估算出检查时刻到该工作全部完成尚需作业的时间,然后在该工作箭线上从右向左逆向标定其实际进展位置点。

(3)进行实际进度与计划进度的比较

用前锋线比较实际进度与计划进度,可反映出检查日期有关工作实际进度与计划进度的关系有以下三种情况:

①工作实际进度点位置与检查日期时间坐标相同,则该工作实际进度与计划进度一致;

②工作实际进度点位置在检查日期时间坐标右侧,则该工作实际进度超前,超前时间为二者坐标之差;

③工作实际进度点位置在检查日期时间坐标左侧,则该工作实际进展拖后,拖后时间为二者坐标之差。

(4)预测进度偏差对后续工作及总工期的影响

通过比较实际进度与计划进度确定进度偏差后,还可以根据工作的自由时差和总时差预测该进度偏差对后续工作及项目总工期的影响。

【例】 已知某工程网络计划如图 8-9 所示,在第 6 周检查时,发现 A 工作已完成,B 工作已进行 2 周,C 工作已进行 4 周,D 工作刚好结束,试用前锋线法比较实际进度与计划进度。

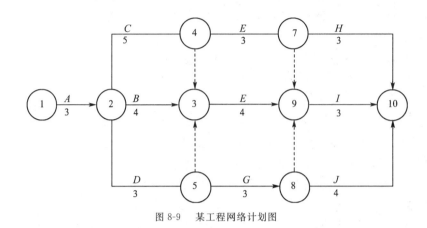

图 8-9　某工程网络计划图

解　根据第 6 周检查的情况,绘实际进度前锋线,如图 8-10 所示。通过比较可以看出:

(1)工作 B 实际进度拖后 1 周,但对总工期无影响。

(2)工作 C 实际进度提前 1 周。

(3)工作 D 实际进度与计划进度相符。

从以上比较分析可以看出,如果其他工作的进度按照原计划进行,该工程的总工期不变,仍然为 15 天。

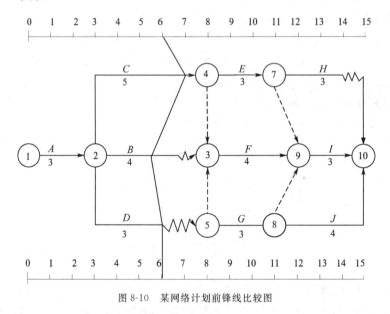

图 8-10　某网络计划前锋线比较图

5. 列表比较法

当工程进度计划用无时标网络图计划表示时,可以采用列表比较法比较工程实际进度与计划进度的偏差情况。该方法是记录检查时应该进行的工作名称和已进行的天数,然后列表计算有关时间参数,根据原有总时差和尚有总时差判断实际进度与计划进度的比较方法。

采用列表比较法比较实际进度与计划进度的步骤如下：

（1）计算检查时正在进行的工作 $i-j$ 尚需的作业时间 T_{ij}^2 可按式（8-2）计算

$$T_{ij}^2 = D_{ij} - T_{ij}^1 \qquad (8-2)$$

式中　　D_{ij} —— 工作 $i-j$ 的计划持续时间；

T_{ij}^1 —— 工作 $i-j$ 检查时已经进行的时间。

（2）计算工作 $i-j$ 检查时至最迟完成时间的尚余时间 T_{ij}^3 可按式（8-3）计算

$$T_{ij}^3 = LF_{ij} - T_2 \qquad (8-3)$$

式中　　LF_{ij} —— 工作 $i-j$ 的最迟完成时间；

T_2 —— 检查时间。

（3）计算检查工作 $i-j$ 尚有总时差 TF_{ij}^1 可按式（8-4）计算：

$$TF_{ij}^1 = T_{ij}^3 - T_{ij}^2 \qquad (8-4)$$

（4）填表比较实际进度与计划进度的偏差

比较的结果可能出现以下几种情况：

①若工作尚有总时差与原有总时差相等，说明该工作实际进度与计划进度一致；

②若工作尚有总时差大于原有总时差，说明该工作实际进度超前，超前的时间为二者之差；

③若工作尚有总时差小于原有总时差，且仍为正值，说明该工作实际进度拖后，拖后的时间为二者之差，但不影响总工期；

④如果工作总时差小于原有总时差，且为负值，说明该工作实际进度拖后，此时工作实际进度偏差将影响总工期，拖后的时间为二者之差。

【例】　已知某工程网络计划如图 8-11 所示，在第 5 周检查时，发现 A 工作已完成，B 工作已进行两天，C 工作已完成，D 工作尚未开始，试用列表比较法比较实际进度与计划进度的偏差。

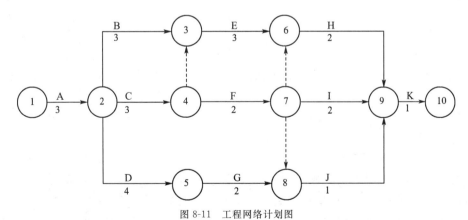

图 8-11　工程网络计划图

解　根据计算公式计算有关参数，见表 8-3。

表 8-3 时间参数计算表

工作代号	工作名称	检查计划时尚需作业天数 T_{ij}^2	至计划最迟完成时尚余作业天数 T_{ij}^3	原有总时差 TF_{ij}	尚有总时差 TF_{ij}^1	情况判断
2—3	B	1	1	0	0	正常
2—4	C	0	1	0	1	进度超前
2—5	D	4	3	1	−1	进度拖后 2 天，影响总工期 1 天

8.2.2 进度计划实施过程中的调整方法

1. 分析进度偏差对后续工作及总工期的影响

根据前面对实际进度与计划进度的比较，能够确定出两者之间的偏差。当实际进度与计划进度的偏差影响到工期的按时完成时，应及时对施工进度进行调整，以保证预定工期目标的实现。偏差的大小及其所处的位置不同，其对后续工作和总工期的影响程度也不同。分析实际进度与计划进度的偏差时，主要利用网络计划中总时差和自由时差的概念进行判断。具体分析步骤如下：

(1)分析出现进度偏差的工作是否为关键工作

根据工作所在线路的性质或时间参数的特点，判断其是否为关键工作。如果出现偏差的工作为关键工作，则无论偏差大小，都会对后续工作及总工期产生影响，必须采取相应的调整措施；如果出现偏差的工作不是关键工作，则需要根据偏差值与总时差 TF 和自由时差 FF 的大小关系，确定对后续工作和总工期的影响程度。

(2)分析进度偏差是否大于总时差

如果工作的进度偏差大于该工作的总时差，说明此偏差必将影响后续工作和总工期，必须采取相应的调整措施；如果工作的进度偏差小于或等于该工作的总时差，说明此偏差对总工期无影响，但它对后续工作的影响程度，则需要根据此偏差与自由时差的比较情况来确定。

(3)分析进度偏差是否大于自由时差

如果工作的进度偏差大于该工作的自由时差，说明此偏差会对紧后工作产生影响，应根据紧后工作允许的影响程度来确定如何调整；如果工作的进度偏差小于或等于该工作的自由时差，则说明此偏差对紧后工作没有影响。因此，原进度计划可以不做调整。

通过以上的分析，监理进度控制人员就可以确定需要调整的工作和偏差的调整值，以便采取调整措施，获得符合实际进度情况和计划目标的新进度计划。

2. 进度计划的调整方法

在分析进度计划进行的基础上，应确定调整原计划的方法，通常有以下几种。

(1)改变某些工作间的逻辑关系

通过以上分析比较，如果发现进度产生的偏差影响了总工期，并且有关工作之间的逻辑关系允许改变，可以改变关键线路和超过计划工期的非关键线路上的有关工作之间的逻辑关系，以达到缩短工期的目的。例如，可以把依次进行的有关工作改为平行或相互搭接的以及分成几个施工段进行流水施工的工作,这些措施都可以达到缩短工期的目的。

(2)缩短某些工作的持续时间

此方法是在不改变工作之间逻辑关系的前提下,只是通过缩短某些工作的持续时间,使工作进度加快,以保证计划工期的实现。这些被压缩的工作必须是因实际进度的拖延而引起总工期增加的关键线路和某些非关键线路上的工作,同时,这些工作必须是可以压缩持续时间的工作。工作持续时间的压缩,需要借助网络计划优化中的工期优化方法和工期与成本优化方法。

8.3　建设工程设计阶段的进度控制

8.3.1　设计阶段进度控制的目标

1.设计分阶段进度控制的目标

设计阶段是建设工程项目基本建设程序中的一个重要阶段,也是影响项目建设工期的关键阶段。根据工程项目的复杂程度,可以将设计阶段分为两阶段设计和三阶段设计,其中两阶段设计包括扩大初步设计和施工图设计两个阶段;三阶段设计包括初步设计、技术设计和施工图设计三个阶段。此外,在设计分阶段开始之前,还要做好设计准备工作。设计分阶段的进度控制目标如下:

(1)设计准备阶段的进度目标

在设计准备阶段,监理工程师需要协助建设单位确定规划设计条件,提供设计基础资料;进行设计招标或设计方案竞选以及委托设计等工作。

①规划设计条件是指在城市建设中,由城市规划管理部门根据国家有关规定,从城市总体规划的角度出发,对拟建项目在规划设计方面所提出的要求。

②监理工程师需要代表建设单位向设计单位提供完整、可靠的设计基础资料,其内容一般包括:经批准的可行性研究报告;城市规划管理部门发给的"规划设计条件通知书"和地形图;建筑总平面布置图、原有的上下水管道图、道路图、动力和照明线路图;建设单位与有关部门签订的供电、供气、供热、供水、雨污水排放方案或协议书;环保部门批准的建设工程环境影响审批表和城市节水部门批准的节水措施批件;当地的气象、风向、风荷载、雪荷载及地震级别、水文地质和工程地质勘查报告;对建筑物的采光、照明、供电、供气、供热、给排水、空调及电梯的要求,建筑构配件的适用要求;各类设备的选型、生产厂家及设备构造安装图纸;建筑物的装饰标准及要求;对"三废"处理的要求;建设项目所在地区其他方面的要求和限制(如机场、港口、文物保护等)。

③设计单位的选定可以采用直接指定、设计招标及设计方案竞选等方式。监理单位可以接受建设单位的委托帮助其组织设计方案竞赛,选择理想的设计方案,编制设计招标文件,组织设计招标和评标,并参与设计合同的起草和商签工作。设计合同的签订各方应明确设计进度及设计图纸提交时间。

（2）初步设计、技术设计阶段的进度目标

初步设计应根据建设单位所提供的设计基础资料进行编制。初步设计和总概算经批准后，便可作为确定建设项目投资额、编制固定资产投资计划、签订总包合同及贷款合同、实行投资包干、控制建设工程拨款、组织主要设备订货、进行施工准备及编制技术设计（或施工图设计）文件等的主要依据。技术设计应根据初步设计文件进行编制，技术设计和修正总概算经批准后，便成为建设工程拨款和编制施工图设计文件的依据。为了确保工程建设进度总目标的实现，并保证工程设计质量，应根据建设工程的具体情况，确定合理的初步设计和技术设计周期。该进度目标中，除了要考虑设计工作本身及进行设计分析和评审所需要的时间外，还应考虑设计文件的报批时间。

（3）施工图设计阶段的进度目标

施工图设计应根据批准的初步设计文件（或技术设计文件）和主要设备订货情况进行编制，它是工程施工的主要依据。施工图设计是工程设计的最后一个阶段，其工作进度将直接影响建设工程的施工进度，进而影响建设工程进度总目标的实现。因此，必须确定合理的施工图设计交付时间，确保建设工程设计进度总目标的实现，从而为工程施工的正常进行创造良好的条件。

2. 设计阶段进度控制分专业目标

为了有效地控制建设工程设计进度，还可以将各阶段设计进度目标具体化，进行进一步分解。例如，可以将施工图设计进度目标分解为基础设计进度目标、结构设计进度目标、装饰设计进度目标及安装图设计进度目标等。这样，设计进度控制目标便构成了一个从总目标到分目标的完整的目标体系。

8.3.2 影响设计进度的主要因素

建设工程设计工作属于多专业协作配合的智力劳动，在工程设计过程中，影响其进度的因素通常有以下几个方面。

1. 建设意图及要求改变的影响

建设工程设计是本着业主的建设意图和要求而进行的，所有的工程设计必然是业主意图的体现。因此，在设计过程中，如果业主改变其建设意图和要求，就会引起设计单位的设计变更，必然会对设计进度造成影响。

2. 设计审批时间的影响

建设工程设计是分阶段进行的，如果前一阶段（如初步设计）的设计文件不能顺利得到批准，必然会影响到下一阶段（如施工图设计）的设计进度。因此，设计审批时间的长短，在一定条件下将影响到设计进度。

3. 设计各专业之间协调配合的影响

如前所述，建设工程设计是一个多专业、多方面协调合作的复杂过程，如果业主、设计单位、监理单位等各单位之间，以及土建、电气、通信等各专业之间没有良好的协作关系，必然会影响建设工程设计工作的顺利实施。

4. 工程变更的影响

当建设工程采用 CM 法实行分段设计、分段施工时，如果在已施工的部分发现一些问题而必须进行工程变更的情况下，也会影响设计工作进度。

5. 材料代用、设备选用失误的影响

材料代用、设备选用的失误将会导致原有工程设计失效而重新进行设计，这也会影响设计工作进度。

8.3.3　设计阶段的进度监控

监理单位受业主委托进行工程设计监理时，应落实项目监理班子中专门负责设计进度控制的人员，按合同要求对设计工作进度进行严格监控。设计阶段监理进度控制的流程如图 8-12 所示。

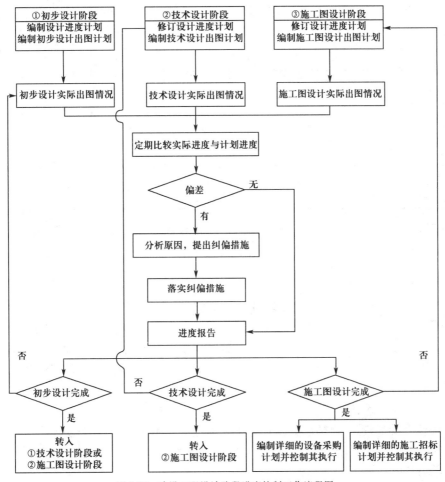

图 8-12　建设工程设计阶段进度控制工作流程图

监理工程师应该对设计进度实施动态监控。设计工作开始之前,监理工程师应审查设计单位所编制进度计划的合理性和可行性。在进度计划实施过程中,监理工程师应定期检查设计工作的实际完成情况,并与计划进度进行比较分析。一旦发现偏差,监理工程师应立即进行分析,并在分析原因的基础上提出纠偏措施,加快设计工作进度,必要时,应对原进度计划进行调整或修订,以保证设计进度目标的达成。

在设计进度控制中,监理工程师要对设计单位填写的设计图纸进度表(表 8-4)进行核查,从而将设计各阶段的进度都纳入监控之中。

表 8-4　　　　　　　　　　　　设计图纸进度表

工程项目名称				项目编号	
监理单位				设计阶段	
图纸编号		图纸名称		图纸版次	
图纸设计负责人				制表日期	
设计步骤	监理工程师批准的计划完成时间			实际完成时间	
草图					
制图					
设计单位自审					
监理工程师审核					
发出					
偏差原因分析:					
纠正措施:					

由于设计阶段本身又划分为初步设计、技术设计和施工图设计三个阶段或扩大初步设计和施工图设计两个阶段来进行,各阶段的设计重点各不相同,监理工程师在进行进度控制时,应针对各设计阶段的不同特点来进行。

8.3.4　设计阶段进度控制的内容

在设计阶段,监理进度控制的主要任务就是根据建设工程总工期的要求,协助业主确定合理的设计工期要求,并监督管理设计单位,使其按设计合同工期交付设计图纸。具体的进度控制内容包括以下几个方面:

1.确定合理的设计工期

在设计阶段,监理工程师应首先对建设工程进度总目标进行论证,并确认其可行性;然后,根据建设总工期的要求,协助建设单位确定一个合理的设计工期。

2.制订进度控制计划

根据初步设计、技术设计和施工图设计的阶段性特点,制订建设工程设计总进度计划和分阶段设计进度控制计划,为各设计阶段进度控制提供依据。

3.审查设计单位设计进度计划

在设计正式开始之前,监理单位应要求设计单位提交设计进度计划,并根据进度控制计划对设计单位的进度计划进行审查,审查合格后,设计工作才能开始。

4.协助业主方控制材料和设备供应进度

在设计过程中,经常有业主方供应材料和设备的情况出现,为了保证设计任务的顺利开展和设计进度的如期完成,监理单位应协助业主编制材料和设备供应进度计划,对于特殊材料和大型设备应提前订购,监理单位还要监督材料和设备供应的实施情况。

5.开展设计组织协调活动

在设计阶段,当设计由不同的设计单位共同完成时,监理单位还要在各设计单位之间开展设计组织协调工作,从而使各设计单位设计工作互相配合。

6.设计进度索赔事宜的处理

按照设计合同,业主和设计单位均有权根据设计合同进行工期索赔,当出现索赔时,监理工程师应根据实际情况做好设计进度索赔事宜的处理工作。

8.3.5　设计阶段进度的测定方法

为了更好地对设计阶段的进度进行控制,监理工程师需要了解设计开展的实际进度情况,对设计进度进行测定,以下是几种常用的测定设计进度的方法:

1.消耗时数衡量法

根据以往的设计经验,估算拟建项目设计过程预计消耗的时间,根据设计实际消耗的时间与估算整个设计过程预计消耗的时间之比,确定拟建项目设计进度:

$$设计进度(完成百分比)=已耗时数/预计总时数$$

2.完成蓝图数衡量法

根据以往类似工程设计经验,估计各工种设计的蓝图数量,已完成的蓝图数与预计总蓝图数之比即为设计进度:

$$设计进度(完成百分比)=已完成蓝图数/预计总蓝图数$$

3.采购单衡量法

为确保施工时主要设备、材料供应不脱节,设计单位在设计阶段通常要在主要设备、材料选型后,向有关供应厂商询价,比较价格,并向供应厂商发出采购单。因此,设计进度也可以用已发采购单来衡量:

$$设计进度(完成百分比)=已发采购单数/预计采购单总数$$

4.权数法

权数法是以绘制蓝图为中心来计算设计完成百分比,具体步骤如下:

(1)定出各工种专业蓝图标准完成程度;

(2)测定各专业设计实际完成程度;

(3)估计出各专业设计实际完成程度;

（4）计算实际设计进度。

相比以上的三种设计进度的测定方法而言，权数法能够更全面、更确切地测定设计进度。

8.4 建设工程施工阶段的进度控制

8.4.1 施工阶段进度控制的目标

施工阶段是工程实体的形成阶段，对施工阶段的进度进行控制是整个工程项目建设进度控制的重点。施工阶段监理的进度控制目标应当按照《监理合同》的委托和建设单位与施工单位之间所签订的《建设工程施工合同》中注明的合同工期来进行确定，施工阶段监理进度控制目标就是施工项目按期交工的时间目标。

1. 施工分阶段进度控制的目标

为了有效地控制施工进度，首先应对施工进度总目标从不同角度进行层层分解，形成施工进度控制目标体系，并以此作为实施进度控制的依据。工程建设施工进度控制目标体系如图 8-13 所示。

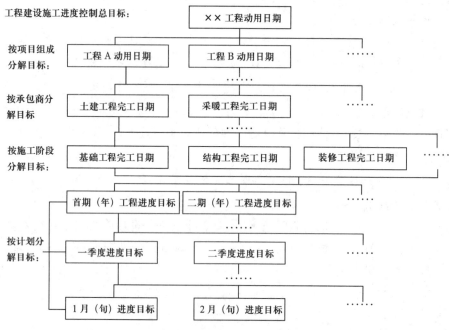

图 8-13　工程建设施工进度目标分解图

从图 8-13 中可以看出，工程建设进度控制目标不仅包括项目建成交付使用日期这个总目标，还包括各单项工程交工、动用的时间目标以及按承包商、施工阶段和不同计划周期划分的分阶段目标。各分阶段目标之间相互联系，共同构成施工阶段进度控制的目标体系。从目标层次上看,下级目标受到上级目标的制约,同时,下级目标也是上级目标的保证,各级目标的顺利完成最终保证施工进度总目标得以实现。

2. 施工阶段进度控制目标的确定

为了提高进度计划的预见性和进度控制的主动性,在确定施工进度控制目标时,必须全面细致地分析与工程项目进度有关的各种有利因素和不利因素。只有这样,才能制定出科学、合理的进度控制目标。

在确定施工进度控制目标时,需要考虑的主要因素包括:工程建设总进度目标对施工工期的要求;工期定额;类似工程项目的实际进度;工程难易程度和工程条件的落实情况等。

在进行施工进度分解目标时,还需要注意以下问题:

(1)对于大型工程建设项目,应根据尽早提供可动用的单项工程为原则,集中力量分期分批建设,以便使单项工程尽早投入使用,尽早发挥投资效益。

(2)合理安排土建与设备的综合施工。要按照施工顺序和工艺特点,合理安排土建施工与设备基础、设备安装的先后顺序及搭接、交叉或平行作业,明确设备工程对土建工程的要求和土建工程为设备工程提供施工条件的内容及时间。

(3)结合在建工程的特点,参考同类工程建设的经验来确定施工进度目标,避免主观盲目确定进度目标而在实施过程中造成进度失控。

(4)做好资金供应、施工力量配备、物资(材料、构配件、设备)供应工作,使其与施工进度的开展相适应,确保工程进度目标能够实现。

(5)考虑外部协作条件的配合情况,包括施工过程中及项目竣工动用所需的水、电、气、通讯、道路的供应和通畅情况,以及其他施工辅助条件的达成。保证这些因素与施工进度目标相协调。

(6)考虑工程项目所在地区地形、地质、水文、气象等方面的限制条件。

8.4.2　影响施工进度的主要因素

由于建设工程项目具有施工周期长、规模大、结合面众多等特点,施工进度会受到很多因素的影响。在控制施工进度时,监理工程师只有充分认识和估计这些因素,才能克服或减小其影响,使施工活动按照预先拟定的施工进度计划进行。影响施工进度的主要因素有:

1. 相关单位的影响

施工单位对建设工程的施工进度起着决定性作用。然而,在施工过程中,建设单位、设计单位、银行信贷单位、材料供应部门、运输部门、水电供应部门及政府有关主管部门都可能给施工某些方面造成困难而影响施工进度。施工进度经常会由于设计单位图纸交付不及时或图纸错误以及建设单位对设计方案的变动等情况的发生而受到影响,材料和设备供应的不及时或质量、规格不符合要求也会使施工停顿。监理工程师自身的工作失误也会造成施工进度的拖延。

2.施工条件的变化

施工中工程地质条件和水文地质条件与勘察设计不符,如发现地下障碍物、软弱地基,以及恶劣的气候、暴雨、高温、洪水等也会对施工进度产生影响,造成临时停工或进度拖延。

3.技术失误

施工单位采用技术措施不当,施工中发生技术事故;应用新技术、新材料、新结构缺乏经验,造成质量问题等,会影响到工程施工进度。

4.施工组织管理不当

流水施工组织不合理,劳动力和施工机械调配不当,施工平面布置不合理,没有建立切实的进度控制体系,施工进度计划安排不合理,施工管理混乱,会影响到施工进度计划的执行和合同工期目标的实现。

5.施工中出现意外事件

施工中有时会出现意外事件,从而导致进度的延误,如不可抗力事件的发生,如战争、洪涝灾害、极端恶劣天气等。

8.4.3 施工阶段进度控制的任务

施工阶段监理进度控制的主要任务是使工程施工进度达到施工合同中约定的工期目标要求。为完成施工阶段进度控制任务,监理工程师应做好下列工作:

(1)根据施工招标和施工准备阶段的工程信息,进一步完善施工进度控制性进度计划,并据此进行施工阶段进度控制;

(2)审查施工单位施工进度计划,确认其满足建设工程控制性进度计划要求并且可行;

(3)制订业主方材料和设备供应进度计划并进行控制,使其满足施工要求;

(4)审查施工单位进度控制报告,督促施工单位做好施工进度控制;

(5)对施工进度进行跟踪,掌握施工动态;研究制定预防工期索赔的措施,做好处理工期索赔工作;在施工过程中,做好对人力、材料、机具、设备等的投入控制工作以及转换控制工作、信息反馈工作、对比和纠正工作,使进度控制定期连续进行;

(6)开好进度协调会议,及时协调有关各方关系,使工程施工顺利进行。

8.4.4 施工阶段进度控制的程序

施工阶段进度控制的流程如图 8-14 所示。

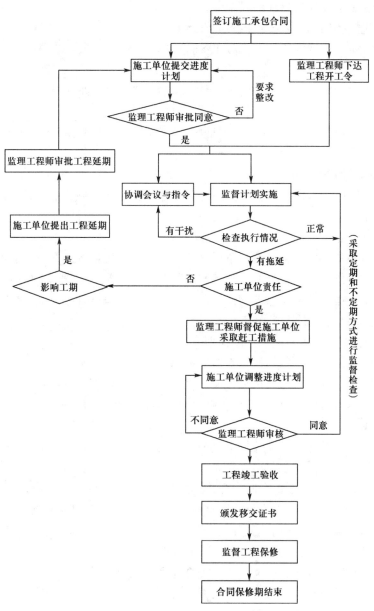

图 8-14　建设工程项目施工进度控制工作流程图

8.4.5　施工阶段进度控制的主要内容

1. 施工进度控制方案的编制

监理工程师在进行施工进度控制时,首先在监理规划和监理实施细则中编制项目的施工进度控制方案,作为进度控制的指导文件,其主要内容包括:

(1)施工进度控制目标分解图;

(2)实现施工进度控制目标的风险分析；

(3)施工进度控制的主要工作内容和深度；

(4)监理人员对进度控制的职责分工；

(5)进度控制工作流程；

(6)进度控制的方法(包括进度检查周期、数据采集方式、进度报表格式、统计分析方法等)；

(7)进度控制的具体措施(包括组织措施、技术措施、经济措施及合同措施等)；

(8)尚待解决的有关问题。

2. 施工进度计划的审核

在正式开始施工前，监理工程师要对施工承包单位报送的施工进度计划进行审核，审核批准后，施工承包单位方可开工。

(1)审批施工总进度计划

在施工正式开始之前，施工承包单位必须在满足合同工期的要求下，编制施工总进度计划，并向监理单位申报。项目总监理工程师根据施工合同和监理规划对施工进度的要求，审批承包单位报送的施工总进度计划。在审批施工总进度计划时，应重点审查该进度计划是否满足合同工期的要求，是否可行。

(2)审批年、季和月度的施工进度计划

在项目实施过程中，在每年初施工前应要求施工单位报送年度的施工进度计划，在每季前要报送季度施工进度计划，在每月前要报送月度施工进度计划，由监理工程师对这些进度计划进行初审，然后，由总监理工程师最终审批承包单位编制的年、季、月度施工进度计划。

(3)监理工程师对施工进度计划审核的主要内容

通常包括：

①进度计划是否符合施工合同中开竣工日期的规定；

②进度计划中的主要工程项目是否有遗漏，分期施工是否满足分批动用的需要和配套动用的要求，总承包、分承包单位分别编制的各单项工程进度计划之间是否相协调；

③施工顺序的安排是否符合施工工艺的要求；

④工期是否进行了优化，进度安排是否合理；

⑤劳动力、材料、构配件、设备及施工机具、设备、水、电等生产要素供应计划是否能保证施工进度计划的需要，供应是否均衡；

⑥对由建设单位提供的施工条件(资金、施工图纸、施工场地、采供的物资等)，承包单位在施工进度计划中所提出的供应时间和数量是否明确、合理，是否有造成因建设单位违约而导致工程延期和费用索赔的可能。

3. 下达工程开工令

项目总监理工程师应根据施工承包单位和建设单位双方进行工程开工准备的情况，及时审查施工承包单位提交的工程开工报审表，如表8-5所示。当具备开工条件时，及时签发工程开工令。

表 8-5   **工程开工报审表**

工程名称：   编号：

致：

我方承担的工程，已完成了以下各项工作，具备了开工条件，特此申请施工，请核查并签发开工指令。
  附:1.开工报告
 	
     2.（证明文件）   承包单位(章)
                                             项目经理
                                             日期

审查意见：
 	
                                           项目监理单位
                                         总监理工程师
                                         日期

    为了检查施工单位和建设单位的准备情况，监理单位应督促建设单位及时召开第一次工地会议。详细了解双方准备情况，协调双方准备工作进展情况。

4. 施工实际进度的动态控制

    在项目的施工过程中，由于受到各种因素的影响，项目的实际进度与计划进度常常会不一致，尤其是实际进度落后于计划进度会经常出现。因此，监理人员应在施工过程中，定期或不定期地检查施工进度，及时发现进度偏差，并采取措施调整。

    (1)施工进度的检查方式

    监理工程师通常采用定期检查和日常巡视两种方式进行施工进度的检查。

    ①定期检查是指以每周、每两周或每月为单位由施工单位报送实际进度报表来检查。其进度报表的格式由监理单位提供给施工承包单位，再由施工承包单位填写完后提交给监理工程师核查。报表的内容可以根据施工对象和承包方式的不同而有所区别，但一般应包括工作的开始时间、完成时间、持续时间、工作间的逻辑关系、实物工程量和工作量，以及工作时差的利用情况等。

    ②日常巡视主要是由监理人员根据现场施工进度检查实际进度与计划进度的偏差情况，进而及时发现进度偏差，采取调整措施。

    当监理工程师获得实际进度信息后，就可以利用前述的进度比较方法确定实际进度状态，判断偏差大小以及对总工期的影响程度，监理工程师据此做出进度调整的决策。

    (2)施工进度计划的调整

    当进度出现偏差时，为了实现建设项目的进度目标，监理工程师应当区分产生进度偏差的原因。如果是施工单位原因造成的工程延误，监理工程师可直接向施工承包单位发出监理指令，要求施工承包单位调整施工进度计划，自费赶工。但如果是非施工单位原因造成的进度拖后，则监理工程师要按照相关规定对工程延期进行处理。

    (3)现场进度协调会议的组织

    监理工程师应当定期或不定期地组织召开不同层级的现场进度协调会议，解决工程施工过程中的相互协调配合问题。通常这种会议以每周、半月或一月为间隔召开。通常在每月或半月召开的进度高级协调会上通报工程项目建设的重大变更事项,协商处理结果,解决各施工承包单位以及建设单位与承包单位之间的协调配合问题。通常在每周召开的管理层协调会议上,通报各自进度状况、存在的问题及下阶段的工作安排,解决施工中相互协调配合问题。

5. 工程延期的处理

工程延期是指由不属于施工单位的原因而导致的工程拖期,此时施工单位不仅有权提出延长工期的要求,而且还有权向建设单位提出赔偿费用的要求以弥补由此造成的额外损失。工程延期的处理对建设单位和施工单位都非常重要,监理工程师一定要认真对待。

(1)申报工程延期的条件主要包括以下五种情况

①监理工程师发出工程变更指令而导致工程量增加;

②合同所涉及的任何可能造成工程延期的原因,如延期交图、工程暂停、对合格工程的剥离检查及不利的外界条件等;

③异常恶劣的气候条件;

④由业主造成的任何延误、干扰或障碍,如未及时提供施工场地、未及时付款等;

⑤除承包单位自身以外的其他任何原因。

(2)工程延期的审批程序

如图 8-15 为工程延期的审批程序。当工程延期事件发生后,承包单位应在合同规定的有效期内以书面形式向监理工程师发出工程延期索赔意向通知,并在合同规定的有效期内向监理工程师提交详细的申述报告,说明延期的理由、依据和延期时间。监理工程师

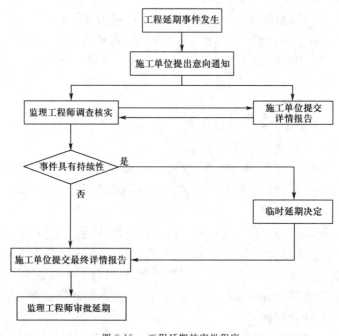

图 8-15　工程延期的审批程序

收到报告后应进行调查核实。当延期事件具有持续性时,承包单位应按合同规定或监理工程师同意的时间提交阶段性的详情报告。监理工程师应在调查核实后,尽快做出临时延期决定。当整个延期事件结束后,承包单位应在合同规定的期限内向监理工程师提交最终的详情报告。监理工程师复查详情报告后,做出该延期事件最终的延期时间决定。需要注意的是,监理工程师在做出工程延期决定时应与业主和施工单位进行协商。

按照监理规范,施工单位在申请工程延期时,需填写表 8-6 所示的工程临时延期申请表。监理工程师处理工程延期事项时,需向承包单位发出工程最终(临时)延期审批表,见表 8-7。

表 8-6 　　　　　　　　　　　　　　　　**工程临时延期申请表**

工程名称:　　　　　　　　　　　　　　　　　　　　　　　　　　　　　　编号:

致:(监理单位) 　　根据施工合同条款_____条的规定,由于_____原因,我方申请工程延期,请予以批准。 　　附件:1.工程延期的依据及工期计算 　　　　　　合同竣工日期: 　　　　　　申请延长竣工日期: 　　　　　　　　　　　　　　　　　　　　　　　　　　　　承包单位(章) 　　　　　2.证明材料　　　　　　　　　　　　　　　　　　　项目经理 　　　　　　　　　　　　　　　　　　　　　　　　　　　　日期

表 8-7 　　　　　　　　　　　　　　　　**工程最终(临时)延期审批表**

工程名称:　　　　　　　　　　　　　　　　　　　　　　　　　　　　　　编号:

致: 　　根据施工合同条款_____条的规定,我方对你方提出的工程延期申请(第_____号)要求延长工期_____天的要求,经过审核评估: 　　□最终(暂时)同意工期延长_____天。使竣工日期(包括已指令延长的工期)从原来的_____年_____月_____日延至_____年_____月_____日。请你方执行。 　　□不同意延长工期,请按约定竣工日期组织施工。 　　说明: 　　　　　　　　　　　　　　　　　　　　　　　　　　　　项目监理单位 　　　　　　　　　　　　　　　　　　　　　　　　　　　　总监理工程师 　　　　　　　　　　　　　　　　　　　　　　　　　　　　日期

(3)工程延期的审批原则

监理工程师应按照下列三项原则处理工程延期:

①监理工程师必须按照建设单位与施工承包单位签订的施工合同条件为依据。只有非施工承包单位原因或责任所造成的工程拖期才能作为工程延期处理。

②影响工程总工期才能视为工程延期事件。无论发生工程延期事件的工程部位是位于关键线路还是非关键线路上,监理工程师应判断影响的时间是否超过工作的总时差,如果没超过总时差,即使是非施工单位原因造成局部工作的延误,仍然不能批准工程延期。

③施工承包单位必须能够提供足够的事实证据证明该事件确实是工程延期事件，且报告影响工期的具体时间。施工承包单位应注意工程记录工作，对延期事件发生后的各类有关细节进行详细记录，并及时向监理工程师提交详情报告。作为监理工程师为了合理处理工程延期问题，也应该及时对施工现场进行详细考察和分析，做好监理记录。

（4）工程延期的控制

工程延期事件是由于建设单位原因或责任所造成的工程拖期，因此如果发生，往往还伴随着费用索赔，给建设单位造成的损失是不言而喻的。因此，监理工程师应尽量做好以下几方面的工作，从而避免或减少工程延期事件的发生。

①监理工程师在下达工程开工令之前，一定要充分考虑建设单位的前期工作是否已经准备充分，如征地拆迁问题是否已经完成，设计图纸是否已完成，工程款支付方面是否已有妥善安排等开工前需要由建设单位准备的工作，以避免正式开工以后才发现上述问题缺乏准备而造成工程延期事件的发生。

②提醒建设单位履行其施工承包合同中所规定的建设单位职责。在施工过程中，监理工程师应及时提醒建设单位履行合同中的职责，提前做好施工场地的获得和设计图纸的提供工作，并按时支付工程进度款，以减少或避免由此造成的工程延期。

③严格履行监理的职责，不能因为监理工程师自身的原因造成工程延误。监理工程师在施工进行过程中，要履行多项检查、签证和确认的职责，如果监理工作不及时，就会影响施工单位正常的施工活动，从而造成工程进度的延误。因此，监理工程师工作必须及时、主动，以避免此类延期事件的发生。

④当延期事件发生后，监理工程师必须根据合同及时妥善地处理工程延期事件，既要尽量减少工程延期时间和损失，又要在详细调查研究的基础上合理批准工程延期时间。

6. 工期延误

与工程延期不同，工期延误是指由于施工单位自身的原因造成的工期延长。当工期延误出现时，监理工程师有权要求施工单位采取有效的措施加快施工进度，追赶工期。当工程实际进度没有明显改进，拖后于计划进度，而且明显地将影响工程的按期竣工时间时，监理工程师有权要求施工单位对施工进度计划进行修改，并对修改后的施工进度计划进行重新确认。由工期延误引起的全部额外开支和工期延误造成的损失由施工单位承担。

当出现工期延误而施工单位又未按照监理工程师的指令改变工程拖期状态时，监理工程师可以采用以下措施对施工单位进行制约：

（1）停止付款。当施工单位的施工进度拖后而又不采取积极措施时，监理工程师有权拒绝施工单位的支付申请，采取停止付款的措施制约施工单位。

（2）误期损失赔偿。误期损失赔偿是当施工单位未能按照合同规定的工期完成合同范围内的工作时对其的处罚。如果施工单位未能按合同规定的工期和条件完成整个工程，则应向业主支付投标书附件中规定的金额，作为该项违约的损失赔偿费。

（3）终止对施工单位的雇佣。为了保证合同工期，如果施工单位严重违反合同而又不采取补救措施，则业主有权终止对他的雇佣。终止对施工单位的雇佣是对施工单位违约的严厉制裁,因为施工单位不但会因此被业主驱逐出施工场地,还要承担由此给业主带来的损失。

<h1 style="text-align:center">思考题</h1>

1.简述监理工程师对建设工程进度实施控制的目的和意义。

2.影响进度控制的因素主要有哪些?

3.监理工程师如何确定进度控制目标?

4.实际进度与计划进度的比较方法有哪些,各是如何进行比较的?

5.简述设计阶段进度控制的工作程序。

6.如何确定设计阶段的进度控制目标?

7.影响施工进度的主要因素有哪些?

8.简述施工阶段监理进度控制的程序。

9.施工进度的检查方式有哪些?

10.工程延期与工程延误有什么区别? 监理工程师在处理这两种情况时的方式有何不同?

第 **9** 章

建设工程合同管理

9.1 概述

9.1.1 建设工程合同的基本概念

所谓合同,简单地说,就是指双方(多方)为实现某个目的进行合作而签订的协议。经济合同是商品经济的产物,是法人之间为实现一定的经济目的,明确相互权利义务关系的协议。订立经济合同,必须遵守国家法律,必须符合国家政策和计划的要求;必须贯彻平等互利、协商一致、等价有偿的原则。经济合同依法成立,即具有法律约束力,当事人必须全面履行合同规定的义务,任何一方不得擅自变更或解除合同。

建设工程合同是一类经济合同,是明确承发包单位为实现某项建设任务而进行合作所签订的协议。合同一经签订,对双方都具有一定的法律约束力。

9.1.2 建设工程合同的类型

1. 按签约主体划分

(1)勘察、设计合同。

(2)施工合同(即工程承包合同)。

(3)采购供货合同。

(4)运输合同。

2. 按计价方式划分

按计价方式,业主与第三方签订的经济合同,可以划分为三大类型,即总价合同、单价合同、成本加酬金合同。表9-1列出不同计价方式合同类型的比较。

表 9-1 不同计价方式合同类型的比较

合同类型	总价合同	单价合同	成本加酬金合同			
			百分比酬金	固定酬金	浮动酬金	目标成本加奖罚
应用范围	广泛	广泛	有局限性			酌情
业主对投资控制	易	较易	最难	难	不易	有可能
承包商风险	风险大	风险小	基本无风险		风险不大	有风险

9.1.3　建设工程合同的签订与履行

1. 签订建设工程合同,签约各方都必须遵守下列有关法律规范的规定

(1)《中华人民共和国招标投标法》的有关规定;

(2)《中华人民共和国经济合同法》的有关规定;

(3)国家已经发布的有关对建设工程承包方的资质管理办法的规定;

(4)国家有关行政主管部门发布的《建设工程合同示范文本》的要求。

签约双方应按照上述有关的法律规范,结合工程特点及双方的实际条件,在贯彻平等互利、协商一致、等价有偿的原则下,来签订建设工程合同。

2. 订立建设工程合同的形式要求

我国《合同法》对合同形式确立了以不要式为主的原则,即在一般情况下对合同形式采用书面形式还是口头形式没有限制。但是,考虑到建设工程的重要性和复杂性,在建设过程中经常会发生合同纠纷,因此,《合同法》要求,建设工程合同应当采用书面形式。

3. 订立建设工程合同的方式

发包人可以与总承包人订立建设工程合同,也可以分别与勘察人、设计人、施工人订立勘察、设计、施工承包合同。

发包人与总承包人订立的建设工程合同是总承包合同,一般包括从工程立项到交付使用的工程建设全过程,具体应包括:可行性研究、勘察设计、设备采购、施工管理、试车考核(或交付使用)等内容。在实践中,建设工程总承包合同会有一些别的形式,如:设计-施工的总承包,投资-设计-施工的总承包等,但主要的还是全过程的总承包,这种发包方式是国家鼓励的,《建筑法》明确规定,提倡对建筑工程实行总承包,因为这种发包方式能够体现社会分工专业化和社会化的结果。当然,发包人也可以分别与勘察人、设计人、施工人订立勘察、设计、施工承包合同。但是,发包人不得将应当由一个承包人完成的建设工程肢解成若干部分分包给几个承包人。在合同的实施过程中,监理应特别注意这一点。

4. 订立建设工程合同的程序

建设工程合同的订立与其他合同一样,也需要经过要约和承诺两个阶段。在一般情况下,建设工程合同都应当通过招标投标确定承包人。招标投标可以通过公开招标进行,也可以通过邀请招标进行。但不论是公开招标还是邀请招标,都应当按照有关法律的规定公开、公平、公正进行,都需要经过招标、投标、评标、中标,最后由招标和中标人订立建设工程合同。

对于不适宜招标发包的建设工程项目,可以直接发包。

5. 建设工程合同的履行

建设工程合同的履行实际是实现签约双方按合同规定的权利和义务的具体体现,也是维护签约各方经济利益的关键行为。合同履约过程中的管理,包括合同控制、合同监督和合同跟踪等一系列的合同管理工作。

(1)合同实施控制

合同在实施过程中,因受到各种因素的干扰而使合同目标与实际效果产生一定的偏差。合同控制是保证工程实施达到监理预期目标的重要手段。合同控制的显著特点是控制过程的动态性。即是说,监理合同控制应与工程目标控制保持一致性,且随工程建设进度不停地开展对合同的控制;同时,还应随工程建设过程而不断地适当调整工程建设目标与合同的相应标的,使其最终保证建设目标的实现。

(2)合同实施监督

合同履行中对合同实施监督也是监理合同管理的一项重要工作。因合同责任是通过合同履行来实现的,合同监督可以保证合同责任的最终实施。

(3)合同跟踪

合同跟踪是对合同实施的一种动态监督,是实施合同控制的基础。合同跟踪分为对合同事件跟踪,合同管理层人员工作质量及对整个合同实施目标的跟踪。合同跟踪的主要依据有:

①合同和合同分析的结果;

②各类建设法规、标准及资料;

③业主或监理工程师对工程建设的指令;

④承包商的工作质量和工作进度;

⑤合同变更或工程变更的文件;

⑥合同实施记录等。

6. 合同变更管理

(1)建设工程合同变更,特别是施工合同变更的频繁性,是建设工程监理的合同管理的显著特点。

合同变更的起因应归于建设环境的复杂性与承发包双方对建设过程认识的差异性。其主要原因有下述几个方面:

①业主对工程建设提出新的要求;

②设计图纸修改或设计变更频繁;

③建设环境条件,特别是施工环境条件的变化;

④新技术、新工艺、新材料、新设备的应用,引起设计方案和施工方案的变化;

⑤国家经济政策对建设项目提出了新的要求等。

(2)合同变更产生的影响

合同变更对签约各方(业主、设计单位、施工单位及供货厂商等)均会产生不同程度的影响,主要有以下几个方面:

①工程建设项目范围及建设目标和有关建设实施文件都应做相应修改;

②合同双方的合同责任会产生变化,必须对签约各方的权利和利益做出新的协调;

③会引起工程变更,包括建设内容和建设目标的变化。

合同变更是监理合同管理的重要工作内容。合同变更的基本形式有:双方签署合同变更协议。

合同变更协议与合同文本具有同等的法律约束力,且其法律效力优于合同文本;监理工程师在合同规定范围内发出工程变更指令,对一些重大变更,应召开合同各方的变更会议,协商一致,对原有的合同条款做出相应修改。

7. 违约责任

追究违约责任是合同具有法律效力的具体表现,也是监理合同管理的重要内容。

8. 违反建设工程承包合同的责任

(1)发包方的责任

①未按合同规定时间和要求提供物资、场地、资金和资料等,除工程日期顺延外,还应偿付承包方因造成停工、窝工的实际损失。

②工程中途停建、缓建,应赔偿承包方由此造成的各项损失和实际费用。

③因设计变更或资料不准确或未按期提供勘察、设计条件而造成勘察设计的返工、停工或修改设计,按承包方实际消耗的工作量增加费用。

④工程未经验收而自行使用,出现质量问题应自行负责。

⑤超过合同规定日期验收或支付工程款,应偿付逾期违约金。

(2)承包方的责任。

①因勘察设计质量低劣或未按期提交勘察设计文件拖延工期而造成损失,由勘察设计单位继续完善设计,并减少或免收勘察设计费,直至赔偿损失。

②工程质量不符合合同规定,发包方有权要求限期无偿修理或返工、改建,经过修理或者返工、改建后,造成逾期交付的,承包方要偿付逾期违约金。

9. 违反加工承揽合同的责任

(1)承揽方的责任

①由于保管不善,使定做方提供的材料和物品损坏、灭失的,负责赔偿。

②未按合同规定的质量、数量完成定做方交付的工作,应无偿进行维修、补足数量或酌情减少报酬。如果工作成果有重大缺陷,还应承担赔偿责任。

(2)定做方的责任

①未按时、按质、按量向承揽方提供原材料,造成工作延期的,负责赔偿损失。

②超过期限领取定做或修理物品,应向承揽方支付逾期保管费。

③超过合同期限付款,偿付逾期的违约金。

10. 调解和仲裁

建设合同在执行过程中发生纠纷时,当事人应及时协商解决。协商不成时,任何一方可向国家规定的合同管理机关申请调解或仲裁,也可向人民法院起诉。

调解达成协议的,当事人应当履行。仲裁做出裁决,由国家规定的合同管理机关制作仲裁决定书。当事人一方或双方对仲裁不服的,可以在收到仲裁决定书之日起 15 日内,向人民法院起诉;期满不起诉的,裁决即具有法律效力。

11. 解除合同

建设合同一经签订就具有法律效力,任何一方都不允许随意宣布解除合同。只有当不损害国家利益和不影响国家计划;当事人因某些原因造成无法履行合同;因不可抗力当事人无法履行合同,或者因一方违约而使合同无法履行等,才有可能解除合同。解除合同使一方遭受损失的,除依法可以免除责任外,应由责任方负责赔偿损失。

9.1.4 建设工程合同管理的目的

1. 完善社会主义市场经济

在我国,建立社会主义市场经济,就是建立完善的社会主义法制经济。在工程建设领域中,首先要加强建筑市场法制建设,健全建筑市场法规体系,以保证建筑市场的繁荣和建筑业的发达。欲达到此目的,必须加强对建设工程监理的合同调整和管理,贯彻落实《建设工程施工合同管理办法》等有关法规和"建设工程施工合同示范文本"制度,以保证工程建设合同订立的全面性、准确性和完整性,依法严格地履行合同,并强化承发包双方及有关第三方的合同意识,认真做好建设工程监理的合同管理工作。

2. 建立现代建筑企业制度

现代企业制度的特点是:政企分开、产权明晰、权责明确、科学管理、规范运作等法律关系,其基本特征是企业真正成为社会主义市场经济的微观主体和利益主体。现代企业制度的建立,对企业提出了新的要求:企业必须遵守"自主经营、自负盈亏、自我发展、自我约束"的原则。建设工程合同,是建筑企业进行工程承包的主要法律形式,是进行工程施工的法律依据,是企业走上市场的桥梁和纽带。订立和履行建设工程合同直接关系到建筑企业的根本利益和信誉。因此,加强建设工程监理的合同管理,已成为推行现代建筑企业制度的重要内容。

3. 规范建筑市场主体、市场价格和市场交易

建立完善的建筑市场体系,是一项经济法制工程。它要求对建筑市场主体、市场价格和市场交易等方面加以法律调整。

(1)建筑市场主体

建筑市场主体进入建筑市场进行市场交易,其目的就是开展和实现工程项目承发包活动。有关主体必须具备和符合法定主体资格,才具有订立建设工程合同的权力能力和行为能力。

(2)市场价格

建筑市场价格,是一项市场经济中的特殊商品价格。在我国,正在逐步建立"政府宏观指导、企业自主报价,竞争形成价格、加强动态管理"的价格机制。因此,建筑市场主体必须依据有关规定运用合同形式,调整彼此之间的建筑产品合同价格管理关系。

(3)市场交易

建筑市场交易,指建筑产品的交易是通过工程项目招投标的市场竞争活动,最后采用订立工程建设合同的法定形式确定的。在此过程中,建筑市场主体依据有关招投标合同法规行事,方能形成有效的建设工程合同关系。

(4)加强管理,提高建设工程合同履约率

牢固树立合同法制观念,加强工程建设项目合同管理,必须从项目法人做起、从项目经理做起,坚决执行建设工程合同法规和合同示范文本制度。严格按照法定程序签订工程建设项目合同,防止资金不足、论证不足、"欺骗工程"和"首长工程"等合同的出现,"步步为营"地履行合同文本的各项条款,就可以大大提高工程建设项目合同的履约率。

在建设工程项目合同文本中,对当事人各方的权利、义务和责任明确、完善的规定,可操作性强,从而防止外来因素的干扰,有利于合同的正常履行,保证建设工程项目的顺利建成。

9.2　建设监理合同

《合同法》规定,建设工程实行监理的,发包人应当与监理人采用书面形式订立委托监理合同。业主与监理单位签订的委托监理合同,与其在工程建设实施阶段所签订的其他合同相比较,最大区别表现在标的性质上。勘察设计合同、施工合同的标的是智力成果或物质成果,而监理合同的标的是服务,即监理工程师凭据自己的知识、经验、技能,受业主委托为其所签订的其他合同的履行实施监督和管理的职责。

由于监理合同的特殊性,作为合同一方当事人的监理单位,仅仅是接受业主的委托,对业主签订的设计、施工、承揽等合同的履行实施监理,其目的也仅限于通过自己的服务活动获得酬金,而不同于上述合同的承包方是以经营为目的,通过自己的技术、管理等手段获取利润。监理合同表明,受业主委托的监理单位不是建筑产品的直接经营者,不向业主承包工程造价。如果由于监理工程师的严格管理或者采纳了监理工程师的合理化建议,在保证质量的前提下节约了工程投资,缩短了工期,业主应按监理合同中的约定给予奖金,这只是对监理单位提供优质服务的奖励。

监理单位与承包单位是监理与被监理的关系,双方没有经济利益的关系。由于监理工程师的有效工作而使承包单位节省了投入时,监理单位也不参与承包单位的盈利分成。

9.2.1　建设监理合同的基本形式

建设监理合同主要有下列四种基本形式:

1. 正规合同

根据法律要求并经当事人协商签订的合同。

2. 信件合同

在正规合同签订后,双方协商签订的某些追加任务的协议。

3. 委托通知单

通过委托方发出交代任务的委托通知单,把监理委托合同中由监理单位提出的建议正式转为监理单位接受的协议。

4.标准合同

世界上有各种工程咨询委托合同格式。最常用的一种标准委托合同格式是由国际咨询工程师联合会(Fédération Internationable Des Ingénieurs-Conseil,法语缩写 FIDIC)于1980 年颁发的《雇主与咨询工程师项目管理协议书国际范本与国际通用规则》(简称 IGRA1980PM)。它的主要内容包括:国际标准合同格式和国际标准合同通用规则(分为一般条款和特殊条款两部分),以及服务范围、报酬与支付等三个附录等。

9.2.2 建设监理合同的主要内容

虽然监理委托合同的形式是多种多样,但其基本内涵并没有实质上的区别。一个完善的、符合法律要求的建设监理委托合同,一般都应该包含下列主要内容:

1.签约各方的确认

委托合同的首页应说明签约双方的身份,包括业主和监理单位名称、地点、经济性质等。为了便于合同的书写,一般都采用缩写方式表示双方的名称,即业主或委托方称为甲方,监理单位称为乙方;且用"工程师"来代替"监理工程师"等。

2.合同的一般性描述

一般性描述是引出合同"标的"的过渡,比较简单,常用的一些套语,如"鉴于……"在标准合同文本中这些叙述常被省略。

3.监理单位应履行的义务

监理单位应履行的义务的叙述,一般分为两部分:

(1)受聘监理工程师的义务的描述;

(2)被委托的监理项目概况的描述。

4.监理单位提供服务的详细内容

在监理委托合同中,应以专门的条款对监理单位准备提供的服务内容进行详细说明。由于每个监理委托合同要求监理单位提供的服务内容不同,因此对服务内容都必须加以特定说明,以避免产生合同纠纷。

5.费用条款

费用是监理委托合同中不可缺少的重要条款,应具体明确规定费用支付额度、支付方式和支付时间。对国际工程项目建设监理委托合同中,还应规定费用支付的货币种类。在监理委托合同中除对酬金应明确规定外,对监理活动中产生的某些特殊费用,如监理成本补偿费用、可报销费用、特殊项目监理费用及个别专业高级监理人员的酬金及补贴费用等,都应做出特殊规定。同时在监理委托合同中还应该明确监理单位事先投入的资本金的额度及计息方式及时间等。

6.业主的义务

业主除按合同规定支付监理服务费用外,还应为监理单位执行监理任务提供有效的支持和帮助。一般情况下,业主的义务有:

(1)为监理单位提供法律、资金和保险等服务。

(2)为监理单位提供技术文件、工作资料、数据及有关信息等服务。

(3)为监理单位提供与监理业务有关的工作支持,如办公用房、交通工具、检测及试验手段等。

(4)协助监理单位作好监理活动中的各种协调工作,如办理有关手续及批件、处理参与建设各方的关系等。

(5)及时解决监理活动中的有关紧急费用补偿支付等。

(6)应及时批复监理工程师送给业主的各种请示函件、文书及报告等。

业主承担的上述义务,在监理委托合同中都应做出明确的规定。

7. 维护业主利益的条款

在监理委托合同中,应有维护业主利益的相关条款。一般应包括下述基本内容:

(1)监理工作进度计划。

(2)要求监理单位进行某种类型的保险或向业主提供类似保险(如业主借给监理单位使用的部分财产保险等)。

(3)监理单位不能超越业主授权范围。

(4)业主有权查看或审查有关监理记录和技术资料,监理单位应按监理合同规定定期向业主提供工作报告。

(5)监理单位不得将合同承担任务转包或分包给第三方;监理单位违背合同或不能满意地履行合同时,业主有权终止合同;监理单位派出的监理人员不称职,业主有权提出撤换的要求等。

8. 维护监理单位利益的条款

在监理委托合同中除应明确规定监理服务费用和补偿费用办法外,还应有维护监理单位利益的有关条款。概括起来,主要有以下内容:

(1)明确不应列入监理的服务项目。

(2)因改变监理工作范围所委托的附加工作应支付服务费用的标准。

(3)因非人为的意外原因造成监理工作进度延误,监理单位应得到的补偿标准。

(4)因业主的过失或责任给监理单位造成损失,应由业主承担责任,如由业主方引起的额外费用负担;未按合同期限及时审批监理工程师递送的报告、信函而造成损失等。

(5)因业主终止监理委托合同造成经济损失,监理单位有权要求业主合理补偿等。

9. 总结条款

比较规范的经济合同都包括有一些总结条款,如表明签约各方的权利;合同修改;终止或其他紧急情况的处理程序,以及一些不可抗力造成不能履行合同的条款等。

9.2.3　建设监理合同的订立

首先,签约双方应对对方的基本情况有所了解,包括:资质等级、营业等级、营业资格、财务状况、工作业绩、社会信誉等。作为监理单位还应根据自身状况和工作情况,考虑竞争该项目的可行性。其次,监理单位在获得业主的招标文件或业主草签协议之后,应立即对工程所需费用进行预算,提出报价,同时对招标文件中的合同文本进行分析、审查,为合同谈判和签约提供决策依据。无论何种方式招标中标,业主和监理单位都要就监理合同的主要条款进行谈判。谈判内容要具体,责任要明确,要有准确的文字记载。作为业主,切忌以手中有工程的委托权,而不以平等的原则对待监理方。应当看到,监理工程师的良好服务,将为业主带来巨大的利益。作为监理方,应利用法律赋予的平等权利进行对等谈判,对重大问题不能迁就和无原则让步。经过谈判,双方就监理合同的各项条款达成一致,即可正式签订合同文件。

竞争性招标选择监理单位的程序如图 9-1 所示。

1.编制工作大纲

工作大纲(Terms of Reference,TOR),又称监理任务书,是业主(或建设单位)向监理单位详细说明监理任务及工作范围的文件,也是业主(或建设单位)提交给监理单位编制监理大纲的依据。工作大纲的主要内容有下述几方面:

(1)工程概况。

包括项目名称、建设单位、建设条件、建筑面积、结构形式以及监理服务费估算办法等。

(2)建设监理目标。

包括工程项目总投资、建设进度、工程质量等目标,以及工程项目建设前期监理、设计监理、施工监理或保修服务监理等目标。

(3)工程项目建设监理业务范围及其主要工作要求说明。

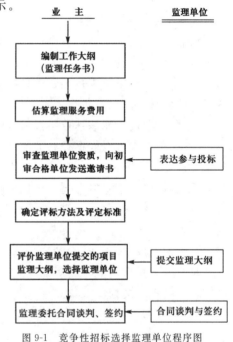

图 9-1　竞争性招标选择监理单位程序图

业主(或建设单位)应在工作大纲中详细列出委托监理的业务范围的项目清单,以及对清单所列项目说明其监理要求。

(4)要求专业监理人员配备及各类人员的工作时间限度。

(5)要求建设监理硬件及软件提供方式。

(6)对建设监理资料及监理报告提交的要求。

(7)有关其他辅助服务项目及要求。

2.建设监理服务费用的估算

建设监理服务费用,应根据委托监理业务的范围、深度和工作性质、工程规模、难易程度及工作条件等,可参考国家物价局和建设部对国内工程建设项目建设监理的取费标准规定,按所监理工程概(预)算的一定百分比计取,详见表 9-2 所示;或者参照监理工作年度平均人数计算,每人每年计取服务费 3.5~5.0 万元/(人·年);若不能按上述办法计费的建设监理项目,可由业主(或建设单位)与监理单位商定其他办法。

表 9-2　　　　　　　　　　　　监理费用取费标准

序号	工程概(预)算 M / 万元	设计阶段(含设计招标) 监理取费率 α/%	施工(含施工招标)及 保修阶段监理取费率 b/%
1	$M < 500$	$\alpha > 0.20$	$b > 2.50$
2	$500 \leqslant M < 1000$	$0.15 < \alpha \leqslant 0.20$	$2.00 < b \leqslant 2.50$
3	$1000 \leqslant M < 5000$	$0.10 < \alpha \leqslant 0.15$	$1.40 < b \leqslant 2.00$
4	$5000 \leqslant M < 10000$	$0.08 < \alpha \leqslant 0.10$	$1.20 < b \leqslant 1.40$
5	$10000 \leqslant M < 50000$	$0.05 < \alpha \leqslant 0.08$	$0.80 < b \leqslant 1.20$
6	$50000 \leqslant M < 100000$	$0.03 < \alpha \leqslant 0.05$	$0.60 < b \leqslant 0.80$
7	$M \geqslant 100000$	$\alpha \leqslant 0.03$	$b \leqslant 0.60$

3. 审查监理单位的资质

业主应根据工程项目的特点、监理任务及所掌握的监理单位的情况,经对监理单位的审查,选出几家监理单位(一般 3～5 家)作为邀请招标对象。如果被邀请的监理单位愿意参与投标,业主发给邀请书和工作大纲,供各参与投标的监理单位编制监理大纲时参考。参与投标的监理单位编制监理大纲,由监理单位负责人审查签字,加盖公章,按业主邀请书中规定的时间和地点,送交给业主,以备评定选择监理单位。

工程项目建设监理大纲,又称项目监理建议书,分为监理技术大纲和监理财务大纲。

(1)监理技术大纲,又称为监理技术建议书。

监理技术大纲的主要内容有:

①概述:监理单位简介、本大纲结构及主要内容、被监理项目的工程特点及背景的理解等。

②监理单位概况:监理单位的能力、监理单位的主要业绩简介等。

③监理单位的主要构想:项目背景、市场优势、建设条件、内外影响因素、监理工作范围、监理业务要求、建设单位配合条件等。

④项目监理技术路线和工作计划:监理计划、监理技术方案、技术标准、工作准则、质量保证体系,以及监理资料和监理报告提交清单及提交时间等。

⑤工程项目监理组织及人员配备:项目监理组织机构、项目监理组织负责人、专业人员结构及专业技术人员的数量、项目监理组织与业主配合协作方式、各监理专业工种的工作计划等。

⑥业主提供配合支持的事项:业主无偿提供项目监理文件及资料清单、业主无偿提供的执行监理任务的设备及设施清单、业主协助配合监理单位办理有关申报手续清单等。

⑦附件:业主邀请书及工作大纲、监理单位从事类似项目监理实例、各种监理人员的简历、监理单位能力的声明文件及有关宣传资料等。

(2)监理财务大纲,又称为项目监理财务建议书。

项目监理财务大纲的主要内容有:

①编制说明:编制依据、计算标准及计算方法等。

②服务费用计算:监理人员工资、可报销费用、不可预见费及服务总费用额计算方法,以及各类费用(包括人员酬金、可报销费用等)明细表等。

③服务费用支付说明：费用支付计划及支付金额。

④附件：监理单位经注册会计师事务所审计的监理单位资产负债表和损益表等。

4. 评标方法及标准

业主根据工程特点、委托监理任务和对监理单位特殊要求，建立监理单位选择评定的指标体系及其评定标准。一般，指标评定体系应包括监理单位的资历及经验；完成工作大纲要求的技术路线和方法；监理人员的资格及工作业绩，以及监理服务费用金额及其组成等。评定指标的各子项目及标准评分值见表 9-3。

表 9-3　　　　　　　　　指标评价体系及评分标准

序号	评价指标	最高标准评分值（总分100）
1	监理单位资历和经验	20
	a. 类似项目监理经验	6
	b. 类似地域监理经验	6
	c. 监理单位的工作业绩	8
2	监理技术路线和方法	40
	a. 对监理目标的理解	5
	b. 监理技术方法	8
	c. 监理技术组织	8
	d. 监理技术标准	8
	e. 对业主提供的配合要求	3
	f. 监理工作计划	5
	g. 监理规划表述	3
3	监理人员资格和工作业绩	30
	a. 项目组长	5
	b. 技术专家	5
	c. 经济专家	5
	d. 信息专家	5
	e. 法律专家	5
	f. 其他专家	5
4	监理服务费用金额及其组成项目	10

5. 选择监理单位

业主应组织专家组，按事先确定的指标评价体系及其标准评分值，对各投标监理单位提供的工程项目建设监理大纲进行评分。评分过程及选择监理单位程序如下所示：

（1）将各投标监理单位提交的项目监理大纲和制定的评价标准等文件资料提交专家组，并由各专家评分。

（2）召开专家组评议会议，审定各评定专家的评定结论，选择监理单位。评议会议的议程如下：

①报告受理各监理单位项目监理大纲的记录，审查不合格的项目监理大纲。

②对专家评议结论讨论或修改（有必要的话）。

③对各专家评分进行统计分析；讨论并取得一致意见；对各监理大纲按获得的总分多少由高分到低分进行排序。

④对排序第一名的监理大纲指出不足之处，得出改进意见，并在监理委托合同谈判之

前或之中予以澄清和解决。对排序第二名的监理大纲也应指出不足之处,提出改进意见,以便作为谈判的备选单位。

⑤监理委托合同审查。

⑥确认合同谈判的监理单位,邀请单位(如银行、主管部门等)、谈判日期和地点。

⑦通知被选择的监理单位和邀请单位参加监理委托合同谈判。

6. 监理委托合同谈判与签约

在规定时间、规定地点,业主邀请被选择的监理单位或其他邀请单位,共同参与合同谈判。合同谈判的基本程序如下:

(1)介绍谈判小组各方成员,宣布谈判内容和程序。

(2)递交授权书。监理单位代表递交委任其参与谈判和签约的授权书,以便使签署的合同具有法律效力。

(3)复查。复查监理任务书的范围、目标和要求等。若双方对监理任务书的理解有分歧,应当磋商达成一致意见。

(4)协商工作计划及人员配备。双方对监理计划及人员配备应协调统一。若业主对参与项目监理人员资格提出异议,监理单位应对人员配备做出必要的调整。

(5)对业主提出的人员、设备和设施应拟定清单、提供计划,以及对有关费用承担达成协议。

(6)对监理单位的项目财务大纲审查。只有通过全面协商达成一致意见后,才能进行合同财务条款的审查。

(7)合同批准和签字。合同得到签约各方批准后,正式签订合同。在合同批准期间,双方应商定服务开始时间和工程开工安排的有关事项,确定开工通知时间。

7. 建设监理委托合同谈判与签约的注意事项

在建设监理委托合同谈判和签约过程中,业主与监理单位应注意下列事项:

(1)业主应委托项目协调人,又称"业主代表",全权代表业主从事监理单位选择、合同谈判等工作。

(2)监理单位应做好合同谈判的准备。即谈判组织及谈判代表的选定,谈判资料的准备等。

(3)双方谈判人员应做好合同谈判准备。包括对谈判内容的了解,对谈判对手、谈判艺术及风格的掌握,制定谈判对策和策略,使双方谈判人员在谈判前有充分的精神、心理、物质准备,使其达到相互尊重,在求同存异、互利互惠的基础上,寻求谈判双方责权利的一致性,确保谈判顺利成功,促成合同或协议的签订。

(4)签订涉外工程监理委托合同时还应注意合同中的下述条款的谈判:

①由于合同的准备期与服务开始日期往往不同,因此应分别在合同中明确生效期与服务开始的具体日期。

②对"不可抗力"的含义应明确,以及在合同中应规定在不可抗力条件下监理活动内容和合同暂停、停止或延续,以及监理单位在不可抗力条件下所采取行为的支付补偿等。

③明确监理人员的工作时间、加班和休假时间。

④明确监理过程中咨询成果的归属问题。

⑤明确业主提供人员、服务、设备、设施和财产清单及费用支付办法等。

⑥明确监理单位服务费用支付条款,包括支付方式、支付时间、结算方法、货币种类及汇率,以及违约罚款和预付比例等。

⑦有关税务、财产和人身保险等条款。

⑧合同争议解决方式、调解、仲裁和诉讼等条款。

9.2.4 建设监理合同的履行

1.业主的履行

(1)严格按照监理合同的规定履行应尽义务。监理合同内规定的应由业主方负责的工作,是使合同最终实现的基础,如外部关系的协调,为监理工作提供外部条件,为监理单位提供本工程使用的原材料、构配件、机械设备等生产厂家名录等等,都是监理方做好工作的先决条件。业主方必须严格按照监理合同的规定,履行应尽的义务,才能有权要求监理方履行合同。

(2)按照监理合同的规定行使权利。监理合同中规定的业主的权利,主要是如下三个方面:对设计、施工单位的发包权;对工程规模、设计标准的认定权及设计变更的审批权;对监理方的监督管理权。

(3)业主的档案管理。在全部工程项目竣工后,业主应将全部合同文件,包括完整的工程竣工资料加以系统整理,按照国家《档案法》及有关规定,建档保管。为了保证监理合同档案的完整性,业主对合同文件及履行中与监理单位之间进行的签证、记录协议、补充合同记录、函件、电报、电传等都应系统地认真整理,妥善保管。

2.监理的履行

监理合同一经生效,监理单位就要按合同规定,行使权利,履行应尽义务。

(1)确定项目总监理工程师,成立项目监理机构

每一个拟监理的工程项目,监理单位都应根据工程项目规模、性质,业主对监理的要求,委派称职的人员担任项目的总监理工程师,代表监理单位全面负责该项目的监理工作。总监理工程师对内对监理单位负责,对外对业主负责。

在总监理工程师的具体领导下,组建项目的监理机构,并根据签订的监理委托合同,制定监理规划和具体的实施计划,开展监理工作。

一般情况下,监理单位在承接项目监理业务时,在参与项目监理的招标、拟定监理方案(大纲),以及与业主商签监理委托合同时,应选派人员主持该项目工作。在监理任务确定并签订监理委托合同后,该主持人即可作为该项目总监理工程师。这样,项目的总监理工程师在承接任务阶段就早期介入,从而更能了解业主的建设意图和对监理工作的要求,并与后续工作能更好地衔接。

（2）进一步熟悉情况，收集有关资料，为开展建设监理工作做好准备

①反映工程项目特征的有关资料包括：工程项目的批文；规划部门关于规划红线范围和设计条件通知；土地管理部门关于准予用地的批文；批准的工程项目可行性研究报告或设计任务书；工程项目地形图；工程项目勘测、设计图纸及有关说明。

②反映当地工程建设报建程序的有关规定包括：当地关于拆迁工作的有关规定；当地关于工程建设应交纳有关税、费的规定；当地关于工程项目建设管理机构资质管理的有关规定；当地关于工程项目建设实行建设监理的有关规定；当地关于工程项目建设招投标制的有关规定；当地关于工程造价管理的有关规定等。

③反映工程所在地区技术经济状况及建设条件的资料包括：气象资料；工程地质及水文地质资料；交通运输（包括铁路、公路、航运）有关的可提供的能力、时间及价格的资料；供水、供电、供热、供燃气、电信有关的可提供的容（用）量、价格的资料；勘测设计单位状况；土建、安装施工单位状况；建筑材料及构件、半成品的生产、供应情况等。

④类似工程项目建设情况的有关资料包括：类似工程项目投资方面的有关资料；类似工程项目建设工期方面的有关资料；类似工程项目的其他技术经济指标等。

（3）制定工程项目监理规划

工程项目的监理规划，是开展项目监理活动的纲领性文件，根据业主委托监理的要求，在详细占有监理项目有关资料的基础上，结合监理的具体条件编制的开展监理工作的指导性文件。其内容包括：工程概况；监理范围及目标；监理主体措施；监理组织；项目监理工作制度等。

（4）制订各专业监理工作计划或实施细则

在监理规划的指导下，为具体指导投资控制、质量控制、进度控制的进行，还需结合工程项目实际情况，制订相应的实施性计划或细则。

（5）根据制订的监理工作计划和运行制度，规范化地开展监理工作

作为一种科学的工程项目管理制度，监理工作的规范化体现在：

①工作的顺序性。即监理和各项工作是按照一定逻辑顺序先后展开的，从而能使监理工作有效地达到目标而不致造成工作状况的无序和混乱。

②职责分工的严密性。建设监理工作是由不同专业、不同层次的专家群体共同来完成的，他们之间紧密的职责分工，是协调监理工作的前提和实现监理目标的重要保证。

③工作目标的确定性。在职责分工的基础上，每一项监理工作应达到的监理目标都应是确定的，完成的时间也应有时限规定，从而能通过报表资料对监理工作及其效果进行检查和考核。

（6）监理工作总结归档

监理工作总结包括三部分内容。

第一部分是向业主提交监理工作总结。

第二部分是监理单位内部的监理工作总结。

第三部分是监理工作中存在问题及改进的建议，以指导今后的监理工作，并向政府有

关部门提出政策建议,不断提高我国工程建设监理的水平。

在全部监理工作完成后,监理单位应注意做好监理合同的归档工作,监理合同归档资料应包括:监理合同、监理大纲、监理规划、在监理工作中的程序性文件。

9.3 施工合同管理

施工合同是发包方(建设单位或总包单位)和承包方(施工单位)为完成商定的施工项目,明确相互权利和义务关系的协议,称为施工合同。

9.3.1 施工合同的法律特征

施工合同的法律特征见表 9-4。

表 9-4

法律特征	订立依据
(1)施工合同的当事人必须是具有权利能力和行为能力的特定法人。承包方必须是经国家主管部门审查、核定、批准的专业建筑安装企业。承包方必须符合《建筑企业管理条例》规定的企业级别、营业范围、承包规定范围内的任务,低级企业不能越级承包 (2)施工合同必须以国家批准的计划和设计文件作为签订的先决条件 (3)施工合同的履行受国家主管部门监督,当事人有义务接受它们的监督 (4)施工合同的标的是特定的建设项目,因此,建设工程承包合同要依据特定的条件和要求依法签订	(1)初步设计和总概算已经批准 (2)投资已列入国家和地方基本建设计划,限额资金已落实 (3)有满足承包要求的设计文件及技术资料 (4)建筑场地、水源、电源、气源、运输道路已具备或在开工前完成 (5)材料和设备的供应应能保证工程连续施工 (6)合同当事人双方均具有法人资格 (7)合同当事人双方均具有履行合同的能力

9.3.2 施工合同的内容

施工合同的主体即建设单位(发包单位、甲方)和建筑安装企业(承包单位、乙方),它们必须是法人,客体就是施工项目,合同内容就是合同的具体条款和形式。主要包括:工程概况、承包工程范围、工程造价、承包方式、开工与竣工日期、物资供应方式、施工准备工作分工、工程变更及其经济责任、施工和技术资料的供应、工程价款的支付方式与结算方法、加工订货有关规定、工程验收、合理化建议的处理、停窝工的处理、临时设施工程、奖罚、保修期间及保养条件、纠纷与仲裁、保险、合同份数、存留部门与生效方式、合同公证单位、签约时间、地点、法人代表。

9.3.3 施工合同当事人的义务和违约责任

对于一般工业与民用建筑安装工程,合同当事人双方的义务和违约责任见表 9-5。

表 9-5　　　　　　　　　　　工程承包合同当事人的义务和违约责任

发包方	承包方
义务 (1)办理正式工程和临时设施范围内的土地征用、租用、申请施工许可执照和占道、爆破以及临时铁道专用线接岔等许可证 (2)确定建筑物或构筑物、道路、铁路、线路、上下水道的定位标桩,水准点和坐标控制点 (3)开工前接通施工现场的水源、电源和运输道路、拆除现场内民房和障碍物(也可委托承包方承担) (4)组织有关单位对施工图等技术资料进行审定,并按照合同规定期限和份数交付承包方 (5)按双方商定的分工范围和要求,及时供应材料和设备 (6)派驻工地代表,对工程进度、工程质量进行监督,检查隐蔽工程,办理中间工程的验收手续,负责签证,解决应由发包单位解决的问题以及其他事宜 (7)负责组织设计单位、施工单位共同审定施工组织设计、工程价款和竣工结算,负责组织工程竣工 (8)向经办银行提出拨款所需文件,保证资金供应,按时办理划拨和结算手续	(1)负责施工现场布置,指定电源、水源、道路和材料堆放位置,负责临时设施的施工 (2)根据项目的有关技术资料,编制施工组织设计或施工方案,做好各项施工准备工作 (3)按双方商定的分工范围,做好材料、设备的采购、供应和管理 (4)及时向发包方提出开工通知书、施工进度计划表、施工平面布置图、隐蔽工程验收通知、竣工验收报告;提供月份施工作业计划、月份施工统计表和工程事故报告以及提出应由发包方供应的材料、设备的供应计划 (5)严格按照施工图与说明书进行施工,确保施工质量,按合同规定的时间如期完工和交付使用 (6)已完工的房屋、构筑物和安装的设备,在交工前应负责保管,并清理好现场 (7)按照有关规定提出竣工验收技术资料,办理竣工结算,参加竣工验收 (8)在合同规定的保修期内,对属于承包方责任的工程质量问题,应负责无偿修理

9.4　勘察设计合同管理

9.4.1　勘察设计合同概念与特征

勘察设计合同概念与特征见表 9-6。

表 9-6　　　　　　　　　　　勘察设计合同概念与特征

勘察设计合同概念	特征
建设工程勘察设计合同是委托方与承包方之间为了完成一定的勘察、设计任务签订的,明确双方相互权利义务关系的协议。 委托方一般是建设单位或建设工程(包括勘察、设计、建筑、安装)的总包单位,而承包方则是勘察、设计单位。	(1)合同的当事人必须是具有权利能力和行为能力的特定的法人资格的社团组织。勘察设计单位要由国家建设主管部门对其技术力量和工作能力进行审查、核定承包范围,发给资格证明或勘察、设计证书,并由当地工商行政管理部门批准,发给营业执照后,才有权对外签订勘察、设计合同 (2)合同必须符合国家规定的基本建设程序。设计合同必须以国家批准的设计任务书或其他有关文件作为签订的先决条件,如单独委托施工图设计任务,应同时具有经有关部门批准的初步设计文件方能签订 (3)合同的履行受国家主管部门的监督,当事人有义务接受监督。合同的监督检查,主要是工商行政管理机关和各级业务主管部门,检查签约双方订立和履行合同的情况,发现违约,立即制止 (4)合同的发行要求双方当事人密切协调、通力合作,才能确保整个合同义务得以按时全面完成

9.4.2 勘察设计合同的订立

勘察设计合同的订立见表 9-7。

表 9-7 勘察设计合同的订立

合同订立的依据	当事人的资格及资信审查	合同主要条款	合同的谈判与签署
(1)合同必须符合国家规定的基本建设程序 (2)由委托方向勘察设计单位提出委托,经双方同意方可签订勘察设计合同 (3)设计合同必须具有上级机关批准的设计任务书(或可行性研究报告)方能签订,小型单项工程具有上级机关批准的文件方能签订。如果单独委托施工图设计任务,则同时应具有有关部门批准的初步设计文件方能签订设计合同。 (4)合同的签订必须严格按照《中华人民共和国经济合同法》和《建设工程勘察设计合同条例》等有关法律、法规的要求和规定	(1)资格审查。审查当事人是否属于经国家规定的审批程序成立的法人组织,有无法人章程与营业执照,其经营活动是否超出章程或营业执照批准的范围,审查参加签订合同的有关人员是否是法人代表或法人委托的代理人以及代理人的活动是否越权等 (2)资信与履约能力审查。对承包方的资金、信用以及业务能力进行审查。各级勘察、设计单位必须持有主管部门发给的勘察、设计证书	(1)建设工程名称、规模、投资额、建设地点 (2)委托方提供资料的内容、技术要求及期限,承包方勘察的范围、进度和质量,设计的阶段、进度、质量和设计文件的份数 (3)勘察、设计工作的取费依据、取费标准和拨付办法 (4)违约责任等	当事人在互相了解对方的资格、资信和履行能力之后,便可就勘察设计合同的正式签订进行谈判。谈判时要对合同中的条款逐一讨论、协商,明确双方的权利和义务。合同中对其标的及其数量和质量的要求、酬金、合同的期限等须明确地、具体地做出约定,以免日后履行合同时发生纠纷。在双方当事人达成一致协议后,由双方负责人或指定的代表签字并加盖公章,勘察设计合同即具有法律约束力

9.4.3 勘察设计合同的内容

根据《中华人民共和国经济合同法》及《建设工程勘察设计合同条例》的规定,勘察设计合同应包括如下内容:

1. 建设工程名称、规模、投资额及建设地点

如果单独签订勘察合同,一般只需建设工程名称和建设地点两项即可。

2. 委托方与承包方的义务(表 9-8)

表 9-8 委托方与承包方的义务

合同类型	委托方义务	承包方义务
勘察合同	(1)在勘察工作开展之前,委托方应向承包方提交由设计单位提供、经建设单位同意的勘察范围的地形图和建设平面布置图各一份,提出由建设单位委托、设计单位填写的勘察技术要求及附图 (2)委托方应负责勘查现场的水电供应、平整道路、现场清理等工作,以保证勘察工作的开展 (3)在勘察人员进入现场作业时,委托方应负责提供必须的工作和生活条件	勘察单位应按照规定的标准、规范、规程和技术条例,进行工程测量、工程地质、水文地质等勘察工作,并按合同规定的进度、质量要求提交勘察成果

（续表）

合同类型	委托方义务	承包方义务
设计合同	(1)如果委托初步设计,委托方应在规定的日期内向承包方提供经过批准的设计任务书(或可行性报告)、选址报告以及原料(或经过批准的资源报告)、燃料、水电、运输等方面的协议文件和能满足初步设计要求的勘察资料,经科研取得的技术资料 (2)如果委托施工图设计,委托方应在规定日期内向承包方提供经过批准的初步设计文件和能满足施工图设计要求的勘察资料、施工条件以及有关设备的技术资料 (3)委托方应负责及时地向有关部门办理各设计阶段设计文件的审批工作 (4)明确设计范围和深度 (5)如果委托配合引进项目的设计,从询价、对外谈判、国内外技术考察直到建成投产的各个阶段,都应通知承担有关设计的单位参加,这样有利于对外和设计任务的完成 (6)在设计人员进入施工现场工作时,委托方提供必要的工作和生活条件。此外,委托方要按照国家有关规定付给承包方勘察设计费,维护承包方的勘察成果和设计文件,不得擅自修改,也不得转让给第三方重复使用,否则便侵犯了承包方的智力成果权	(1)承包方要根据批准的设计任务书(或可行性研究报告)或上一阶段设计的批准文件以及有关设计的技术经济文件、设计标准、技术规范、规程、定额等提出勘察技术要求和进行设计,并按照合同规定的进度和质量要求,提交设计文件(包括概预算文件、材料设备清单) (2)初步设计经上级主管部门审查后,在原定任务范围内的必要修改,应由承包方承担 (3)承包方对所承担设计任务的建设项目配合施工,进行施工前技术交底,解决施工中的有关设计问题,负责设计变更和修改预算,参加隐蔽工程验收和工程竣工验收

3.设计的修改与停止

(1)设计文件经批准后,就具有一定的严肃性,不能任意修改和变更,如果必须修改,也需经有关部门批准,其批准权限,视修改的内容所涉及的范围而定。如果修改内容是属于初步设计的内容(如总布置图、工艺流程、设备、面积、标准、定员、概算等),须经设计的原批准单位批准;如果修改内容是属于设计任务书的内容(建设规模、产品方案、建设地点及主要协议关系等),则须经设计任务书的原批准单位批准;施工图设计的修改,须经设计单位的批准。

(2)委托方因故要求修改工程的设计,经承包方的同意后,除设计文件的提交时间另定外,委托方还应该按照承包方实际返工修改的工作量增付设计费。

(3)原定设计任务书或初步设计如有重大变更而需重作或修改设计时,须经设计任务书或初步设计批准机关同意,并经双方当事人协商后另订合同。委托方负责支付已经进行的设计的费用。

(4)委托方因故要求中途停止设计时,应及时书面通知承包方,已付的设计费不退并按该阶段实际消耗工日,增付和结清设计费,同时结束合同关系。

4.勘察、设计费的数量和拨付办法

委托方应按国家有关规定向承包方支付勘察、设计费。

5. 违约责任(表9-9)

表 9-9 委托方与承包方的违约责任

委托方的违约责任	承包方的违约责任
(1)按《建设工程勘察设计合同条例》的规定,委托方若不履行合同,无权请求退回定金 (2)由于变更计划、提供的资料不准确,未按期提供勘察、设计工作所必需的资料或工作条件,从而造成勘察设计工作的返工、停工、窝工或修改设计时,委托方应按承包方实际消耗的工作量增付费用。因委托方责任而造成的重大返工或重做设计时,应另增加勘察设计费 (3)勘察设计的成果按期、按质、按量交付后,委托方要按《条例》第七条的规定和合同的约定,按期、按量偿付勘察设计费。委托方超过合同规定的日期付费时,应偿付逾期违约金。偿付办法与金额,由双方按照国家的有关规定协商确定	(1)因勘察设计质量低劣引起返工,或未按期提交勘察设计文件,拖延工期造成损失的,由承包方继续完善勘察、完成设计,并视造成的损失、浪费的大小,减收或免收勘察设计费 (2)对于因勘察设计错误而造成工程重大质量事故的,承包方除免收损失部分的勘察设计费外,还应付与直接损失部分勘察设计费相当的赔偿金 (3)如果承包方不履行合同,应双倍返还定金

6. 纠纷的处理

建设工程勘察设计合同发生纠纷时,双方应及时协商解决。协商不成时,双方属于同一部门的,由上级主管部门调解;调解不成或不属于同一部门的,可向国家规定的合同管理机关申诉调解或仲裁,也可直接向人民法院起诉。

7. 其他

建设工程勘察设计合同须明确合同的生效和失效日期。一般勘察合同在全部勘察工作验收合格后失效,设计合同在全部设计任务完成后失效。

勘察设计合同的未尽事宜,需经双方协商,做出补充规定。补充规定与原合同具有同等效力,但不得与原合同内容冲突。

9.5 设备材料采购合同管理

9.5.1 设备采购合同管理

1. 设备采购合同的主要内容

成套设备采购合同的主要内容包括:产品的名称、品种、型号、规格、等级、技术标准或技术性能指标;数量和计量单位;包装标准及包装物的供应与回收规定;交货单位、交货方法、运输方式、到货地点、接(提)货单位;交(提)货期限;验收方法;产品价格;结算方式、开户银行、账户名称、账号、结算单位;违约责任,其他事项。

2. 设备采购合同供应方的责任

《机械工业部成套设备承包暂行条例》中规定,设备成套公司要遵守国家法律,执行国家计划、履行经济合同,设备成套公司承包的设备如因自身的原因未按承包质量、数量、时间供应,从而影响工程项目建设进度的,设备成套公司要承担经济责任。在项目建设过程

中,设备成套公司对承包项目要派驻现场服务组或驻厂员负责现场成套技术服务。现场服务组的主要职责:

(1)组织机械工业有关生产企业到现场进行技术服务,处理有关设备的问题。

(2)了解、掌握工程建设进度和设备到货、安装进度、协助联系设备的交、到货进度等工作。

(3)参与大型、专用、关键设备的开箱验收,配合建设单位或安装单位处理设备在接运、检验过程中发现的设备质量和缺损件等问题,并按《工业产品质量责任条例》处理。

(4)及时向有关主管单位报告重大设备质量问题,以及项目现场不能解决的其他问题,当出现重大意见分歧而施工单位或用户单方坚持处理时,应及时写出备忘录备查。

(5)参加工程的竣工验收,处理在工程验收中发现的有关设备的问题。

(6)关心和了解生产企业派往现场的技术服务人员的工作情况和表现,建议有关部门或生产企业予以表扬和批评。

(7)做好现场服务工作日志,及时记录日常服务工作情况、现场发生的设备质量问题和处理结果,定期向成套管理局和有关单位报送报表,汇报工作情况,做好现场服务工作总结。

3.设备采购合同需求方的责任

建设单位要向设备成套公司提供设备的详尽设计技术资料和施工要求;要配合设备成套部门做好设备的计划接运工作,安置并协助驻现场服务组开展工作;要按照合同要求督促施工安装单位按进度计划安装施工并试车;要牵头并组织各有关方面提出验收报告等。

9.5.2　建筑材料采购合同管理

1.建筑材料采购合同的主要内容

建筑材料采购合同是建设单位或建筑承包企业与建筑材料供应商之间就有关材料供应达成的、明确相互间权利义务关系的协议。基主要内容:合同的标的、合同中建材物资的数量、建材物资的包装标准和包装物的供应与回收、物资的运输方式、物资的价格、结算方式、违约责任、特殊条款。

2.建筑材料采购合同的履行

合同一经订立,当事人双方应按照合同中的各项规定,去承担各自应尽的义务,全面完成合同所约定的事项和要求。在上述合同履行过程中要注意以下几个方面:

(1)建筑材料采购合同的计量方法

建筑材料数量的计量方法,有理论换算计重、检斤计量和计件论数三种。按理论换算计重的应作检尺计量换算;一般采用钢卷尺、皮尺等进行计量,然后根据理论重量换算表计算。按检斤计量供货的,可采用轨道衡、磅秤、台秤等衡器;按计件论数的,应作件数计算或用求积方法。

（2）建筑材料的验收与处理（表 9-10、表 9-11）

表 9-10 建筑材料的验收

验收依据	验收内容	验收方式
(1)供货合同 (2)供方提供的发货单、计量单、装箱单及其他有关凭证 (3)国家标准或专业标准 (4)产品合格证、化验单 (5)图纸及其他技术证件 (6)当事人双方共同封存的样品	(1)查明产品的名称、规格、型号、数量、质量是否与供货合同及其他技术证件相符 (2)设备的主机、配件是否齐全 (3)包装是否完整，外表有无损坏 (4)对需要化验的材料进行必要的物理化学检验 (5)合同规定的其他需检验事项	(1)驻厂验收 (2)提运验收 (3)接运验收 (4)入库验收

表 9-11 建筑材料的处理

数量不符	需方验收时发现建材物资实到数量与合同规定数量不符，按下列情况分别处理： (1)供方交货建筑物资多于合同规定数量，需方不同意接收，则在托收承付期内拒付多交部分的货款和运杂费 (2)供方交货建筑物资少于合同规定数量，需方凭有关合法证明，并在货到 10 天内将详细情况和处理意见通知供方，供方接到通知后应在 10 天内答复处理，否则即被认为默许需方的意见 (3)发货数与实际验收数之间的差额，不超过有关主管部门规定的正、负尾差、合理磅差、自然减量范围的，不按多交或少交论处，双方互不退补
质量不符	需方在验收中，如果发现产品质量不符合合同规定的，应一方面将货物妥善保管，一方面向供方提出书面异议。需方在向供方提出书面异议时，应按以下规定处理： (1)建材的外观、品种、型号、规格不符合合同规定的，需方应在货到 10 天内提出书面异议 (2)建材的内在质量不符合规定的，需方应在合同规定的条件和期限内检验，提出书面异议 (3)对某些安装后才能发现内在质量缺陷的产品，除另有规定或当事人双方另行商定提出异议的期限外，一般在运转之日起六个月内提出异议 (4)在书面异议中，应说明合同号与检验情况，提出检验证明，对质量不符合合同规定的产品提出具体意见

3. 验收时双方责任的确定

需方对建材物资验收时，应根据情况确定供需双方的责任：

（1）凡所交货物的原包装、原封记、原标记完好无异状的包装内产品数量短少，应由生产企业或包装单位负责。

（2）凡由供方组织装车或装船、凭封印交接的产品，需方在卸货时如果车、船封印完整无其他异状，但件数短缺的，应由供方负责。这时需方应向运输部门取得证明，凭运输部门编制的记录证明，在托收承付期内可以拒付短缺部分的货款，并在货到后 10 天内通知供方，否则即认为验收无误，供方在接到通知后 10 天内答复，提出处理意见，逾期不答复处理，即按少交论处。

（3）凡由供方组织装车或装船，凭现状或件数交换的产品，需方在卸货时无法从外部发现产品丢失、短少、损坏的，应由供方负责的部分，需方凭运输单位的交接证明和本单位的验收书面证明，在托收承付期内可以拒付丢失、短少、损坏部分的货款，并在货到后 10 天内通知供方，否则视为验收无误，供方接到通知后，应在 10 天内答复处理，否则按少交论处。

4. 验收后提出异议的期限和交(提)货期限

需方提出异议的通知期限和供方答复的期限，应按有关部门规定或当事人双方在合同中商定的期限规定执行。

9.6　工程索赔管理

9.6.1　索赔的概念与作用

索赔是指在合同执行过程中,对于非自己的过错,而应由对方承担责任的情况造成的实际损失向对方提出经济补偿和(或)时间补偿的要求。索赔是工程承包中经常发生的正常现象,也是监理合同管理的重要组成内容。由于施工现场条件、气候条件的变化,施工进度、物价的变化,以及合同条款、规范、标准文件和施工图纸的变更、差异、延误等因素的影响,使得工程承包中不可避免地出现索赔。《中华人民共和国民法通则》第一百一十一条规定,当事人一方不履行合同义务或履行合同义务不符合约定条件的,另一方有权要求履行或者采取补救措施,并有权要求赔偿损失。这即是索赔的法律依据。

索赔的性质属于经济补偿行为,而不是惩罚。索赔的损失结果与被索赔人的行为并不一定存在法律上的因果关系。索赔工作是承发包双方之间经常发生的管理业务,是双方合作的方式,而不是对立。经过实践证明,索赔的健康开展对于培养和发展社会主义建设市场,促进建设业的发展,提高工程的效益,起着非常重要的作用:它有利于促进双方加强内部管理,严格履行合同,有助于双方提高管理素质,加强合同管理,维护市场正常秩序;它有助于双方更快地熟悉国际惯例,熟练掌握索赔和处理索赔的方法和技巧,有助于对外开放和对外工程承包的开展;它有助于政府转变职能,使双方依据合同和实际情况实事求是地协商工程造价和工期,从而使政府从烦琐的调整概算和协调双方关系等微观管理工作中解脱出来;它有助于工程造价的合理确定,可以把原来打入工程报价中的一些不可预见费用,改为实际发生的损失支付,便于降低工程报价,使工程造价更为实事求是。

9.6.2　索赔的分类

1. 按索赔的目的分类

可分为工期索赔和费用索赔。

(1)工期索赔就是要求业主延长施工时间,使原定的工程竣工顺延,从而避免了违约罚金的发生。

(2)费用索赔就是要求业主补偿费用损失,进而调整合同价款。

2. 按索赔的有关当事人分类

(1)承包商同业主之间的索赔;

(2)总承包商同分包商之间的索赔;

(3)承包商同供货商之间的索赔;

(4)承包商向保险公司、运输公司索赔等。

3. 按索赔的对象分类

可分为索赔与反索赔。

（1）索赔是指承包商向业主提出的索赔；

（2）反索赔主要是指业主向承包商提出的索赔。

4. 按索赔的业务性质分类

可分为工程索赔和商务索赔。

（1）工程索赔是指涉及工程项目建设中施工条件或施工技术、施工范围等变化引起的索赔，一般发生频率高，索赔费用大。

（2）商务索赔是指实施工程项目过程中的物资采购、运输、保管等活动引起的索赔事项。由于供货商、运输公司等在物资数量上短缺、质量上不符合要求，运输损坏或不能按期交货等原因，给承包商造成经济损失时，承包商向供货商、运输商等提出索赔要求；反之，当承包商不按合同规定付款时，则供货商或运输公司向承包商提出索赔等。

9.6.3 索赔证据和索赔文件

1. 索赔证据

任何索赔事件的确定，其前提条件是必须有正当的索赔理由，对正当索赔理由的说明必须有证据，因为索赔的进行主要是靠证据说话。没有证据或证据不足，索赔是难以成功的，监理工程师也是不会确认的。这正如《建设工程施工合同》中所规定的，当一方向另一方提出索赔时，要有正当索赔理由，且有索赔事件发生时的有效证据。

（1）对索赔证据的要求

①真实性。

②全面性。

③关联性。

④及时性。

⑤具有法律证明效力。

（2）索赔证据的种类

①招标文件、工程合同及附件、业主认可的施工组织设计、工程图纸、技术规范等。

②工程各项有关设计交底记录、变更图纸、变更施工指令等。

③工程各项经业主或监理工程师签认的签证。

④工程各项往来信件、指令、信函、通知、答复等。

⑤工程各项会议纪要。

⑥施工计划及现场实施情况记录。

⑦施工日报及工长工作日志、备忘录。

⑧工程送电、送水、道路开通、封闭的日期及数量记录。

⑨工程停电、停水和干扰事件影响的日期及恢复施工的日期。

⑩工程预付款、进度款拨付的数额及日期记录。

⑪图纸变更、交底记录的送达份数及日期记录。

⑫工程有关施工部位的照片及录像等。

⑬工程现场气候记录。

⑭工程验收报告及各项技术鉴定报告等。

⑮工程材料采购、订货、运输、进场、验收、使用等方面的凭据。

⑯工程会计核算资料。

⑰国家、省、市有关影响工程造价、工期的文件、规定等。

2. 索赔文件

索赔文件是承包商向业主索赔的正式书面材料,也是业主审议承包商索赔请求的主要依据。索赔文件通常包括三个部分。

(1)索赔信。索赔信是一封承包商致业主或其代表的简短的信函,应包括以下内容:

①说明索赔事件;

②列举索赔理由;

③提出索赔金额与工期;

④附件说明。

(2)索赔报告。索赔报告是索赔材料的正文,其结构一般包括三个主要部分。首先是报告的标题,应言简意赅地概括索赔的核心内容;其次是事实与理由,这部分应该叙述客观事实,合理引用合同规定,建立事实与损失之间的合理合法性;最后是损失的计算与要求赔偿金额和工期,这部分只需列举各项明细数字及汇总数据即可。

(3)附件。

①索赔报告中所列举事实、理由、影响等的证明文件和证据。

②详细计算书,这是为了证实索赔金额的真实性而设置的,为了简明可以大量运用图表。

9.6.4　施工索赔的内容与特点

(1)不利的自然条件与人为障碍引起的索赔。不利的自然条件是指施工中遇到的实际自然条件比招标文件中所描述的更为困难和恶劣,这些不利的自然条件和人为障碍增加了施工的难度,导致了承包商必须花费更多的时间和费用,在这种情况下,承包商可以提出索赔要求。

①地质条件变化引起的索赔。一般地说,业主在招标文件中会提供有关该工程的勘察所取得的水文及地表以下的资料。这些资料有时会严重失实,不是位置差异极大、就是程度相差较远,从而给承包商带来严重困难,导致费用损失加大或工期延误,为此承包商可提出索赔。

②工程中人为障碍引起的索赔。在施工过程中,如果承包商遇到了地下构筑物或文物,只要是图纸上未说明的,而且与工程师共同确定的处理方案导致了工程费用增加,承包商即可提出索赔。这类索赔一般比较容易成功,因为地下构筑物和文物的发现,的确是属于有经验的承包商也难以合理预见的人为障碍。

(2)工期延长和延误的索赔。工期延长和延误的索赔一般包括两个方面:一是承包商要求延长工期;二是承包商要求偿付由于非承包商原因导致工程延误而造成的损失。一般这两方面的索赔报告要求分别编制。因为工期和费用索赔并不一定同时成立。例如因特殊气候、罢工等原因承包商可以要求延长工期,但不能要求赔偿;也有些延误时间不在关键线路上,承包商可能得不到延长工期的承诺;但是如果承包商能提出证据说明其延误造成的损失,就有可能有权获得这些损失的赔偿,有时两种索赔可能混在一起,既可以要求延长工期,又可以获得对其损失的赔偿。

①关于延长工期的赔偿,通常是由下述原因造成:

a.业主未能按时提交可进行施工的现场;

b.有记录可查的特殊反常的恶劣天气;

c.监理工程师在规定时间内未能提供所需的图纸或指示;

d.有关放线的资料不准确;

e.现场发现化石、古钱币或文物;

f.工程变更或工程量增加引起施工工序的变动;

g.业主和监理工程师要求暂停工程;

h.不可抗力引起的工程损坏或修复;

i.业主违约;

j.监理工程师对合格工程要求拆除或剥露部分工程予以检查,造成工程进度被打乱,影响工作的开展;

k.工程现场中有其他承包商的干扰;

l.合同文件中某些内容的错误或矛盾。

由于以上这些原因要求延长工期,只要承包商提出合理的证据,一般可以获得监理工程师的同意,有的还可以索赔费用损失。

②关于延误造成的费用的索赔,需特别注意两点:一是凡属业主和监理工程师方面和原因造成的工期的拖延,不仅应给承包商适当延长工期,还应给予相关的费用补偿。二是凡属于客观原因(既不是业主原因,也不是承包商原因)造成的拖延,如特殊反常的天气、工人罢工、政府间接制裁等,承包商可以得到延长工期,但得不到费用补偿。

(3)加速施工的索赔。当工程项目的施工计划进度受到干扰,导致项目不能按时竣工,业主的经济效益受到影响时,有时业主或监理工程师会发布加速施工指令,要求承包商投入更多资源、加班赶工来完成工程项目。这可能会导致工程成本的增加,引起承包商的索赔。当然,这里所说的加速施工并不是由于承包商的任何责任和原因。按照 FIDIC合同专用条件中的规定,可以采用奖励方法解决加速施工的费用补偿,激励承包商克服困难,按时完工。

(4)因施工临时中断和工效降低引起的索赔。由于业主或监理工程师的原因造成临时停工或施工中断,特别是根据业主或监理工程师不合理指令造成了工效的大幅度降低,从而导致费用支出增加,承包商可提出索赔。

(5)业主不正当终止工程而引起的索赔。由于业主不正当地终止工程,承包商有权要求补偿损失,其数额是承包商在终止工程上的人工、材料、机械设备的全部支出,以及各项管理费用、保险费、贷款利息、保函费用的支出(减去已结算的工程款),并有权要求赔偿其盈利损失。

(6)物价上涨引起的索赔。由于物价上涨的因素,带来了人工费、材料费、甚至机械费的不断上涨,导致工程成本大幅度上升,承包商的利益受到严重影响,也会引起承包商提出索赔要求。

(7)拖欠支付工程款引起的索赔。这是争执最多也是较为常见的索赔。一般合同中都有支付工程款的时间限制及延期付款计息的利率要求。如果业主不按时支付中期工程进度款或最终工程款,承包商可据此规定,向业主索要拖欠的工程款并索赔利息,敦促业主迅速偿付。对于严重拖欠工程款,导致承包商资金周转困难,影响工程进度,甚至引起中止合同的严重后果,承包商则必须严肃地提出索赔,甚至诉讼。

(8)法规、货币及汇率变化引起的索赔。

①法规变化引起的索赔。如果在投标截止日期前的 28 天以后,由于业主国家或地方的任何法规、法令、政令或其他法律、规章发生了变化,导致了承包商成本增加。承包商由此增加的开支,业主应予补偿。

②货币及汇率变化引起的索赔。如果在投标截止日期前的 28 天以后,工程施工所在国政府或其授权机构对支付合同价格的一种或几种货币实行限制或汇兑限制,业主应补偿承包商因此而受到的损失。

(9)因合同条款模糊不清甚至错误引起的索赔。在合同签订时,对合同条款审查不认真,有的措辞不严密,各处含义不一致,也可能引起索赔的发生。

9.6.5　业主反索赔的内容与特点

业主反索赔是指业主向承包商所提出的索赔,由于承包商不履行或不完全履行约定的义务,或是由于承包商的行为使业主受到损失时,业主为了维护自己的利益,向承包商提出的索赔。在国际上,业主反索赔可以包括两个方面,这正如名著《施工索赔》(J. J. Adrian著)一书中论述反索赔时所说的:"对承包商提出的损失索赔要求,业主可以采取的立场有两种可能的途径:第一,就(承包商)施工质量存在的问题和拖延工期,业主可以对承包商提出反要求,这就是通常向承包商提出的反索赔。此项反索赔就是要求承包商承担修理工程缺陷的费用。第二,业主也可以对承包商提出的损失索赔要求进行批评,即按照双方认可的生产率和会计原则等事项,对索赔进行分析,这样能够很快地减少索赔款的数额。对业主来说,就会成为一个比较合理的和可以接受的款额。"

(1)对承包商履行中的违约责任进行索赔。根据《建设工程施工合同》规定,因承包方原因不能按照协议书约定的竣工工期或工程师同意顺延的工期竣工,或因承包方原因工程质量达不到协议书约定的质量标准,或因承包方不履行合同义务或不按合同约定履行义务的其他情况,承包方均应承担违约责任,赔偿因其违约给发包方造成的损失。双方在专用条款内约定承包方赔偿发包方损失的计算方法或者承包方应当支付违约金的数额或计算方法。施工过程中业主反索赔的主要内容有:

①工期延误反索赔。在工程项目的施工过程中,由于多方面的原因,往往使竣工工期拖后,影响到业主对该工程的利用,给业主带来经济损失,按国际惯例,业主有权对承包商进行索赔,即由承包商支付延期竣工违约金,通常是由业主在招标文件中确定的。业主在确定违约金的费率时,一般要考虑以下因素:

a.业主盈利损失;

b.由于工期延长而引起的贷款利息增加;

c.工程拖期带来的附加监理费;

d.由于本工程拖期竣工不能使用,租用其他建筑物时的租赁费。

②施工缺陷反索赔。当承包商的施工质量不符合施工技术规程的要求,或在保修期满以前未完成应该负责修补的工程时,业主有权向承包商追究责任。如果承包商未在规定的时限内完成修补工作,业主有权雇佣他人来完成工作,发生的费用由承包商负担。

③承包商不履行的保险费用索赔。如果承包商未能按合同条款指定的项目投保,并保证保险有准备,业主可以投保并保证保险有效,业主所支付的必要的保险费可在应付给承包商的款项中扣回。

④对超额利润的索赔。如果工程量增加很多(超过合同价的15%),使承包商预期的收入增大,因工程量增加承包商并不增加任何固定成本,合同价应由双方讨论,收回部分超额利润。

由于法规的变化导致承包商在工程实施中降低了成本,产生超额利润,应重新调整合同价格,收回部分超额利润。

⑤对指定分包商的付款索赔。在工程承包商未能提供已向指定分包商付款的合理证明时,业主可以直接按照工程师的证明书,将承包商未付给指定分包商的所有款额(扣除保留金)付给该分包商,并从应付给承包商的任何款项中如数扣回。

⑥业主合理终止合同或承包商不正当放弃工程的索赔。如果业主合理地终止承包商的承包,或者承包商不合理地放弃工程,则业主有权从承包商手中收回由新的承包商完成工程所需的工程款与原合同未付部分的差额。

⑦由于工伤事故给业主方人员和第三方人员造成的人身或财产损失的索赔,以及承包商运送建筑材料及施工机械设备时损坏了公路、桥梁隧道,道桥管理部门提出的索赔等。

(2)对承包商所提出的索赔要求进行评审、反驳与修正。除以上几个方面反索赔的内容外,反索赔的另一项工作就是对承包商提出的索赔要求进行评审、反驳与修正。首先是审定承包商的这项索赔要求有无合同依据,即有没有该项索赔权。审定过程中要全面参阅合同文件中所有有关合同条款,客观评价、实事求是、慎重对待。对承包商的索赔要求不符合合同文件规定的,即被认为没有索赔权,而使该项索赔要求落空。但要防止有意地轻率否定的倾向,避免合同纠纷升级。根据施工索赔的经验,判断承包商是否有索赔权利时,主要依据以下几个方面:

①此项索赔是否具有合同依据。

②索赔报告中引用的索赔理由是否充分。

③索赔事项的发生是否为承包商的责任。

④在索赔事项初发时,承包商是否采取了控制措施。

⑤此项索赔是否属于承包商的风险范畴。

⑥承包商是否在合同规定的时限(一般为发生索赔事件后的 28 天内)向业主或工程师报送索赔意向通知。

9.6.6　索赔费用的组成与计算方法

1. 索赔费用的组成

索赔费用的主要组成部分,同建设工程施工承包合同价的组成部分相似。由于我国关于施工承包合同价的构成与国际惯例不尽一致,所以在索赔费用的组成内容上也有所差异。按照我国现行规定,建筑安装工程合同价一般包括人工费、材料费(含设备)、施工机具使用费、企业管理费、规费、利润和税金。而国际上的惯例是将建筑安装工程合同价分为直接费、间接费和利润三个部分。

根据国际惯例,索赔费用中主要包括的项目如下:

(1)人工费。人工费是工程成本直接费中主要项目之一,它包括生产工人基本工资、工资性质的津贴、加班费、奖金等。对于索赔费用中的人工费部分来说,主要是指完成合同之外的额外工作所花费的人工费用;由于非承包商责任的工效降低所增加的人工费用;超过法定工作时间的加班费;法定的人工费增长以及非承包商责任造成的工程延误导致的人员窝工等。

(2)材料费。材料的索赔包括:

①由于索赔事项材料实际用量超过计划用量而增加的材料费;

②由于客观原因材料价格大幅度上涨;

③由于非承包商责任工程延误导致的材料价格上涨;

④由于非承包商原因致使材料运杂费、材料采购与储存费用的上涨等。

(3)施工机械使用费。施工机械使用费的索赔包括:

①由于完成额外工作增加的机械使用费;

②非承包商责任致使的工效降低而增加的机械使用费;

③由于业主或监理工程师原因造成的机械停工的窝工费。机械台班窝工费的计算,如系租赁设备,一般按实际台班租金加上每台班分摊的机械调入调出费计算;如系承包商自有设备,一般按台班折旧费计算,而不能按全部台班费计算,因台班费中包括了设备使用费。

(4)工地管理费。索赔款中的工地管理费是指承包商完成额外工程、索赔事项工作以及工期延长、延误期间的工地管理费,包括管理人员工资、办公费、通讯费、交通费等。

(5)利息。在索赔款额的计算中,经常包括利息。利息的索赔通常发生于下列情况:

①业主拖延支付工程进度款或索赔款,给承包商造成较严重的经济损失,承包商因而提出拖付款和利息的索赔;

②由于工程变更和工期延误增加投资的利息；

③施工过程中业主错误扣款的利息。

（6）总部管理费。索赔款中的总部管理费主要指的是工程延误期间所增加的管理费，一般包括总部管理人员工资、办公费用、财务管理费用、通信费用等。这项索赔款的计算，目前没有统一的方法。在国际工程施工索赔中，常用的总部管理费用的计算方法有以下几种：

①按照投标书中总部管理费的比例计算：

总部管理费＝合同中总部管理费比率（％）×（直接费索赔款额＋工地管理费索赔款额等）

②按照公司总部统一规定的管理费比率（％）计算：

总部管理费＝公司管理费比率（％）×（直接费索赔款额＋工地管理费索赔款额等）

③以工程延期的总天数为基础，计算总部管理费的索赔额，计算步骤如下：

第一步：对某一工程提取的管理费＝同期内公司的总管理费×（该工程的合同额/同期内公司的总合同额）

第二步：该工程的每日管理费＝该工程向总部上缴的管理费/合同实施开数

第三步：索赔的总部管理费＝该工程的每日管理费×工程延期的天数

（7）分包费用。索赔款中的分包费用是指分包商的索赔款额，一般也包括人工费、材料费、施工机械使用费等。分包商的索赔款额应如数列入总承包商的索赔款总额以内。

（8）利润。对于不同性质的索赔，取得利润索赔的成功率是不同的。一般地说，由于工程范围的变更和施工条件变化引起的索赔，承包商是可以列入利润的；由于业主的原因终止或放弃合同，承包商除有权获得已完成的工程款以外，还应得到原定比例的利润。而对于工程延误的索赔，由于利润通常是包括在每项实施的工程内容的价格之内的，而延误工期并未削减某些项目的实施，而导致利润的减少；所以，一般监理工程师很难同意在延误的费用索赔中加进利润损失。

另外还需注意的是，施工索赔中以下几项费用是不允许索赔的：

①承包商对索赔事项的发生负有责任的有关费用；

②承包商对索赔事项未采取减轻措施，因而扩大的损失费用；

③承包商进行索赔工作的准备费用；

④索赔款在索赔处理期间的利息；

⑤工程有关的保险费用。

2. 索赔费用的计算

（1）分项法。该方法是按每个索赔事件所引起损失的费用项目分别分析计算索赔值的一种方法。这一方法是在明确责任的前提下，将需索赔的费用分项列出，并提供相应的工程记录、收据、发票等证据资料，这样可以在较短时间内给以分析、核实，确定索赔费用顺利解决索赔事宜。在实际中，绝大多数工程的索赔都采用分项法计算。

分项法计算通常分为三步：

①分析每个或每类索赔事件所影响的费用项目，不得有遗漏。这些费用项目通常应

与合同报价中的费用项目一致；

②计算每个费用项目受索赔事件影响后的数值，通过与合同价中的费用值进行比较即可得到该项费用的索赔值；

③将费用项目的索赔值汇总，得到总费用索赔值。分项法中索赔费用主要包括该项工程施工过程中所发生的额外人工费、材料费、施工机械使用费、相应的管理费，以及应得的间接费和利润等。由于分项法所依据的是实际发生的成本记录或单据，所以施工过程中，对第一手资料的收集整理就显得非常重要。

（2）总费用法。又称总成本法，就是当发生多次索赔事件后，重新计算出该工程的实际总费用，再从这个实际总费用中减去投标报价时的估算总费用，计算出索赔金额，具体公式为

$$索赔金额＝实际总费用－投标报价估算总费用$$

采用总费用法进行索赔时应注意如下几点：

①采用这个方法，往往是由于施工过程上受到严重干扰，造成多个索赔事件混杂在一起，导致难以准确地进行分项记录和收集资料、证据，也不容易分项计算出具体的损失费用，只得采用总费用法进行索赔。

②承包商报价必须合理，不能是采取低中标策略后过低的标价。

③该方法要求必须出具足够的证据证明其全部费用的合理性，否则其索赔款额将不容易被接受。

④有些人对采用总费用法计算索赔费用持批评态度，因为实际发生的总费用中有可能包括承包商的原因（如施工组织不善、浪费材料等）而增加了费用，同时投标报价估算的总费用由于想中标而过低。所以这种方法只有在难以用分项法计算索赔款费用时，才使用此法。

9.6.7 索赔的处理原则和基本程序

1. 索赔的处理原则

（1）索赔必须以合同为依据。遇到索赔事件时，监理工程师必须以完全独立身份，站在客观公正的立场上审查索赔要求的正确性，必须对合同条件、协议条款等有详细了解，以合同为依据来处理双方的合同纠纷。

（2）注意资料的积累。处理索赔时必须以事实和数据为依据，因此日常必须注意积累一切可能涉及索赔论证的材料。

（3）及时、合理地处理索赔。索赔发生后，必须依据合同的准则及时地对索赔进行处理。

（4）加强索赔的前瞻性，有效避免过多的索赔事件的发生。

2. 索赔的基本程序

我国《建设工程施工合同》有关规定中对索赔的程序和时间要求有明确和严格的限定，主要包括：

（1）发包方未能按合同约定履行自己的义务或发生错误以及应由发包方承担责任的其他情形，造成工期延误和（或）延期支付合同价款及造成承包方的其他经济损失，承包方可按下列程序以书面形式向发包方索赔：

①索赔事件发生后28天内，向监理工程师发出索赔意向通知；

②发出索赔意向通知后28天内，向监理工程师提出补偿经济损失和（或）延长工期的索赔报告及有关资料；

③监理工程师在收到承包方送交的索赔报告和有关资料后，于28天内给予答复，或要求承包方进一步补充索赔理由和证据；

④监理工程师在收到承包方送交的索赔报告和有关资料后28天内未给予答复或未对承包方作进一步要求，视为该项索赔已经认可。

⑤当该索赔事件持续进行时，承包方应当阶段性向工程师发出索赔意向，在索赔事件终了28天内，向监理工程师送交索赔的有关资料和最终索赔报告。

（2）承包方未能按合同约定履行自己的各项义务或发生错误给发包方造成损失，发包方也按以上各条款约定时限向承包方提出索赔。

思考题

1. 建设工程合同有哪些类型？

2. 监理合同有哪几种类型？

3. 监理委托合同主要包括哪些内容？

4. 竞争性招标选择监理单位的程序如何？

5. 监理任务书的主要内容包括哪些内容？

6. 建设工程合同订立的程序如何？

7. 索赔的种类有哪几种？

8. 索赔的证据有哪些？

9. 施工索赔主要包括哪些内容？

10. 索赔费用如何组成？

11. 如何确定索赔费用？

12. 确定索赔费用的方法有哪些？

13. 索赔处理程序如何？

14. 监理合同的标准条件与专用条件有何区别？

15. 简述勘察设计合同的主要内容。

16. 简述施工合同双方的权利和义务。

第10章

建设工程安全管理

10.1 建设工程安全监理

2003 年 11 月 24 日，国务院颁布了《建设工程安全生产管理条例》，并于 2004 年 2 月 1 日起施行。《建设工程安全生产管理条例》规定了工程建设参与各方责任主体的安全责任，明确规定工程监理单位的安全责任，以及工程监理单位和监理工程师应对建设工程安全生产承担监理责任。

建设工程安全监理是指具有相应资质的工程监理单位受建设单位（或业主）的委托，依据国家有关建设工程的法律、法规，经政府主管部门批准的建设工程建设文件、建设工程委托监理合同及其他建设工程合同，对建设工程安全生产实施的专业化监督管理。建设工程安全监理是监理工程师对建设工程中的人、材料、机械、方法、环境及施工全过程的安全生产进行监督管理，通过组织、技术、经济和合同措施，保证建设行为符合国家安全生产、劳动保护、环境保护、消防等法律法规、标准规范和有关方针、政策，有效地将建设工程安全风险控制在允许的范围内，以确保施工安全。它是建设工程监理的重要组成部分，也是建设工程安全生产管理的重要保障。建设工程安全监理的实施，提高了施工现场的安全管理水平，也有效地控制了施工现场重大伤亡事故的发生，降低了由施工现场安全事故引起的损失。

10.1.1 建设工程安全监理的作用

建设工程监理制在我国建设领域已推行了十四年，在建设工程中发挥了重要作用，并取得了显著的成效，而建设工程安全监理制在我国刚刚起步，其作用主要表现在以下几方面：

1. 有利于防止或减少生产安全事故，保障人民群众生命和财产安全

我国建设工程规模逐步加大，建设领域安全事故起数和伤亡人数一直居高不下，个别地区施工现场安全生产情况仍然十分严峻，安全事故时常发生，导致群死群伤恶性事件，给广大人民群众的生命和财产带来巨大损失。实施建设工程安全监理制度,监理工程师能够及时发现建设工程实施过程中出现的安全隐患,并要求施工单位及时整改、消除,从而有利于防止或减少生产安全事故的发生,保障了广大人民群众的生命和财产安全。

2. 有利于实现工程投资效益最大化

实行建设工程安全监理制度,由监理工程师进行施工现场安全生产的监督管理,防止和减少生产安全事故的发生,保证了建设工程质量,使施工过程顺利开展,从而保证了建设工程整个进度计划的实现,有利于投资的正常回收,实现投资效益的最大化。同时,对施工现场实施有效的安全监理,避免了安全事故的发生,也减少了由此引起的工程损失。

3. 有利于促使施工单位保证建设工程施工安全,提高施工行业安全生产管理水平

实行建设工程安全监理制,通过监理工程师对建设工程施工生产的安全监督管理,以及监理工程师的审查、督促、检查等手段,促使施工单位进行安全生产,改善劳动作业条件,提高安全技术措施等,保证建设工程施工安全,提高施工单位自身施工安全生产管理水平,从而提高施工行业的整体安全生产管理水平。

4. 有利于规范工程建设参与各方主体的安全生产行为

监理工程师采用事前、事中和事后控制相结合的方式,对建设工程安全生产的全过程进行动态监督管理,规范各施工单位的安全生产行为,最大限度地避免不当安全生产行为的发生。工程建设开始之前,监理工程师可以向建设单位提出安全生产建议,协助建设单位制定安全生产制度和管理程序。当不当安全生产行为出现时,监理工程师也可以及时加以制止,最大限度地减少其不良后果。

5. 有利于提高建设工程安全生产管理水平

实行建设工程安全监理制,通过对建设工程安全生产实施三重监控,即政府的安全生产监督检查、工程监理单位的安全监理、施工单位自身的安全控制,最大程度地避免安全事故的发生。另一方面,政府通过改进市场监管方式,通过工程监理单位、安全中介服务公司等的介入,对施工现场安全生产的监督管理,变被动的政府安全监察为主动的安全管理和监督,形成安全生产监管合力,从而提高我国建设工程安全生产管理水平。

6. 有利于建设工程安全生产保证机制的形成

据 2003 年统计,全国建设系统共设有建设工程安全监督机构 1706 个,安全生产监督人员 0.88 万人,而工程质量监督机构 3047 个,质量监督人员 4.0 万人,相较质量监督而言,政府的建设工程安全生产监管力量明显不足。实施建设工程安全监理制,有利于改善我国安全生产监管力量不足的局面,有助于建设工程安全生产保证机制的形成,即施工企业负责、监理监管、政府市场监察三层管理,从而保证我国建设领域安全生产的顺利实施。

10.1.2 建设工程安全监理的依据

建设工程安全监理的依据包括有关安全生产、劳动保护、环境保护、消防等的法律法规和标准规范、建设工程批准文件和设计文件、建设工程委托监理合同和有关的建设工程合同等。

1. 有关安全生产、劳动保护等的法律法规和标准规范

有关建设工程安全生产、劳动保护等的法律法规和标准规范包括：《中华人民共和国建筑法》《中华人民共和国安全生产法》《中华人民共和国劳动法》《中华人民共和国环境保护法》《中华人民共和国消防法》《建设工程安全生产管理条例》等法律法规，《建筑施工企业安全生产许可证管理规定》《建设工程施工现场管理规定》《建筑安全生产监督管理规定》《工程建设监理规定》等部门规章，以及各种相关的地方性法规，也包括《工程建设标准强制性条文》《建设工程监理规范》以及相关的工程安全技术标准、规范、规程等。

2. 建设工程批准文件

建设工程批准文件包括：批准的可行性研究报告、建设项目选址意见书、建设用地规划许可证、建设工程规划许可证、施工许可证以及初步设计文件、施工图设计文件等。

3. 委托监理合同和相关的建设工程合同

工程监理单位应当根据两类合同进行安全监理。这两类合同包括：工程监理单位与建设单位签订的建设工程委托监理合同，建设单位与施工承包单位签订相关建设工程合同。

10.2 建设工程安全生产和安全责任体系

10.2.1 建设工程安全生产原则

1. "安全第一、预防为主"的基本指导方针

"安全第一、预防为主"是我国建设工程生产的基本指导方针。"安全第一"是建筑生产的基本原则和目标，它要求所有参与工程建设的人员，包括管理者和操作人员以及对工程建设活动进行监督管理的人员都必须树立安全的观念，不能为了经济利益而牺牲安全。当安全与生产发生矛盾时，必须先解决安全问题，在保证安全的前提下从事生产活动。"预防为主"是安全生产实施的主要手段和途径，是指在工程建设活动中，根据建设工程的特点，对不同的生产要素采取相应的事前控制措施，有效地控制不安全因素的发展和扩大，把可能发生的事故消灭在萌芽状态，以保证生产活动中人的安全与健康。

2. 安全生产原则

(1)"管生产必须管安全"的原则。"管生产必须管安全"的原则是指建设工程项目各级领导和全体员工在生产工程中必须坚持在抓生产的同时抓好安全工作。"管生产必须管安全"的原则也是安全生产责任制的指导思想，它体现了安全和生产的统一，生产与安全是一个有机的整体，两者不能分割更不能对立起来，应将安全寓于生产之中。

(2)"安全具有否决权"的原则。"安全具有否决权"的原则是指安全生产工作是衡量建设工程项目管理的一项基本内容，它要求在考核各项生产工作的可行性时把安全保证放在第一位。如果生产方式没有达到安全指标的要求，就不能够执行，直至改进的生产方式和过程达到安全指标的要求后，工作才能开展，安全具有一票否决的作用。

（3）劳动安全卫生"三同时"的原则。劳动安全卫生"三同时"原则是指凡是在我国境内新建、扩建、改建的基本建设项目，技术改建项目和引进的建设项目，其劳动安全卫生设施必须符合国家规定的标准，必须与主体工程同时设计、同时施工、同时投产使用。

（4）事故处理"四不放过"的原则。即在调查和处理安全事故时要做到：事故原因分析不清不放过；事故责任者和群众没受到教育不放过；没有整改预防措施不放过；事故责任者和责任领导不处理不放过。

10.2.2　建设工程参与各方的安全责任

1. 建设单位的安全责任

建设单位是工程建设的主导者，对建设工程的安全生产肩负着重要的责任。建设单位的安全责任包括：有义务向施工单位提供工程所需的有关资料，并保证资料的真实完整；不得要求勘察、设计、施工、工程监理等单位违反国家法律法规和工程建设强制性标准规定，不得任意压缩合同约定的工期；应在工程概算中确定并提供安全作业环境和安全施工措施费用；应当将拆除工程发包给有建筑业企业资质的施工单位等。

2. 勘察、设计单位的安全责任

勘察单位的安全责任包括：按照法律、法规和工程建设强制性标准进行勘察；提供的勘察文件应当真实、准确，满足建设工程安全生产的需要；在勘察作业时，应当严格执行操作规程，采取措施保证各类管线、设施和周边建筑物、构筑物的安全等。

设计单位的安全责任包括：按照法律、法规和工程建设强制性标准进行设计，防止因设计不合理导致生产安全事故的发生；应当考虑施工安全操作和防护的需要，对涉及施工安全的重点部位和环节在设计文件中注明，并对防范生产安全事故提出指导意见；对采用新结构、新材料、新工艺的建设工程和特殊结构的建设工程，设计单位应当在设计中提出保障施工作业人员安全和预防生产安全事故的措施建议等。此外，设计单位和注册建筑师等注册执业人员应当对其设计负责。

3. 工程监理单位的安全责任

工程监理单位是建设工程安全生产的重要保障。监理单位的安全责任包括：审查施工组织设计中的安全技术措施或专项施工方案是否符合工程建设强制性标准；发现存在安全事故隐患时，应当要求施工单位整改或暂停施工并报告建设单位；施工单位拒不整改或者拒不停止施工的，应当及时向有关主管部门报告等。监理单位应当按照法律、法规和工程建设强制性标准实施监理，并对建设工程安全生产承担监理责任。

4. 施工单位的安全责任

施工单位是建设工程的实际执行人，建设项目安全生产能否达标主要取决于施工单位的安全生产保证措施。施工单位的安全责任包括：建立健全安全生产责任制度和安全生产教育培训制度，指定安全生产规章制度和操作规程，保证本单位安全生产条件所需资金的投入；对所承担的建设工程进行定期和专项安全检查，并做好安全检查记录；设立施工企业安全生产管理机构和配备专职安全管理人员；建设工程实行施工总承包的，由总承包单位对施工现场的安全生产负总责；在施工前施工单位技术负责人应向相关的作业班组和人员做出安全施工技术要求的详细说明；对因施工可能造成损害的毗邻建筑物、构筑物和地下管线采取专项防护措施；向作业人员提供安全防护用具和安全防护服装并书面告知危险岗位操作规程；对施工现场安全警示标志使用、作业和生活环境等进行管理；对安全防护用具、机械设备、施工机具及配件在进入施工现场前进行查验等。

5. 其他参与单位的安全责任

(1)提供机械设备和配件的单位的安全责任。提供机械设备和配件的单位应当按照安全施工的要求配备齐全有效的保险、限位等安全设施和装置。

(2)出租单位的安全责任。出租机械设备和施工机具及配件的单位应当具有生产(制造)许可证、产品合格证；应当对出租的机械设备和施工机具及配件的安全性能进行检测，在签订租赁协议时，应当出具检测合格证明；禁止出租检测不合格的机械设备和施工机具及配件。

(3)拆装单位的安全责任。拆装单位在施工现场安装、拆卸施工起重机械和整体提升脚手架、模板等自升式架设设施必须具有相应等级的资质。安装、拆卸施工起重机械和整体提升脚手架、模板等自升式架设设施，应当编制拆装方案，制定安全施工措施，并由专业技术人员现场监督。施工起重机械和整体提升脚手架、模板等自升式架设设施安装完毕后，安装单位应当自检，出具自检合格证明，并向施工单位进行安全使用说明，办理签字验收手续。

(4)检验检测单位的安全责任。检验检测机构对检测合格的施工起重机械和整体提升脚手架、模板等自升式架设设施，应当出具安全合格证明文件，并对检测结果负责。

10.2.3　建设工程参与各方的安全管理制度

1. 建设单位的安全管理制度

建设单位应建立的安全管理制度包括：①执行法律法规与标准制度；②履行合同约定工期制度；③提供安全生产费用制度；④保证安全施工措施的施工许可证制度；⑤保证安全施工措施的开工报告备案制度；⑥拆除工程发包制度；⑦保证安全施工措施的拆除工程备案制度。

2. 工程监理单位的安全管理制度

工程监理单位应建立的安全管理制度包括：①安全技术措施审查制度；②专项施工方案审查制度；③安全隐患处理制度；④严重安全隐患报告制度；⑤执行法律法规与标准监理制度。

3. 施工单位的安全管理制度

施工单位应建立的安全管理制度包括：①安全生产许可证制度；②安全生产责任制度；③安全生产教育培训制度；④安全生产费用保障制度；⑤安全生产管理机构和专职人员制度；⑥特种人员持证上岗制度；⑦安全技术措施制度；⑧专项施工方案专家论证审查制度；⑨施工前详细说明制度；⑩消防安全责任制度；⑪防护用品及设备管理制度；⑫起

重机械和设备设施验收登记制度;⑬三类人员考核任职制度;⑭意外伤害保险制度;⑮安全事故应急救援制度;⑯安全事故报告制度。

4.其他单位的安全管理制度

其他参与单位应建立的安全管理制度包括:①提供单位:安全设施和装置齐全有效制度;②出租单位:安全性能检测制度;③拆装单位:安全技术措施制度;现场监督制度;自检制度;验收移交制度;④检测单位:检测结果负责制度。

5.勘察、设计单位的安全管理制度

勘察、设计单位应建立的安全管理制度包括:①勘察文件满足安全生产需要制度;②执行法律法规与标准设计制度;③新结构、新材料、新工艺等安全措施建议制度。

10.3　施工过程的安全监理

施工过程是由一系列相互联系的现场施工作业和现场管理活动构成的,因此,监理工程师对施工过程的安全监理就体现在其对施工现场的作业和管理活动的监督和控制上。在施工过程中,监理工程师要针对施工过程和作业活动的不同特点,分别采取事前、事中以及事后控制措施,对整个施工过程进行全过程、全方位的安全管理。

10.3.1　作业活动准备状态的安全监理

1.审查施工现场劳动组织和作业人员的资格

(1)施工现场劳动组织。劳动组织涉及从事作业活动的作业人员及管理者,以及相应的各种组织管理制度。

①操作人员:从事作业活动的操作者数量必须满足作业活动的需要,相应工种配置能保证作业合理有序持续的进行。

②管理人员:作业活动的直接负责人(包括技术负责人),专职安全生产管理人员、施工员,与作业活动有关的监控人员等必须在岗。

③相关制度要健全:如管理层及作业层各类人员的岗位职责;作业活动现场的安全、劳动保护、消防、环保规定;紧急情况的应急处理预案等。同时,要有相应措施及手段以保证制度、规定的落实和执行。

(2)作业人员上岗资格。监理工程师要对施工现场管理和作业人员的执业资格、上岗资格和任职能力进行检查、核对证书,包括项目负责人、安全生产管理人员、项目管理人员、垂直运输机械作业人员、安装拆卸工、爆破作业人员、起重信号工、登高架设作业人员等特种作业人员,木工、混凝土工、钢筋工等一般施工人员。只有对应岗位或工种的证书专业相符且有效,才能上岗。

2.检查施工单位对从业人员的施工安全教育培训

监理工程师要检查督促施工单位按安全教育培训制度的要求,对施工现场的自有和分包方从业人员进行安全教育培训。

施工现场安全教育培训的重点是做好新工人进企业、进项目、进班组的"三级安全教育"、变换工种安全教育、转场安全教育、特种作业安全教育、班前安全活动交底、季节性施工安全教育、节假日安全教育等。

监理工程师要监督施工单位安全教育培训制度的实施,定期检查培训考核的实施情况及实际效果,并提出指导意见。

3. 作业安全技术交底的控制

施工单位做好安全技术交底,是施工安全的重要保证。安全技术交底是施工单位指导作业人员安全施工的技术措施,是建设工程安全技术方案或措施的具体落实。安全技术交底由施工单位技术负责人根据分部分项工程的具体要求、特点和危险因素编写,是作业人员的指令性文件,因而,安全技术交底应具体、明确、针对性强。

安全技术交底实行分级交底制度。监理工程师检查监督施工单位安全技术交底的重点内容是:

(1)是否按安全技术交底的规定进行技术交底和落实。单位工程开工前,施工单位项目技术负责人必须将工程概况、施工方法、施工工艺、施工程序、安全技术措施,向承担施工的责任工长、作业队长、班组长和相关人员进行交底。各分部分项工程、关键工序、专项施工方案实施前,施工单位项目技术负责人、专职安全生产管理人员应会同项目施工员将安全技术措施向参加施工的施工管理人员进行交底。重点施工工程、结构复杂的分部分项工程等开工前,施工单位技术负责人应向参加施工的施工管理人员进行安全技术方案交底。总承包单位向分包单位,分包单位的安全技术人员向作业班组进行安全技术措施交底;专职安全生产管理人员应对新进场的工人实施作业人员工种交底。作业班组应对作业人员进行班前交底。

(2)是否按安全技术交底的要求和内容进行技术交底和落实。安全技术交底的基本要求如下:

①施工单位必须实行逐级安全技术交底制度,纵向延伸到班组全体作业人员。

②技术交底必须具体、明确、针对性强。

③应将工程概况、施工方法、施工程序、安全技术措施等向工长、班组长、作业人员进行详细交底。

④技术交底的内容应针对分部分项工程施工中给作业人员带来的潜在危险因素和存在问题。

⑤应优先采用新的安全技术措施。

⑥定期向由两个以上作业队和多工种进行交叉施工的作业队伍进行书面交底。

⑦保持书面安全技术交底等签字记录。

安全技术交底主要内容如下:

①本工程项目的施工作业特点和危险点;

②针对危险点的具体预防措施;

③应注意的安全事项;

④对应的安全操作规程和标准;

⑤发生事故后应及时采取的避难和急救措施。

（3）是否按安全技术交底的手续规定实施和落实。所有安全技术交底除口头交底外，还必须有双方签字确认的书面交底记录，交底双方应履行签字手续，交底双方各有一套书面交底。书面交底记录应备案。

（4）是否分阶段、分部分项、分工种，或针对不同工种、不同施工对象进行安全交底。施工单位在对分阶段、分部分项、分工种或不同工种、不同施工对象，进行安全交底时，必须实施分层次交底。

4. 对分包单位的监督

正式开始施工前，监理工程师要检查、督促施工总承包单位对分包商在施工过程中涉及的危险源予以识别、评价和控制策划，并将与策划结果有关的文件和要求事先通知分包单位，以确保分包单位能遵守施工总承包单位的施工组织设计（或安全生产保证计划）的相关要求，如对分包单位自带的机械设备的安装、验收、使用、维护和操作人员持证上岗的要求。监理工程师可以通过检查施工总承包单位对分包单位的通知来对分包单位进行监督，通知的方式包括合同或协议约定、书面安全技术交底、协调会议等。

正式开工前，监理工程师要检查、督促施工总承包单位对分包单位进行安全教育和安全技术交底，施工总承包单位项目负责人应组织有关人员向分包单位负责人及分包队伍的有关人员进行安全教育和施工交底，交底内容以总分包合同为依据，包括施工技术文件、安全管理体系的有关文件、安全生产规章制度和文明施工管理要求等。交底应为书面形式，一式两份，双方负责人和有关人员签字，并保留交底记录，确保作业前对全体分包从业人员均完成安全教育培训。

10.3.2　作业活动运行过程的安全监理

1. 组织专人对重大危险源及与之相关的重点部位、过程和活动进行重点监控

监理工程师要根据已识别的重大危险源，确定与之相关的需要进行重点监控的重点部位、过程和活动，如深基坑施工、起重机械安装和拆除、整体式提升脚手架升降、大型构件吊装等。

根据监控对象，监理工程师确定熟悉相应操作过程和操作规程的监理员，明确监控内容、监控方式、监控记录、监控结果反馈形式。发现施工单位作业人员的违章操作时，监理员应及时制止，发现安全事故隐患应立即要求施工单位暂停施工，并报监理工程师。

对重点监控对象，特别是对深基坑施工、地下暗挖施工、高大模板施工、起重机械安装和拆除、整体或提升脚手架升降，监理员必须进行连续的旁站监控，并做好旁站监理记录。

2. 监控安全防护设施的搭设、拆除及其使用维护管理

（1）脚手架搭设和拆除的监控。监理工程师要对施工单位脚手架搭设和拆除进行监控。施工单位应按脚手架施工方案的要求进行交底搭设。普通脚手架搭设到一定高度时，按《建筑施工安全检查标准》（JGJ 59-99）的要求，分步、分阶段进行检查、验收，合格后做好记录，再报监理工程师核查验收，经核查合格后，施工单位方可投入使用。使用中，施工单位应落实专人负责检查、维护。

当整体提升脚手架等自升式架设设施由取得专业资质的安装单位进行施工时,专业安装单位应按专项施工方案进行搭设,并负责组装、提升、验收,组装完成后,安装单位应按《建筑施工安全检查标准》(JGJ 59-99)的要求进行检查、验收,合格后做好记录,再向行业检测机构申请检测,检测合格后,再报监理工程师进行核查验收,经核查合格后,施工单位方可投入使用。

整体提升脚手架等自升式架设设施在每次提升或下降以后,施工单位还必须进行验收,否则不得投入使用。

监理工程师应检查督促施工单位在自升式架设设施验收合格后,按规定时间向建设行政主管部门或者其他有关部门的登记情况。登记标志应当置于或者附着于该设备的显著位置。

(2)洞口、临边、高处作业等安全防护设施搭设拆除的监控。在施工现场,施工单位应落实负责搭拆洞口、临边、高处作业所采取的安全防护设施如通道防护栅、电梯井内隔离网、楼层周边和预留洞口防护设施、基坑临边防护设施、悬空或攀登作业防护设施的人员或班组,搭拆完毕后,需要专门的技术或安全负责人进行检查与验收。监理工程师应对这些设施的搭拆情况进行检查验收。

(3)检查安全防护设施的使用维护。现场施工多为露天作业,现场情况多变,而且涉及多工种的立体交叉作业,施工用设备、设施在验收合格投入使用后,在施工过程中经常会出现缺陷和问题,施工人员在作业中也会发生违章操作的现象,监理工程师要对安全防护设施、设备在日常运行和使用过程中易发生事故的主要环节、部位进行动态的检查,应每隔一段时间进行一次安全检查,以保持设备、设施持续完好有效,并做好检查记录。

3. 检查施工机具、施工设施的使用维护管理

监理工程师应对施工机具、施工设施使用、维护、保养等进行检查,做好检查记录。施工机具在使用前,施工单位必须对安全保险、传动保护装置及使用性能进行检查、验收,填写验收记录,验收合格后方可使用。

4. 检查施工现场危险部位安全警示标志的设置

监理工程师应对施工现场入口处、起重设备、临时用电设施、脚手架、出入通道口、楼梯口、电梯井口、孔洞口、桥梁口、隧道口、基坑边沿、爆破物及危险气体和液体存放处等危险部位设置的安全警示标志进行检查,做好检查记录。安全警示标志的设置应符合相关的规定要求。各种安全警示标志设置后,不得擅自移动或拆除。

5. 监控起重机械、设备的安装、拆除以及使用维护管理

监理工程师应对塔吊、施工升降机、井架与龙门架等起重机械、设备在安装拆除进行监控。塔吊、施工升降机、井架与龙门架等起重机械、设备在安装拆除前,施工单位应按专项施工方案组织安全技术交底;安装拆除过程中,应采取防护措施,并进行现场过程控制;安装搭设完毕后,一般由施工单位按规定自行检查、验收,检查重点包括基础的隐蔽工程验收,预埋件、平整度、斜撑、剪刀撑、墙体埋件、垂直度、电器、起重机械等专项检查和检验。其中塔吊、施工升降机等危险性较大的起重、升降设备,在施工单位验收合格后,再向行业检测机构申请检测,检测合格后,报监理工程师核查验收,核查合格后方能投入使用。监理工程师应对起重机械、设备的使用、维修和保养工作进行周期性检查,并做好检查记录。

6. 检查个体劳动防护用品使用情况

监理工程师应按危险源及有关劳动防护用品发放标准规定对现场管理人员和操作人员安全帽、安全带、护目镜等劳动防护用具和安全防护服装进行周期性检查、监督,并作好检查记录。严禁不符合劳动防护用品佩带标准的人员进入作业场所。

7. 检查安全检测工具的性能、精度

监理工程师应检查、督促施工单位配备好安全检测工具。施工单位应根据本工程项目施工特点,有效落实各施工场所应配备完善相应的安全检测设备和工具。安全检测工具,常用的包括:检查几何尺寸的卷尺、经纬仪、水准仪、卡尺、塞尺;检查受力状态的传感器、拉力器、力矩扳手;检查电器的接地电阻测试仪、绝缘电阻测试仪、电压电流表、漏电测试仪等;测量噪声的声级机;测量风速的手持式风速仪等。监理工程师应定期检查施工单位安全检测工具的性能、精度状况,确保其处于良好状态之中,并作好检查记录。

8. 安全物资的检查

监理工程师对安全物资检查的重点内容是:

(1)安全物资进场的核查。监理工程师要对进场安全物资进行核查,检查施工单位是否对进场安全物资进行了验证、检测。为防止安全物资的混用、错用,施工单位应对安全物资品牌、规格、型号和验收状态做出识别标志,如挂牌或进行记录。

(2)安全物资的贮存和防护的检查。为防止安全物资的损坏和变质,监理工程师检查、督促施工单位采取设库、设池、上架堆放、遮盖、上油等方式进行安全物资贮存和防护,并在贮存期间对安全物资的防护和质量情况进行检查。

9. 监控施工现场临时用电

监理工程师应对施工现场临时用电进行检查,做好检查记录。监理工程师应按《施工现场临时用电安全技术规范》(JGJ 46-88)规定,对变配电装置、架空线路或电缆干线的敷设、分配电箱等用电设备进行检查。施工现场临时用电设备在组装完毕通电投入使用前,由施工单位安全部门与专业技术人员共同按临时用电组织设计的规定检查、验收,对不符合要求的必须整改,待复查合格后,填写验收记录。

10. 施工现场消防安全的检查

监理工程师应按照防火要求对施工现场木工间、油漆仓库、氧气与乙炔瓶仓库、电工间等重点防火部位,高层外脚手架上焊接等作业活动,氧气和乙炔瓶、化学溶剂等易燃易爆危险物资的贮存、运输、标识、防护,配置的灭火机等消防器材和设施进行检查,并做好检查记录。监理工程师还应对施工单位消防安全责任制度进行检查监督,督促施工单位落实消防安全管理。

11. 检查施工现场及毗邻区域地下管线、建(构)筑物等的专项防护措施

监理工程师应对施工现场及毗邻区域内地下管线,如供水、排水、供电、供气、供热、通信、广播电视等地下管线,相邻建(构)筑物、地下工程等采取的专项防护措施情况进行检查。在施工时,施工单位应确保施工现场及毗邻区域内地下管线、建(构)筑物等不受损坏,监理工程师在施工中应组织监理员进行重点监控。

12. 检查粉尘、废气、废水、固体废弃物、噪声等的排放

粉尘、废气、废水、固体废弃物、噪声等的排放可能造成职业危害和环境影响,监理工程师应定期检查、监督施工单位落实施工现场施工组织设计中关于劳动保护、环境保护和文明施工的各项措施,使污染物的排放控制在允许范围之内,做好检查记录。环境保护和文明施工的具体措施包括:围挡封闭施工;在施工场地进行搅拌作业的必须在搅拌机前台及运输车清洗处设置沉淀池。排放的废水要排入沉淀池内,经二次沉淀后,方可排入市政污水管线或回收用于洒水降尘。未经处理的泥浆水,严禁直接排入城市排水设施和河流;处于城区,夜间施工时应控制施工噪声,除浇捣混凝土必须连续施工外,减少不必要的夜间施工;土方车辆出场全面密闭覆盖并冲洗,减少遗洒与污染;禁止将有毒有害废弃物用作土方回填,以免污染地下水和环境;现场周围及沿街设置文明、安全和可靠的防护隔离设施等。

13. 检查施工现场环境卫生安全状况

监理工程师应对施工现场环境卫生安全进行定期检查、监督,做好检查记录。施工单位应按施工组织设计的施工平面布置方案将办公、生活区与工作区分开设置,并保持安全距离。安全距离的确定应当依据施工现场的实际情况,并应当设有明显的指示标志。办公、生活区的选址应当符合安全性要求,保证办公用房、生活用房不会因滑坡、泥石流等地质灾害而受到破坏,造成人员伤亡或财产损失。

监理工程师检查并督促施工单位做好工作区的施工前期围挡、场地、道路、排水设施准备工作,督促施工作业人员做好班后清理工作以及对作业区域安全防护设施的检查维护。监理工程师检查并督促施工单位按卫生标准在施工现场设置宿舍、食堂、厕所、浴室等,杜绝职工集体食物中毒等恶劣事故发生。监理工程师应检查临时搭设的建筑物是否符合安全使用要求,施工现场使用的装配式活动房屋是否具有产品合格证。施工过程中施工单位应确保饮用水供应,尤其是夏天高温季节,施工单位应提供防暑降温饮料。同时,严禁施工单位在尚未竣工的建筑物内设置员工集体宿舍。

14. 检查施工单位安全自检与互检工作

(1)施工单位的自检工作。施工单位的自检工作主要包括以下三个方面:

①作业活动的作业者在作业结束后必须自检;

②不同工序交接、转换必须由相关人员交接检查;

③施工单位专职安全生产管理人员的专检。

(2)监理工程师的核查。监理工程师对安全设施、施工机械验收核查,是对施工承包单位作业活动安全的工作质量的复核与确认;监理工程师的核查不能代替施工承包单位的自检,监理工程师的核查必须是在施工承包单位自检并确认合格的基础上进行的。专职安全生产管理人员没检查或检查不合格不能报监理工程师,需经行业检测的安全设施、施工机械等,未经行业检测或检测不合格不能报监理工程师,不符合上述规定,监理工程师一律拒绝进行核查。

15. 检查现场安全记录资料

安全记录是为证明施工现场满足安全要求的程度或为安全计划实施的有效性提供客观证据的文件,还可为有追溯要求的各类检查、验收和采取纠正措施及预防措施等提供依据。

(1)施工现场安全管理检查记录资料。主要包括施工单位现场安全管理制度,安全生产责任制;主要专业工种操作上岗证书;施工总承包单位及分包单位的资质、安全生产许可证;总包单位对分包单位的管理制度;安全生产协议书;施工组织设计、专项施工方案审查审批记录;现场安全物资存放与管理等。

(2)与安全设施、施工机械有关的记录资料。主要包括地下工程、模板工程、脚手架工程、施工用电、塔式起重机、吊装工程、施工升降机、井架与龙门架等验收核查记录资料。

(3)施工过程作业活动安全记录资料。施工过程可按分项、分部、单位工程建立相应的安全记录资料。在相应的安全记录资料中应包含各工序作业的原始施工记录;验收核查资料;材料、设备安全资料的编号、存放档案卷号;此外,安全记录资料还应包括安全隐患的报告、通知、处理及验收检查资料等。施工安全记录资料应真实、齐全、完整,相关各方人员的签字齐备、字迹清楚、结论明确,与施工过程的进展同步。在对作业活动效果的核查中,如缺少资料或资料不全,监理工程师应拒绝核查。

16. 安全管理制度的检查监督

在施工过程中,监理工程师应对施工单位安全管理制度的落实情况进行检查和监督。检查和监督的重点包括:是否有效落实安全目标责任考核制度;是否有安全生产责任制有效落实的记录;是否落实了安全生产资金保障制度;是否有效落实了安全教育培训计划;是否落实了安全检查制度;安全隐患整改是否按期完成;是否建立生产安全事故报告制度;是否建立了安全生产管理机构;是否落实了安全技术管理制度;是否建立了设备安全管理制度、特种设备管理制度及消防安全责任制度等。

17. 对分包单位的监督检查

施工中,监理工程师要检查、督促施工总承包单位对分包单位的安全生产管理监管。在分包单位施工的过程中,总承包单位要明确相关责任部门或岗位,对涉及危险源的人员、活动、设施、设备的状况,进行控制管理和监督检查,确保分包单位认真落实各项规定的要求。监理工程师应检查施工总承包单位的专人落实情况,以及对分包队伍施工全过程中的安全生产、文明施工情况进行指导检查、监督管理、与分包单位沟通信息,及时处理发现的问题,必要时可按合同约定中止合同,做好必要的记录。

18. 对供应单位的监控

监理工程师要检查督促施工总承包单位对供应单位在服务过程中涉及的危险源应予以识别、评价和控制策划,并将与策划结果有关的文件和要求事先通知供应单位,以确保供应单位能遵守施工总承包单位施工组织设计的相关要求。通知的方式包括合同或协议约定、书面安全技术交底、协调会议等。监理工程师要检查督促施工总承包单位对供应单位在服务过程中进行控制管理和监督检查。

19. 对大型起重机械设备拆装过程的监控

监理工程师对大型起重机械设备拆装施工过程监控管理的重点应包括：专项施工方案及安全技术措施是否完整；施工起重机械设备基础的隐蔽工程是否经验收；施工起重机械设备安装或拆卸的程序和过程控制是否按照方案进行，安全技术交底是否执行；施工起重机械设备安装或拆卸的专业施工单位监控人员是否到位；施工起重机械设备安装完毕后检查验收工作是否进行等。起重机械设备安装完毕后，除了安装单位的自查、自检以外，施工总承包单位应按照各级建设行政主管部门的要求，委托相关的检测机构对已安装的起重机械设备实施检测，经检测合格后，再报监理工程师核查，经核查合格后方可投入使用。

10.3.3　安全验收

安全设施搭设、施工机械安装完成后，施工单位必须进行检查检验，验收合格后，需经行业检测机构检测的还必须报检测机构进行检测，检测合格后，再填报《安全设施（施工机械）验收检查表》（表 10-1）向监理工程师申请核查，监理工程师必须严格遵照国家标准、规范、规程的规定，按照专项施工方案和安全技术措施的设计要求，对安全设施和施工机械进行检验，并办理书面签字手续。

表 10-1　　　　　　　　　安全设施（施工机械）验收检查表

工程名称：　　　　　　　　　　　　　　　　　　　　　　　编号：

致：_____　　　　　　　　　　　　　　　　　　　　　　　　　　　（监理单位） 　　我方已按照工程安全监理的工作要求，_____工程的 _____ 　　　　　　　　　　　　　　　　　　　　　　　□施工机械□施工安全设施已验收（检测） 合格，验收手续已经齐全，现将_____报送给你们，请组织验收。 　　附件：   　　　　　　　　　　　　　　　　　　　　　　　施工承包单位项目负责人_____ 　　　　　　　　　　　　　　　　　　　　　　　　　　　日期：
监理意见： 　　符合施工方案要求，验收手续齐全，同意使用。　　　□ 　　不符合施工方案要求，验收手续不齐全，整改后再报。　□ 　　　　　　　　　　　　　　　　　　　　　　　专业监理工程师： 　　　　　　　　　　　　　　　　　　　　　　　　　　　日期： 　　　　　　　　　　　　　　　　　　　　　　　总监理工程师： 　　　　　　　　　　　　　　　　　　　　　　　　　　　日期：

监理工程师应做好各安全施工措施、安全技术交底、安全设施及施工机械验收情况的统计、汇总工作,填写检查汇总表,见表 10-2。

表 10-2　　安全设施(施工机械)安全交底及验收情况检查汇总表

工程名称:　　　　　　　　　　　　　　　　　　　施工承包单位:

总监理工程师:　　　　　　　　　　　　　　　　　　安全监理人员:

日期:　　　　　　　　　　　　　　　　　　　　　　日期

	安全监理	方案审批手续	施工机械验收手续	安全设施验收手续	安全交底	备注(检查日期)
1	地下工程					
2	模板工程					
3	吊装工程					
4	施工用电					
5	脚手架					
6	塔式起重机					
7	施工升降机					
8	井架、龙门架					
9	其他机械					
10	装饰工程					
11	拆除爆破					

10.3.4　施工过程安全监理的主要方法

1. 审核技术文件、报告和报表

对技术文件、报告和报表的审核,是监理工程师对建设工程施工安全进行检查和控制的重要途径,审核的具体内容有:有关技术证明文件;专项施工方案;有关安全物资的检验报告;反映工序施工安全的图表;设计变更、修改图纸和技术核定书;有关应用新工艺、新材料、新技术和新结构的技术鉴定书;有关工序检查与验收资料;有关安全设施、施工机械验收核查资料;有关安全隐患、安全事故等安全问题的处理报告;与现场施工作业有关的安全技术签证、文件等。

2. 现场安全检查

现场安全检查的主要内容包括:施工中作业和管理活动的监督、检查与控制;对于重要的和对工程施工安全有重大影响的工序、工程部位、作业活动,在进行现场施工过程中安排监理员进行监控;安全记录资料的检查;施工现场的日常安全检查、定期安全检查、专业性安全检查、季节性及节假日后安全检查等。

现场安全检查的主要方式有三种:

(1)旁站。旁站是指在关键部位或关键工序施工过程中,由监理人员在现场进行的监督活动。在施工阶段,许多建设工程安全事故隐患是由于现场施工或操作不当或不符合标准、规范、规程所致,违章操作或违章指挥往往带来安全事故的发生。因此,通过监理人员的现场旁站监督和检查,及时发现存在的安全问题并加以控制,可以保证施工安全。除了规范规定的旁站监理项目外,确定旁站的工程部位、工艺或作业活动,还应根据每个工程的特点、施工单位安全管理水平等因素综合决定。

(2)巡视。巡视是监理人员对正在施工的部位及工序现场进行的定期及不定期的巡查活动。巡视不限于某一部位及工艺过程,其检查范围为施工现场所有安全生产活动。

(3)平行检验。平行检验是监理人员利用一定的检查或检测手段,在施工承包单位自检的基础上,按照一定的比例独立进行检查或检测的活动。平行检验在安全技术复核及复验工作中采用较多,是监理人员对安全设施、施工机械等进行安全验收核查的主要手段。

3. 举行工地例会和安全专题会议

(1)工地例会是施工过程中参加建设工程各方沟通情况,解决分歧,达成共识,做出决定的主要渠道。通过工地例会,监理工程师检查分析施工过程的安全状况,指出存在的安全问题,提出整改的措施,要求施工单位限期整改完成。由于参加工地例会的人员的层次较高,会上容易就安全问题的解决达成共识。

(2)针对某些专门安全问题,监理工程师还应组织专题会议,集中解决较重大或普遍存在的安全问题。

4. 对安全隐患的处理方法

(1)监理工程师应对检查出的安全事故隐患立即发出安全隐患整改通知单。施工单位应对安全隐患原因进行分析,制定纠正和预防措施。安全事故整改措施经监理工程师确认后实施。监理工程师对安全事故整改措施的实施过程和实施效果应进行跟踪检查,保存验证记录。

(2)对在施工现场违章指挥和违章作业的工作人员,监理工程师应当场向责任人指出,立即纠正。

除以上几种方法之外,监理工程师还可以通过执行安全生产协议书中的安全生产奖惩制度来约束施工单位的安全生产行为,确保施工安全,促进施工安全生产顺利开展。

思考题

1. 建设工程安全监理的主要作用是什么?

2. 工程建设监理的安全责任主要有哪些?

3. 施工单位的安全责任主要有哪些?

4. 工程监理单位的安全管理制度有哪些主要方面?

5. 施工单位安全技术交底工作的重点内容有哪些?

6. 监理工程师如何对安全防护设施的安拆实施监控?

7. 施工现场的安全记录资料主要有哪些?

8. 安全管理制度检查监督的主要内容有哪些?

9. 监理工程师在施工过程监理中所使用的主要方法有哪些?

第11章

建设工程信息管理

11.1 概述

11.1.1 信息的基本概念

1. 信息的内涵

信息论的创始人申农认为,信息是对事物不确定性的量度。由于信息的客观存在,才有可能使人们由表及里,由浅入深地认识事物发展的内在规律,进而使人们在社会经济活动中做出正确而有效的决策。

工程项目建设信息是对参与建设各方主体(如业主、设计单位、施工单位、供货厂商和监理单位等)从事工程建设项目管理(或监理)提供决策支持的一种载体,如项目建议书、可行性研究报告、设计图纸及其说明、各种建设法规及建设标准等。在现代工程项目建设中,能及时、准确、完善地掌握与建设有关的大量信息,处理和管理好各类建设信息,是工程建设项目管理(或监理)的重要内容。

工程项目建设信息与工程项目建设的数据及资料等,既相联系,又有一定的区别。数据是反映客观事物特征的描述,如文字、数值、语言、图表等,是人们用统计方法经收集而获得的信息,是人们所收集的数据、资料经加工处理后,对特定事物具有一定的现实或潜在的价值,且对人们的决策具有一定支持的载体。因此,数据与信息的关系是:数据是信息的载体,而信息则是数据的内涵;只有当数据经加工处理后,具有确定价值而对决策产生支持时,数据才有可能成为信息。图 11-1 表示出数据与信息的关系。

图 11-1　数据与信息的关系

2. 信息的特点

由于工程建设项目及其技术经济的特点,使工程项目建设信息具有如下的性质。

(1)真实性。真实性是工程项目建设信息的最基本性质。如果信息失真,不仅没有任何可利用的价值,反而还会造成建设决策失误。

（2）时效性。时效性又称适时性。它反映了工程项目建设信息具有突出的时间性的特点。某一信息对某一建设目标是适用的，但随着建设进程，该信息的价值将逐步降低或完全丧失。因此，信息的时效性是反映信息现实性的关键，对决策的有效性起着重大的影响。

（3）系统性。信息本身需要全面地掌握各方面的数据后才能得到。因此，在工程实际中，不能片面地处理数据，片面地产生和使用信息，信息也是系统的组成部分之一，必须用系统的观点来对待各种信息。

（4）不完全性。由于使用数据的人对客观事物认识的局限性，使得信息具有不完全性。

（5）层次性。信息使用者是不同的对象，不同的管理需要不同的信息，因此必须针对不同的信息需求分类提供相应的信息。通常可以将信息分为决策级、管理级、作业级三个层次。

3. 工程项目建设信息的划分

为了便于建立工程项目建设监理信息系统，对工程项目建设信息可以按建设信息的性质、用途、载体和建设阶段等划分建设信息类型。

（1）按建设信息的性质划分，建设信息可以划分为引导信息和辨识信息。

①引导信息。引导信息是用于指导人们的正确行为，以便有效地从事工程项目建设中的各种技术经济活动。引导信息包括施工方案、施工组织设计、工程建设计划、各种技术经济措施、各类建设指令、施工图纸及设计更改通知、技术标准及规程等。

②辨识信息。辨识信息是用于指导人们正确认识工程项目建设中各类事物的性能、特征和效果，如原材料、配构件、机械设备的出厂证明书、技术合格证书、试验检验报告、中间产品和最终产品的检查验收签证等。

工程项目建设中的某些信息，如施工图纸、技术方案既属于引导信息，又属于辨识信息。

（2）按建设信息的用途划分，建设信息可以划分为投资控制信息、进度控制信息、质量控制信息、合同管理信息、组织协调信息及其他用途的信息等。

①投资控制信息。投资控制信息包括：费用规划信息，如投资计划、投资估算、工程概（预）算等；实际费用信息，如各类费用支出凭证、工程量计算数据、工程变更情况、工程结算签证，以及物价指数、人工、材料设备、机械台班使用费的市场信息价格等；投资控制的分析比较信息，如费用的历史经验数据、现行数据、预测数据及经济与财务分析的评价数据等。

②进度控制信息。进度控制信息包括：建设项目进度规划，如总进度计划、分目标进度计划、各建设阶段的进度计划、单项工程施工进度计划、资金及物资供应计划、劳动力及设备的配置计划等；工程实际进度的统计信息，如项目日志、实际完成工程量、实际完成工作量等；进度控制比较信息，如工期定额、实现指标等。

③质量控制信息。质量控制信息包括：建设项目实体质量信息，如质量检查、测试数据、隐蔽验收记录、质量事故处理报告，以及材料、设备质量证明及技术验证单等；建设项目的功能及使用价值信息，如有关标准和规范、质量目标指标、设计文件、资料说明等；建设项目的工作质量信息，如质量体系文件、质量管理工作制度、质量管理的考核制度、质量

管理工作的组织制度等。

④合同管理信息。合同管理信息包括：合同管理法规，如建筑法、招标投标法、经济合同法等；建设工程合同文本，如勘察合同、设计合同、施工合同、采购合同等；合同实施信息，如合同执行情况、合同变更、签证记录、工程索赔等。

⑤组织协调信息。组织协调信息包括：建设进度调整及建设项目调整的指令；建设合同变更及其协议书；政府及主管部门对工程项目建设过程中的指令、审批文件；有关建设法规及技术标准等。

⑥其他用途的信息。其他用途的信息是除上述五类用途的信息外，对工程项目建设决策提供辅助支持的某些其他信息，如工程中往来函件、国民经济计划执行中的有关资料、建设场地的有关资料等。

（3）按建设信息的载体划分，建设信息包含：文字信息、语言信息、符号及图表信息、电视信息等。

（4）按建设阶段信息划分，建设信息包含：投资前期的决策信息、设计信息、施工信息、招标投标信息及工程保修阶段的信息等。

通过对建设信息的分类，有利于充分地、合理地、有效地利用各种建设信息，以便对工程建设项目管理或工程项目建设监理提供可靠的决策支持。

11.1.2 建设信息管理

1. 建设信息管理的概念

建设信息管理是指在工程项目建设的各个阶段，对所产生的面向工程建设项目管理业务的信息进行收集、传输、加工储存、维护和使用等的信息规划及组织管理活动的总称。信息管理的目的是通过有效的建设信息规划及其组织管理活动，使参与建设各方能及时、准确地获得有关的建设信息，以便为项目建设全过程或各个建设阶段提供建设决策所需的可靠信息。

2. 建设信息管理的任务

监理工程师作为项目管理者，承担着建设信息管理的任务，具体包括：

（1）组织项目基本情况信息的收集并系统化，编制项目手册。

（2）项目报告及各种资料的规定。

（3）按照项目实施、项目组织、项目管理工作过程建立项目管理信息系统流程，在实际工作中保证这个系统正常运行，并进行信息流控制。

（4）文件档案管理工作。

11.1.3 信息管理系统

随着现代计算机科学技术的发展，信息管理技术也得到了突飞猛进的发展，从而形成一门新兴的信息管理系统学科。

1. 信息管理系统的概念

信息管理系统主要是研究系统中信息传递的逻辑程序和信息处理的数学模型,并研究如何利用计算机来处理各类信息和描述数学模型的方法与手段,信息管理通过提供的多种信息管理方案并实施系统管理,能为决策者提供辅助决策支持。

工程项目建设信息管理系统是利用信息管理技术所开发的适用于对工程项目建设规划和建设目标控制的一种信息管理系统。一个完整的工程项目建设信息管理系统应该具有对建设目标控制、合同管理及信息管理提供辅助支持的功能,其系统结构如图 11-2 所示。

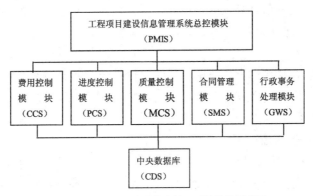

图 11-2　工程项目建设信息管理系统结构示意图

开发工程项目建设信息管理系统是一项复杂的系统工程活动。各参与工程项目的建设主体(即业主、承包商、设计单位和监理单位),可以根据其自身对工程项目建设信息管理的要求、目的、用途等的不同,开发出具有不同功能、不同系统结构的建设信息管理系统,如设计单位可开发工程项目设计信息管理系统;施工单位可开发工程项目施工信息管理系统;监理单位可开发工程项目建设监理信息管理系统,以及适用于工程项目管理某方面管理任务需要的一些子系统,如费用、质量、进度等方面的信息管理系统。图 11-3 表示出信息系统开发的一般程序。

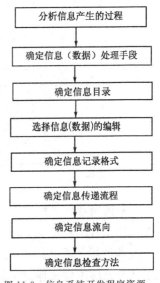

图 11-3　信息系统开发程序资源

2. 信息管理系统的设计原则

由于工程建设项目的特点及施工的技术经济特点,在对工程项目施工监理信息管理系统总体设计中,应遵循下述基本原则:

(1)实用性原则。系统总体设计应从当前工程建设监理单位实际水平和能力出发,分步骤、分阶段加以实施。应力求简单,便于操作,有利于实际推广应用。

（2）科学性原则。系统总体设计除应符合工程建设项目施工的技术经济规律外，还应灵活地利用相关学科及技术方法，以便于开发工程建设项目施工监理的信息管理系统软件，为工程建设监理提供有效的服务。

（3）数量化与模型化相结合的原则。系统总体设计应以数据处理和信息管理为基础，并配以适量的数学模型，包括工程施工成本、施工进度、施工质量与安全、消耗等方面的控制，以及对施工风险、施工效果等方面的评价，以实现数量化与模型化相结合的信息管理系统软件开发方向，为建设项目管理（或监理）提供计算机辅助的决策支持。

（4）可扩充性与可移植性相结合的原则。出于简单，系统总体设计主要是以单位工程施工监理为对象，开发的信息管理软件应能扩充到由各个单位工程组成的群体工程的施工监理方面；同时，还能移植到工程项目施工管理方面，以便为业主的项目管理和施工单位的项目管理服务。

（5）独立性与组合性相结合的原则。系统总体设计应考虑到不同用户的要求，既要保持各子系统的相对独立性，以满足单一功能的推广应用；又要保持相关子系统的联系性，以便组成集成管理系统。

3. 信息管理系统的功能

根据建设监理的目标及其任务要求，工程建设项目施工监理信息管理系统的功能主要有文档管理、数据加工处理、各类图表制作与输出、计划编制与控制、成本管理与控制、质量和安全管理与控制、施工风险分析、施工效果评价、合同与索赔管理及系统的输入与输出等。图 11-4 表示出系统功能设计示意图。

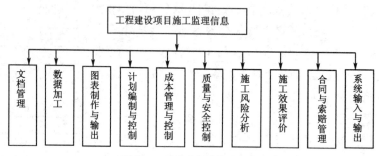

图 11-4　系统功能设计示意图

4. 信息管理系统结构

信息管理系统主要由文档管理子系统、数据库管理子系统、工程进度控制子系统、施工成本控制子系统、质量与安全管理子系统、资源管理子系统、合同管理子系统、风险管理子系统及施工效果评价子系统、人-机对话管理和操作人员总控等组成。各子系统涉及的有关模型，除通用模型包含在模型库内外，其余均包含在各子系统的运行程序中，图 8-5 为工程建设项目监理信息管理总体结构设计的示意图。

（1）文档管理子系统。本系统将由前述的 9 大类文档及其管理系统组成。文档管理子系统结构如图 11-6 所示。

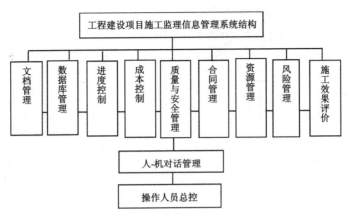

图 11-5　系统总体结构设计示意图

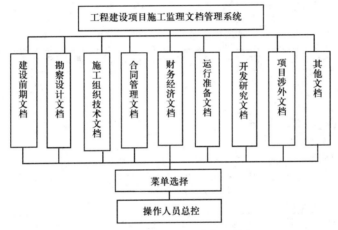

图 11-6 文档管理子系统结构示意图

各类文档的表格文件格式见表 11-1。

表 11-1　　　　　　　　　　　各类文档的表格文件格式

序号	项目名称	项目代码	文件名称	文件代码	发文单位	发文日期	收文数量	收文日期	保存级别	入库日期	保管人员

注:(1)项目名称为各类文档的子项文档名称;(2)保存级别分为 A 级(长期保存)和 B 级(有限期保存)。

(2)数据库系统结构。本系统可以建立三大类含 12 个子库的数据库系统,其结构如图 11-7 所示。

①施工作业库(TCWS)应参照建设项目划分的原则,以单位工程为对象划分为若干分部分项工程,结合施工流水作业方案和工程施工控制点的设置,还应细分为若干施工层、施工段。施工作业库的库文件格式见表 11-2。

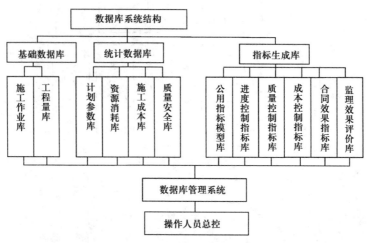

图 11-7　数据库系统结构示意图

表 11-2　施工作业库（TCWS）文件格式

序号	项目名称	项目代码	施工层（K）	施工段（N）	作业名称（I）	作业代码
1	施工准备	CP—				
2	基础工程	BE—				
3	结构工程	CE—				
4	围护工程	PE—				
5	楼地面工程	FE—				
6	防水工程	WE—				
7	装饰工程	DE—				
…	…	…	…	…	…	…
M	其他工程	TE—				

注：有关参数赋值范围：项目容量 M＝10～15 项；施工层 K＝1～40 层；施工段 N＝1～4 段；施工作业数 I＝1～5 个。如结构工程某施工作业代码为 CE-K-N-I。

②工程量库（TCES）　工程量库是按工程项目流水层和流水段的施工作业的实物工程量和价值工作量录入。工程量库文件格式见表 11-3。

表 11-3　工程量库（TCES）文件格式

项目代码	项目名称	施工层（K）	施工段（N）	作业名称（I）	作业代码	实物量		价值量	
						单位	数量	单位	数量
CP—	施工准备								
BE—	基础工程								
CE—	结构工程								
…	…	…	…	…	…	…	…	…	…
TE—	其他工程								

注：实物量和价值量按工程预算分项列出。

③计划参数库（TCWS）　按工程项目目标网络进度计划有关参数建立计划参数库。库文件格式见表 11-4。

表 11-4　　　　　　　　　　　**计划参数库（TCWS）文件**

项目代码	项目名称	作业代码	作业名称	起始节点号	终止节点号	自由时差	总时差	关键节点		关键工作		非关键节点	非关键工作
								节点号	节点工期	工作编号	持续时间		
..	..	..	..	..	..	..	..	..	..	..	..	..	..

注：（1）网络计划中的工作（或作业）由作业库提供；（2）表中的时间参数均由目标网络计划提供；（3）节点工期是指该节点实现的最迟时间。

还有其他几种数据库，如资源消耗库（ZXGS）、施工成本库（CCFS）、质量安全库（QTWS）、公用指标模型库（TDMS）、进度控制指标库（PCWS）、质量控制指标库（QCWS）、成本控制指标库（FCWS）、合同效果指标库（SFWS）和监理效果评价库（SEWS）

（3）工程建设项目监理信息管理系统运行。系统可以采用人-机对话和菜单选择两种方式来控制系统运行。各子系统具有相对的独立性，用户根据自身的管理水平和技术装备能力，可以选择开发某单个子系统运行，如文档管理子系统；也可以选择开发几个子系统的组合系统运行，如进度、成本、质量控制的组合系统等。工程建设项目监理信息管理系统运行如图 11-8 所示。

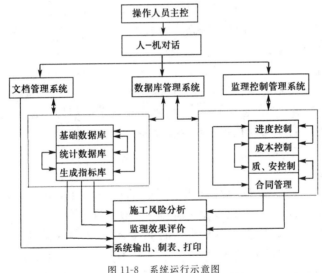

图 11-8　系统运行示意图

11.2　信息管理的内容、方法与手段

11.2.1　信息管理的内容

为了达到信息管理的目的，必须把握信息管理的各个环节，包括信息来源、信息分类、建立信息管理系统、正确应用信息管理手段、掌握信息流程的不同环节等。

信息管理系统的内部条件的前提是组织内部的管理工作必须具有良好的科学管理基础。信息管理系统的内部条件见表 11-5。

表 11-5   **信息管理的内部条件**

内部条件	具体内容
组织内部职能分工的明确化	要明确每个职能部门的职责
日常业务的标准化	把管理工作中重复出现的业务,按照部门功能的客观要求和管理人员的长期经验,规定成标准的工作程序和工作方法,用制度把它们固定下来,成为行动的准则
报表文件的规范化	要设计一套统一的报表格式,避免各部门各行其是所造成的报表泛滥
数据资料的完整和代码化	组织所拥有的历史数据应该尽量完整,而且对一些不宜于被计算机处理的数据进行编码

11.2.2 信息管理的方法

在建设信息管理中,重点应抓好信息的收集、信息的传递、信息的加工、信息的存储以及信息的使用与维护等项工作。

1. 信息的收集

信息的收集首先应根据项目管理的目标,通过对信息的识别,制定对建设信息的需求规划,即确定对信息需求类别及各类信息量的大小;再通过调查研究,采用适当的收集方法来获得所需要的建设信息。

2. 信息的传递

信息的传递就是把信息从信息的占有者传送给信息的接收者的过程。为了保证信息传递不至于产生"失真",在信息传递时,必须要建立科学的信息传递渠道体系,包括信息传递类型及信息量、传递方式、接收方式以及完善信息传递的保障体系,以防止信息传递产生"失真"和"泄密",影响信息传递质量。

3. 信息的加工

信息的收集和信息的传递是数据获取过程。要使获取的数据能成为具有一定价值且可以作为管理决策依据的信息,还需对所获取的数据进行必要的加工处理,这种过程称为信息加工。信息加工的方式,包括对数据的整理、数据的解释、数据的统计分析以及对数据的过滤和浓缩等。不同的管理层次,由于具有不同的职能、职责和工作任务,对信息加工的浓度也不尽相同。一般的,高层管理者要求对信息浓缩程度大,信息加工浓度也大;基层管理者对信息要求的细化程度高,对信息加工浓度较小。信息加工的总原则是:由高层向低层,对信息要求应逐层细化;由低层向高层对信息要求应逐层浓缩。

4. 信息的存储

信息存储的目的是将信息保存起来以备将来使用。对信息存储基本要求是应对信息进行分类分目分档有规律地存储,以便使用者检索。建设信息的存储方式、存储时间、存储部门或单位等,应根据建设项目管理的目标和参与建设各方的管理体制水平而定。

5. 信息的使用与维护

信息的使用程度取决于信息的价值。信息价值高,使用频数大,如施工图纸及施工组织设计这类信息。因此,对使用频数大的信息,应保证使用者易于检索,并应充分注意信息的安全性和保密性,防止信息遭受破坏。

信息维护是保持信息检索的方便性、信息修正的可扩充性及信息传递的可移植性,以便准确、及时、安全、可靠地为用户提供服务。

11.2.3　信息管理的手段

信息管理系统是对工程项目建设过程中信息流动的全过程管理的系统,对于大中型的项目,应该采用电子计算机辅助管理,其功能是收集、传递、处理、存储及分析项目的有关信息,供监理工程师作规划和决策,以对项目的投资、进度、质量三大目标进行控制。通过建立工程项目信息管理的过程,可以归纳出信息管理的主要手段,如图 11-9 所示。

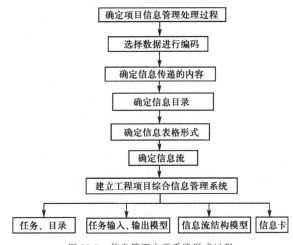

图 11-9　信息管理主要手段形成过程

11.3　计算机辅助监理

工程项目的投资、进度和质量控制是工程建设项目管理(或监理)的三大基本目标。要实现对工程建设项目三大目标的控制,以及进行有效的合同管理,对工程项目的信息管理提出了更高的要求,即要快速、准确、有效地处理众多的建设信息,以便为目标管理者制定科学决策提供及时的支持。因此,国内外已开发出由计算机辅助的各种软件,作为工程项目管理(或监理)人员从事工程建设项目管理(或监理)的重要工具。

11.3.1　计算机辅助监理的意义

(1)计算机辅助监理是项目管理的需要。项目的信息量大,数据处理繁杂,应用计算机可以迅速、正确、及时地为监理提供信息,为决策服务。

(2)计算机辅助监理是项目监理业务的需要。高质量、高水平的建设监理离不开电子计算机。

(3)计算机辅助监理是对外开放的需要。监理项目有三资项目、国外贷款项目,将来还会有国外项目,而用计算机辅助监理则是国际上监理工程师的基本手段。

11.3.2 监理工作中的计算机辅助作用

(1)信息存储。利用计算机存储量大的特点,集中存储与项目有关的信息,以利于建设工程信息的储存。

(2)信息处理快速、准确。利用计算机速度快的特点,可以高速准确地处理项目监理所需的信息。

(3)快速整理报告。利用计算机辅助监理软件,可以方便地形成各种需求的报告,快速整理出报告内容。

11.4 计算机辅助监理的具体内容

计算机辅助监理主要内容为发现问题、编制规划、帮助决策、跟踪检查,达到对工程控制的目的。

11.4.1 计算机辅助监理确定控制目标

任何工程建设项目都应有明确的目标。监理工程师要想对建设工程项目实施有效的监理,首先必须确定监理的控制目标,投资、进度和质量是监理的主要三大控制目标。应用计算机辅助监理可以在建设项目实施前帮助监理工程师及时、准确地确定投资目标;全面、合理地确定进度目标;具体、系统地确定质量目标。应用计算机辅助监理确定控制目标的目的、现状和方法见表11-6。

表 11-6 计算机辅助监理确定控制目标

控制内容	目前情况	控制方法
及时、准确地确定投资目标	由设计单位根据定额来进行概预算,业主无自主权,带有笼统性	用微机进行预决算,既快又准,避免了以往由设计单位进行预决算,最后造成预决算超预算,预算超概算的弊病
全面、合理地确定进度目标	(1)工期目标为任期目标 (2)定额工期只能是客观控制 (3)没有经过合理工序比较 (4)施工单位组织管理的非科学性 (5)草率上马,导致工期延长	迫切需要微机科学合理确定工期,实施进度目标控制
具体、系统地确定质量目标	质量目标脱离造价与工期 笼统概括 讲抽象概念	(1)不能脱离造价与工期 (2)应具体明确,每个项目目标都应进行详细定义,说明 (3)须进行分解,不能只讲抽象概念

11.4.2　计算机辅助监理进行目标控制

1.计算机辅助投资控制

(1)计算机辅助投资控制的内容主要有以下三部分：

①投资目标值的确定、分解和调整；

②实际投资费用支出的统计分析与动态比较；

③项目投资的查询及各种报表。

(2)投资控制系统功能模块如图 11-10 所示。

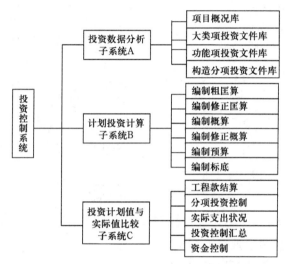

图 11-10　投资控制系统功能模块图

2.计算机辅助进度控制

(1)计算机辅助进度控制的意义归纳起来有三个方面：

①通过计算机辅助进度控制可以确保总进度目标的完成,其具体内容包括:总进度目标的科学性取决于对目标计划值的合理确定;总进度目标实现的可能性在于对分析阶段目标的最佳实现;及时调整进度目标是进度控制的核心。

②通过计算机辅助进度控制可以实现项目实施阶段的科学管理,其具体内容包括:科学的计划管理;完善的现场管理;必要的风险管理。

③对进度控制中突发事件能及时反映,能够迅速对进度进行调整,重新确定关键线路。

(2)进度控制系统的功能模块如图 11-11 所示。

3.计算机辅助质量控制

计算机辅助质量控制系统功能模块示意图如图 11-12 所示。

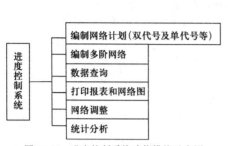

图 11-11 进度控制系统功能模块示意图

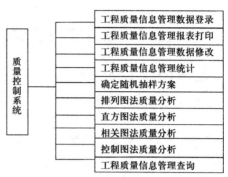

图 11-12 质量控制系统功能模块示意图

4. 计算机辅助合同管理

合同管理是监理工程师的一项重要工作内容。计算机辅助合同管理的功能见表 11-7。

表 11-7 计算机辅助合同管理的功能

功能	属性	具体内容
合同的分类登录与检索	主动控制（静态控制）	合同结构模型的提供与选用，合同文件、资料的登录、修改、删除等，合同文件的分类、查询和统计，合同文件的检索。
合同的跟踪与控制	动态控制	合同执行情况跟踪和处理过程的记录，合同执行情况的打印报表等，涉外合同的外汇折算，建立经济法规库（国内经济法，国外经济法）

5. 计算机辅助现场组织管理

计算机辅助现场组织管理如图 11-13 所示。

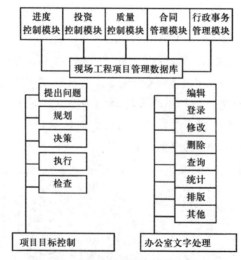

图 11-13 计算机辅助现场组织管理示意图

11.4.3 计算机辅助监理的编码系统

在建设监理过程中,监理工程师采用计算机辅助监理的编码系统,给查询文件档案和管理决策带来了方便。

1.计算机辅助监理编码系统的意义

编码是指设计代码,而代码指的是代表事物名称、属性和状态的符号与数字,它可以大大节省存储空间,查找、运算、排序等也都十分方便。通过编码可以为事物提供一个精炼而不含混的记号,并且可以提高数据处理的效率。

2.计算机辅助监理编码系统的方法与注意事项

(1)编码的方法主要包括以下五种:

①顺序编码:从001开始依次排下去,直至最后。

②成批编码:从头开始,依次为数据编码,但在每批同类型数据之后留有一定余量,以备添加新的数据。

③多面码:一个事物可能有多个属性,如果在码的结构中能为这些属性各规定一个位置,就形成了多面码。

④十进制码:先把对象分成十大类,编以0~9的号码,每类中再分成十个小类,给以第二个0~9的号码,依次编下去。

⑤文字数字码:用文字表明对象的属性,而文字一般用英语缩写或汉语拼音的字头。

(2)编码系统的注意事项主要包括以下几个方面:

①每一代码必须保证其所描述的实体是唯一的。

②代码设计要留出足够的可扩充的位置,以适应新情况的变化。

③代码应尽量标准化,以便与全国的编码保持一致,便于系统的开拓。

④代码设计应该等长,便于计算机处理。

⑤当代码长于五个字符时,最好分成几段,以便于记忆。

⑥代码应在逻辑上适合使用的需要。

⑦编码要有系统的观点,尽量照顾到各部门的需要。

⑧在条件允许的情况下,应尽量使代码短小。

⑨代码系统要有一定的稳定性。

11.5 监理常用软件简介

11.5.1 P3 系列软件

1.P3 软件

P3软件是1995年由建设部组织推广应用的一种项目管理优秀软件。P3主要是用于项目进度计划,动态控制,以及资源管理和费用控制的项目管理软件。P3软件的主要内容包括下述几个方面。

(1)建立项目进度计划

P3 是以屏幕对话形式设立一个项目的工序表,通过直接输入工序代码、工序名称、工序时间等完成对工序表的编辑,并自动计算各种进度参数,计算项目进度计划,生成项目进度横道图和网络图。

(2)项目资源管理、计划优化

P3 可以帮助编制工程项目的资源使用计划,并应用资源平衡方法对项目计划进行优化,包括资源一定的工期优化和工期一定的资源优化。

(3)项目进度的跟踪比较

P3 可以跟踪工程进度,随时比较计划进度和实际进度的关系,进行目标计划的优化。

(4)项目费用管理

P3 可以在任意一级科目上建立预算并跟踪本期实际费用、累计实际费用,给出完成的百分比、盈利率等,实现对项目费用控制。

(5)项目进展报告

P3 提供了 150 多个可自定义的报告和图形,用于分析反映工程项目的计划及其进展效果。

P3 还具有友好的用户界面,屏幕直观,操作方便;能同时管理多个在建项目;能处理工序多达 10 万个以上的大型复杂项目;具有与其他软件匹配的良好接口等优点。因此,P3 现已广泛应用于对大型项目或施工企业的项目管理。

2. Sure Trak 软件

Sure Trak 软件又称为小 P3 软件,是 P3 系列软件之一。小 P3 软件是 Primavera 公司为了适用于中小型工程项目管理对 P3 软件简化而成。Sure Trak 软件具有 P3 软件 80% 的功能,但价格相对较低。项目施工现场若使用 Sure Trak 软件,通过 E-mail 电子邮件,能成功地实现工地与总部之间的数据交换,使总部 P3 软件能自动识别并接收 Sure Trak 的数据。

3. Expedition 软件

Expedition 软件也是 P3 系列软件中用于工程项目合同事务管理的软件,它有助于执行 FIDIC 合同条款。该软件的功能主要分为五大模块,即合同信息、通信、记事、请示与变更和项目概况。

合同信息模块:可以记录与项目有关的合同、采购单、发票等,并能将上述文件中的费用分摊到费用计算表中。通过费用计算表,可以对项目的预算费用、合同费用和实际费用进行跟踪处理。

通信模块:可以对通信录、信函、收发文件、会议记录、电话记录等内容进行记录、归类、事件关联等处理。

记事模块:可以对送审件、材料到货、日报登记、归类、检索等信息处理。

请示与变更功能模块:主要对整个变更过程中的往返函件进行自动关联与跟踪等。

项目概况模块:主要用于反映项目各方执行合同状态及项目的简要说明等。

11.5.2　Microsoft Project 系列软件

Microsoft Project 是由美国 Microsoft 公司推出的 Project 系列软件，专门用于工程项目管理。

1. MS PROJECT 4.0 软件

20 世纪 80 年代末，Microsoft 公司开发了用于 DOS 环境的 PROJECT 4.0，曾被誉为美国八大优秀项目管理软件之一。该软件的主要功能有下述几个方面。

（1）编制进度计划

利用 MS PROJECT 4.0，操作者只需输入所要做的工作名称、工作持续时间和工作的逻辑关系，MS PROJECT 4.0 会自动计算各类进度时间参数，形成框图道图进度计划，实际框图道图计划与网络计划的相互转换。

（2）安排项目资源

MS PROJECT 4.0 可以给每种工作分配和安排所需资源，并利用资源均衡方法对计划进行自动调整。

（3）优化进度计划

利用 MS PROJECT 4.0 能方便地对计划进行分析、评价及调整直至满足进度目标要求的优化进度计划。

（4）提供项目信息

MS PROJECT 4.0 能以多种方式提供项目状态及相关信息，通过屏幕图形变化，可以浓缩有关信息。

（5）进度跟踪比较

MS PROJECT 4.0 能迅速地计算出任何进度的变化，使用户掌握进度变化对项目总进度的影响，以便及时调整计划，实现进度跟踪控制。

2. PROJECT 3.0 软件

Microsoft 公司于 1992 年推出的 PROJECT 3.0 软件也是用于工程项目进度计划管理的软件。该软件在 Windows 环境下，具有比 MS PROJECT 4.0 更强大的功能，操作更为简便。该软件具有 MS PROJECT 4.0 软件的全部功能，且还具有下列更为显著的功能。

（1）PROJECT 3.0 可同时打开多个工程项目文件，在同一屏幕上同时显示多个不同的图表。

（2）PROJECT 3.0 可以形成十几种不同形式的三维立体统计图形。

（3）PROJECT 3.0 对计划动态跟踪简捷，调整方便。

（4）PROJECT 3.0 操作均用鼠标，极其方便，且与其他软件接口能实现动态数据转换。

（5）PROJECT 3.0 具有极大的容量，能满足大型工程项目进度管理的需要。其容量限制为：工序最多个数为 999 个；资源最多种数为 9999 个；同时打开工程项目（文件）个数为 20 个;每种资源可分配给的最多工序为 10000 个;每道工序上可分配资源最多种数为 100 种;每个工序最多的紧前或紧后工作个数为 100 个。

11.5.3　监理通软件

监理通软件是由监理通软件开发中心开发。监理通软件开发中心是由中国建设监理协会和京兴国际工程管理公司等单位共同组建,1996 年成立。该软件目前包括七个版本:网络版、管理版、单机版、企业版、经理版、文档版和电力版。其中:

网络版在每个工作站上具有单机版的全部功能,同时数据库放在服务器上,实现各工作站上数据共享。服务器也可由一台档次较高的微机代替。工作站与服务器连接方式有两种:工作站 1—3 与服务器的局域网连接方式(通过网络线),工作站 4 与服务器的广域网连接方式(通过电话线)。适用于在较大工程上,多个专业的监理工程师共同输入数据;或在多个工地上输入数据,最终由该软件自动进行数据汇总分析。

管理版可以实现浏览工程信息(基本信息、工程照片、工程月报),上传工程信息(基本信息、工程照片、工程月报),工程信息删除(基本信息、工程照片、工程月报),公司人员考勤管理,人员所在工程统计工程人员分布统计,公司内部信息发布(可发布多媒体信息,如公司培训课程等),合同信息(存档,查看),公司人员信息管理统计(如公司人员学历、部门人数统计等,统计信息以图表形式动态显示),甲方用户信息查看(甲方可以使用您为他建立的账号查看工程信息,仅限于自身工程),系统远程管理。

单机版涵盖了监理工作事前、事中、事后的"三控两管"全部内容,可以跨行业、跨地区使用。适用于现场只有一台计算机的情况。

11.5.4　斯维尔工程监理软件 2006

该软件由深圳市清华斯维尔软件科技有限公司开发。软件功能:

(1)工程项目。管理主要包括项目概况、项目组织情况、人员查询、项目地理信息、项目设计图纸浏览。

(2)文档管理。主要包括文件收发、文件档案管理的全过程,并对工程监理中的建设函件(建筑施工函件、建筑监理函件、市政施工函件、市政监理函件)、监理相关文件及用户自定义报表。

(3)合同管理。完成对合同基本索引情况的登记、合同全文录入(导入或扫描)、合同审查意见、执行情况、纠纷与索赔处理、修改与终止等。

(4)组织协调。包括会议纪要、争议与分歧和监理程序流程查询。

(5)质量控制。对设计、准备、施工、竣工、保养各个阶段的工程管理和分项工程工序质量控制。

(6)投资控制。对各合同的合同价清单、费用计算、结算汇总、分项累计比较及月度费用偏差比较。

(7)进度控制。对施工计划和实际施工进度信息进行编辑,用横道图、单代号网络图、双代号网络图来显示工程进度及进行进度调整。

(8)系统设置。模板定制、维护,对整个系统中工程、代码、定额等基本信息进行预处理。

(9)数据通信。提供数据交换的方法,包括报盘、远程网络、Internet,交换的信息可由用户选择。

(10)辅助功能。用户管理、密码修改、系统日志、帮助、各种相关法律法规检索等功能。

11.5.5　PKPM 监理软件

PKPM 监理软件由中国建筑科学研究院建筑工程软件研究所开发,主要功能:

(1)质量控制:提供质量预控库,辅助监理工程师完成质量控制,审批报表。

(2)进度控制:成熟的 PKPM 项目管理系统,为您实现进度智能控制。

(3)造价控制:PKPM 监理软件提供工程款项支出明细表,并能通过实际与计划支付情况形成图形直观反映偏差。提供造价审核功能,帮您完成预算审计工作。并能根据所报表格自动形成月支付统计表。能够对施工单位的月工程进度款、工程变更费用、索赔费用和工程款支付进行审批。

(4)合同管理:PKPM 监理管理软件提供合同备案管理功能。PKPM 监理管理软件为您提供各种监理相关法律、法规,方便您参阅。PKPM 监理管理软件提供合同预警设置,便于查阅合同到期及履行情况。

(5)资料管理:PKPM 监理管理软件结合现行的施工资料管理软件,快速简单地完成资料的归档管理工作。PKPM 监理管理软件自动、智能生成监理月报。提供监理工作程序图,规范监理工作。提供监理日常工作所需功能,简化工作。

思考题

1.信息的特点有哪些?

2.信息管理的作用有哪些?

3.简述信息管理系统的功能。

4.信息管理的方法有哪些?

5.信息管理的手段有哪些?

6.计算机辅助监理的内容有哪些?

7.常见的计算机辅助监理软件有哪些?各自的优点有哪些?

第**12**章

建设工程监理组织协调

12.1 项目工程监理组织协调的基本概念

在建设工程实施监理过程中,为了实现项目目标,组织协调工作是必不可少的。所谓项目监理组织协调工作是指为了实现项目目标,监理人员所进行的监理机构内部人与人之间,机构与机构之间以及监理组织与外部环境组织之间的沟通、调和、联合和联结工作,以达到在实现项目总目标过程中,相互理解信任、步调一致、运行一体化。组织协调工作最为重要,也最为困难,是监理工作能否成功的关键,只有通过积极的组织协调才能实现整个系统全面协调控制的目的。

12.2 项目工程监理组织协调的分类

按监理人员与被协调对象之间的组织关系的"远、近"程度可分为组织内部协调、"近外层"协调、"远外层"协调三类。

12.2.1 组织内部协调

组织的内部关系,主要有人际关系、组织关系、需求关系和配合关系等。项目组织内部关系的协调管理,就是对这几个关系进行及时有效的协调。

1. 组织内部人际关系的协调

组织是由人组成的工作体系。工作的效率如何,很大程度上取决于人际关系的协调程度。为提高工作效率,顺利实现项目目标,组织内部应首先抓好人际关系的协调。人际关系协调管理是多方面的:

(1)在人员安排上要量才录用。组织内部需要各种专长的人员,应根据每个人的专长进行安排,做到人尽其才。人员的配搭应注意能力互补或性格互补。人员配置应尽可能少而精干,防止力不胜任或忙闲不均现象。这样可以减少人员安排使用不当而出现的人事矛盾。

(2) 在工作委任上要职责分明,对组织内的每一个岗位,都应订有明确的目标和岗位职责。还应通过职能清理,使管理职能不重复、不遗漏;做到事事有人管,人人有专责。同时要按权责对等的原则,在明确岗位职责时,一并明确岗位职权。这样才能促使人人尽职尽责,减少人事摩擦。

(3) 在绩效评价上要实事求是。谁都希望自己的工作做出成绩,并得到组织肯定。但成绩的取得,不仅需要主观努力,而且需要一定的工作条件和互助配合。评价工作人员的绩效应实事求是,避免因评价不实而使一些人无功自傲,一些人有功受屈,奖罚时更要注意这一点。这样才能使工作人员热爱自己的工作,对自己的工作充满信心和希望。

(4) 在矛盾调解上要恰到好处。人员之间的矛盾是难免的,一旦发现矛盾就应进行调解。调解要恰到好处,一是要掌握大权,二是要注意方法。如果通过及时沟通,个别谈话,必要的批语还无法解决矛盾时,应采取必要的岗位变动措施。对上下级之间的矛盾要区别对待。是上级的问题,就应多做自我批评;是下级的问题就应启发诱导;对无原则的纷争就应批评制止。这样才能使监理组织中的人员始终处于团结、和谐、热情高涨的气氛之中。

2. 组织内部组织关系的协调

组织是由若干个子系统(部门)组成的工作体系。每个部门都有自己的目标和任务。如果每个部门都能从组织的整体出发,理解和履行自己的职责,那么整个系统就会处于有序的良性状态,确保顺利实施项目计划,实现项目目标。否则,整个系统将处于无序的紊乱状态,导致功能失调,效率低下。因此,要用相当的精力进行组织关系协调管理。

组织关系协调管理工作可从以下几个方面入手:

(1) 要在职能划分的基础上设置组织机构。职能划分是指对管理职能按相同或相近的原则进行分类,按分类结果设置承担相应职能的机构和岗位。这样可以避免机构重叠,职能不清,人浮于事,工作推诿的弊病。

(2) 要明确规定每个机构的目标职责、权限。最好以规章制度的形式做出明文规定,公布前应征求各部门的意见。这样才有利于消除在分工中的误解和工作上的推脱,有利于增强责任感和使命感,有利于执行、检查、考核和奖惩。

(3) 要事先约定各个机构在工作中的相互关系。管理中的许多工作不是由一个部门就可以全面完成的,其中有主办、牵头和协作、配合之分。事先约定,才不至于出现误事、脱节等贻误工作的现象。

(4) 要建立信息沟通制度。沟通方式可灵活多样,如召开工作例会,组织业务碰头会等方式,倡导相互主动沟通,建立定期工作检查汇报制度等等。这样可以使局部了解全局,主动使自己的工作达到相互配合、不误时机的要求,满足局部服从和适应全局的需要。

(5) 及时消除工作中的矛盾和冲突。消除方法应据矛盾或冲突的具体情况灵活掌握。例如,配合不佳导致的矛盾或冲突,应从明确配合关系入手消除;争功诿过导致的矛盾或冲突,应从明确考核评价标准入手消除;奖罚不公导致的矛盾或冲突,应从明确奖罚原则入手消除;过高要求导致的矛盾或冲突,应从改进领导的思想方法和工作方法入手消除等等。

3. 组织内部需求关系的协调

项目目标实施过程中随时都会产生某些特殊需求,如对人员的需求,对配合力量的需求等等。因此,内部需求平衡至关重要。协调不好,既影响工程的进度,又影响工作人员的情绪。所以,需求关系的协调,也是协调管理的重要内容。

需求关系的协调可抓住几个关键环节来进行。

(1)对人、财、物等资源的需求,要抓住计划环节。解决供求平衡和均衡配置的关键环节在于计划。按计划提前提出详细、准确的需求计划,才能满足供应和合理配置。抓计划环节,要注意抓住期限上的及时性,规格上的明确性,数量上的准确性,质量上的规定性。这样才能体现计划的严肃性,发挥计划的指导作用。

(2)实施力量的平衡,要抓住瓶颈环节。一旦发现瓶颈环节,就要通过资源、力量的调整,集中力量打攻坚战,攻破瓶颈,为实现项目目标创造条件。

(3)对专业工种的配合,要抓住调度环节。为使专业工种在项目监理过程中配合及时,步调一致,要特别注意抓好调度工作。通过调度,使配合力量及时到位,使配合工作密切进行。配合中可能出现某些矛盾和问题,监理组织应注意及时了解情况,采取有计划针对性的措施加以协调。

12.2.2 "近外层"协调

"近外层"协调主要是指监理组织(单位)与建设单位(业主)、设计单位、施工单位、材料设备供应等参与工程建设单位之间关系的协调。

1. 监理单位与业主之间关系的协调

工程项目业主责任制与建设监理制这两大体制的关系,决定了业主与监理单位这两类法人之间是一种平等的关系,是一种委托与被委托、授权与被授权的关系,更是相互依存、相互促进、共兴共荣的紧密关系。

(1)业主与监理单位之间是平等的关系。业主和监理单位都是建筑市场中的主体,不分主次,自然应当是平等的。这种平等的关系主要体现在,它们在经济社会中的地位和工作关系两个方面。第一,它们都是市场经济中独立的企业法人。不同行业法人,只有经营的性质不同、业务范围不同,而没有主仆之别。即使是同一行业,各独立的企业法人之间(子公司除外),也只有大小之别、经营种类的不同,不存在主仆关系。所谓主仆关系,即是一种雇佣关系,雇佣关系的本质是一种剥削关系。被雇佣者要听命于雇佣者,被雇佣者不必有主人翁的思想,更没有主人翁的资格。显然,我国的业主与监理单位之间不存在剥削关系。而且,法规要求监理单位与业主一样,都要以主人翁的姿态对工程建设负责,对国家、对社会负责。第二,它们都是建筑市场中的主体,都是因为工程建设而走到一起来了。业主为了更好地搞好自己担负的工程项目建设,而委托监理单位替自己负责一些具体的事项。业主与监理单位之间是一种委托与被委托的关系。业主可以委托甲,也可以委托乙监理单位。同样,监理单位可以接受委托,也可以不接受委托。即使委托与被委托的关系建立之后,双方也只是按照约定的条款,各尽各的义务,各行使各自的权力,各取得各自应得的利益。所以说,二者在工作关系上仅维系在委托与被委托的水准上。监理单位仅按照委托的要求开展工作,对业主负责,并不受业主的领导。业主对监理单位的人力、财力、物力等方面没有任何支配权、管理权。如果二者之间的委托与被委托关系不成立,那么,就不存在任何联系。

(2)业主与监理单位之间是一种授权与被授权关系。监理单位接受委托之后,业主就把一部分工程项目建设的管理权力授予监理单位。诸如工程建设的组织协调工作的主持权、设计质量和施工质量以及建筑材料与设备质量的确认权与否决权、工程量与工程价款支付的确认权与否决权、工程建设进度和建设工期的确认权与否决权以及围绕工程项目建设的各种建议权等。业主往往留有工程建设规模和建设标准的决定权、对承建商的选定权、与承建商签订合同的确认权以及工程竣工后或分阶段的验收权等。

监理单位根据业主的授权开展工作,在工程建设的具体实践活动中居于相当显赫的地位,但是,监理单位毕竟不是业主的代理人。按照《民法通则》的界定,"代理人"的含义是:"代理人在代理权限内,以被代理人的名义实施民事法律行为","被代理人对代理人的代理行为承担民事责任"。监理单位既不是以业主的名义开展监理活动,也不能让业主对自己的监理行为承担民事责任。显然,监理单位不是,也不应该是业主的代理人。

(3)业主与监理单位之间是一种社会主义市场经济体制下的经济合同关系。业主与监理单位之间的委托与被委托关系确立后,双方订立合同,即工程建设监理合同。合同一经双方签订,这宗交易就意味着成立 。业主是买方,监理单位是卖方,即业主出钱购买监理单位的智力劳动。如果有一方不接受对方的要求,对方又不肯退让,或者有一方不按双方约定履行自己的承诺,那么,这宗交易就不能成交。就是说,双方都有自己经济利益的需求,监理单位不会无偿地为业主提供服务;业主也不会对监理单位施舍。双方的经济利益以及各自的职责和义务都体现在签订的监理合同中。

但是,建设工程监理合同毕竟与其他经济合同不同。这是由于监理单位在建筑市场中的特殊地位所决定的。众所周知,业主、监理单位、承建商是建筑市场三元结构的三大主体。业主发包工程建设业务,承建商承接工程建设业务。在这项交易活动中,业主向承建商购买建筑商品(或阶段性建筑产品)。买方总是想少花钱而买到好商品;卖方总是想在销售商品中获取较高的利润。监理单位的责任则是既帮助业主购买到合适的建筑商品,又要维护承建商的合法权益。或者说,监理单位与业主签订的监理合同,不仅表明监理单位要为业主提供高智能服务,维护业主的合法权益,而且也表明,监理单位有责任维护承建商的合法权益。这在其他经济合同中是难以找到的条款。可见,监理单位在建筑市场的交易中处于建筑商品买卖双方之间,起着维系公平交易、等价交换的制衡作用。因此,不能把监理单位单纯地看成是业主利益的代表。这就是社会主义市场经济体制下,监理单位与业主之间经济关系的特点。

2. 监理单位与承建商之间关系的协调

这里所说的承建商,不单是指施工企业,而是包括承接工程项目规划的规划单位、承接工程勘察的勘察单位、承接工程设计业务的单位、承接工程施工的单位以及承接工程设备、工程构件和配件的加工制造单位在内的大概念,也就是说,凡是承接工程建设业务的单位,相对于业主来说,都叫作承建商。

(1)监理单位与承建商之间是平等的关系。如前所述,承建商也是建筑市场的主体之一。没有承建商,也就没有建筑产品。没有了卖方,买方也就不存在。但是,像业主一样,承建商是建筑市场的重要主体,并不等于他应当凌驾于其他主体之上。既然都是建筑市场的主体,那么就应该是平等的。这种平等的关系,主要体现在:第一,都是为了完成工程建设任务而承担一定的责任;第二,承担的具体责任虽然不同,但在性质上都属于"出卖产品"的一方,即相对于业主来说,二者的角色、地位是一样的;第三,无论是监理单位,还是承建商都是在工程建设的法规、规章、规范标准等条款的制约下开展工作,进行工程建设的。二者之间也不存在领导与被领导的关系。

(2)监理单位与承建商之间是监理与被监理的关系。虽然监理单位与承建商之间没有签订任何经济合同,但是,监理单位与业主签订有监理合同,承建商与业主签订承发包建设合同。监理单位依据业主的授予权,就有了监督管理承建商履行工程建设承发包合同的权利和义务。承建商不再与业主直接交往,而转向与监理单位直接联系,并接受监理单位对自己进行工程建设监理活动的监督管理。

12.2.3 "远外层"协调

"远外层"协调是指监理组织(单位)与政府有关部门、社会团体等单位之间关系的协调。

1. 监理组织与政府有关部门之间关系的协调

政府有关部门负有管理工程建设工作的职能,为了保证工程项目的顺利实施,项目目标的实现,在建设工程监理过程中,监理组织应注意在以下几个主要阶段协调好与政府部门的关系。

(1)施工准备阶段应注意协调的问题。监理组织必须严格遵守基本建设程序,配合建设单位作好建设前期准备工作。对列入国家计划的项目,对建设前期工作没有做好、不具备开工条件的项目,不得施工。施工准备期间,必须在施工现场明显处设置标有监理单位名称的标志牌,以利于有关单位和群众监督检查。还要注意现场消防设施的配置,并取得当地公安防火部门的认可。若要分包工程,不得将工程分包给无证或不具备承接该项工程营业等级的施工单位,否则政府主管部门有权责令停止分包,并视情节予以处理。

(2)正式施工阶段应注意协调的问题。项目在施工中应注重工程质量,保持文明施工。质检人员应经培训合格,持《质检员合格证》上岗,否则建筑主管部门有权令其下岗,并宣布所提供的质检资料无效。工程质量指标完成情况,要经政府质量监督部门认证。若因管理不善造成工程质量不合格或建筑物倒塌、人身伤亡等重大事故,不得隐瞒,在采取急救、补救措施的同时,应立即向政府有关部门报告情况,接受检查和处理。施工中还应注意防止环境污染,特别要注意防止噪音污染,坚持做到施工不扰民。特殊情况下的短时骚扰,应与被扰单位或居委会取得联系,说明情况,求得谅解。

施工中少不了爆破作业,这涉及爆破器材的购买、运输、保管、使用和销毁等一系列问题。国家对此有严格的管理要求,必须认真遵照执行。例如,购买、运输爆破器材前,应向公安部门申请领取《爆破物品购买证》和《爆破物品运输证》,运输中应严格按有关安全技术规定运输。储存爆破器材的仓库或储存室应符合安全要求,并向公安部门申请拥有《爆破员作业证》的人员操作。爆破前应向公安部门申请领取《爆破物品使用许可证》。进行大型爆破作业,或在居民集中区、风景名胜区和重要市政、工业设施附近进行控制爆破作业,爆破作业方案必须经过批准,并征得所在地公安部门现场察看同意后才能施行。销毁变质、过期失效的爆破器材,也应提出方案,报经当地公安部门备案,在指定的地点妥善销毁。

2. 监理组织与社会团体关系的协调

社会团体很多,其性质、任务、权限各不相同。与项目有一定关系的社会团体主要有:金融组织、服务部门、新闻单位等。监理组织协调好和这些社会单位团体的关系,有助于工程项目的实施。

(1)监理组织与金融组织关系的协调。监理组织与金融组织关系最密切的是开户建设银行。建设银行既是金融机构,又代行部分政府职能。建筑安装工程价款,甲乙双方都要通过开户建设银行进行结算。工程承包合同副本应报送开户银行审查,认为不符合有关规定的条款,甲乙双方应协商修改,否则银行可不予拨款。若遇在其他专业银行开户的建设单位拖欠工程款,监理组织可商请开户建设银行协助解决拨款问题。

(2)监理组织与服务部门关系的协调。工程建设离不开社会服务部门的服务,监理组织应主动联系,求得他们对工程项目建设的支持和帮助。例如,为解决施工运输和当地交通部门争道路、争时间问题,应主动上门协商,做出双方都能接受的统筹安排。为解决施工高峰期机具设备和周围作业用料不足问题,可提前与当地租赁服务单位取得联系,预约租赁,求得满意的租赁服务。为解决地方采购材料的货源问题,可和当地的建材生产、供应单位取得联系,请他们帮助落实货源,组织材料供应服务到现场。

(3)监理组织与其他单位关系的协调。一个大中型工程项目建成后,不仅会给建设单位带来好处,而且会给一个地区的经济发展带来好处,同时会给当地人民生活的方便带来好处。因此建设期间会引起社会各界的关注。监理组织应把握气候,求得社会各界对工程项目建设的关心和支持。最好能选用报纸、广播、电视等大众传播媒介,宣传本项目的计划与组织,实施与进展,成绩与问题,以及项目攻关及先进人物事迹等。可组织人员向新闻单位提供与项目有关的宣传稿件和资料,也可主动邀请报社、电台、电视台的领导、记者到现场参观、向社会宣传本项目的有关情况。这样可以扩大项目的影响,得到社会的关注和支持。

12.3　项目工程监理组织协调的内容与方法

12.3.1　《建设工程监理规范》涉及协调的有关条款及内容

在建设工程监理规范中涉及组织协调的有关条款和内容如下:
(1)调解建设单位与承包单位的合同争议,处理索赔、审批工程延期(3.2.2条、5.2.2条)。

（2）在施工过程中，总监理工程师应定期召开工地例会，解决需协调的事项（5.3.1条、5.3.2条）。

（3）总监理工程师或专业监理工程师应根据需要及时组织专题会议，解决施工过程中的各种专项问题（5.3.3条）。

（4）总监理工程师应从造价、项目的功能要求，质量和工期等方面审查工程变更方案，并且在工程变更实施前与建设单位、承包单位协商确定工程变更的价款（5.5.4条）。

（5）项目监理机构应及时施工合同的有关规定进行竣工结算，并应对竣工结算的价款总额与建设单位和承包单位进行协商，当无法协商一致时，应按本规范第6.5节规定进行处理（5.5.8条）。

（6）总监理工程师就工程变更的费用及工期的评估情况与承包单位和建设单位进行协调（6.2.1条）。

（7）项目监理机构在工程变更的质量、费用和工期取得建设单位授权后，应按施工合同规定与承包单位进行协商，经协商达成一致后，总监理工程师应将协商结果向建设单位通报，并由建设单位与承包单位在变更文件上签字（6.2.2条）。

（8）总监理工程师进行费用索赔审查，并在初步确定一个额度后，与承包单位和建设单位进行协商（6.3.3条）。

（9）由于承包单位的原因造成建设单位的额外损失，建设单位向承包单位提出费用索赔时，总监理工程师在审查索赔报告后，应公正地与建设单位和承包单位进行协商，并及时做出答复（6.3.5条）。

（10）项目监理机构在做出临时工作延期批准或最终工程延期批准之前，均应与建设单位和承包单位进行协商（6.4.3条）。

（11）合同争议的调解（6.5条）。

（12）当建设单位违约导致施工合同最终解除时，项目监理机构应就承包单位按施工合同规定应得到的款项与建设单位和承包单位进行协商（6.6.2条）。

（13）总监理工程师按照施工合同的规定，在与建设单位和承包单位协商后，书面提交承包单位应得款项或偿还建设单位款项证明（6.6.3条）。

12.3.2　组织协调的方法

组织协调工作涉及面广，受主观和客观因素影响较大。所以监理工程师知识面要宽，要有较强的工作能力，能够因地制宜、因时制宜处理问题。监理工程师组织协调可采用如下方法：

1. 会议协调法

会议协调法是建设工程监理中最常用的一种协调方法，实践中常用的会议协调法包括第一次工地会议、工地例会、专业性监理会议法等。

（1）第一次工地会议。第一次工地会议由项目总监理工程师主持，业主、承包商的授权代表必须参加出席会议，各方将在工程项目中担任主要职务的负责人及高级人员也应参加。第一次工地会议非常重要，是项目开展前的宣传通报会。总监理工程师阐述的要点有监理规划、监理程序、人员分工及业主、承包商和监理单位三方的关系等。

（2）工地例会。项目实施期间应定期举行工地例会，会议由总监理工程师主持，参加者有监理工程师代表及有关监理人员、承包商的授权代表及有关人员、业主或业主代表及其有关人员。工地例会召开的时间根据工程进展情况安排，一般有旬、半月和月度例会等几种。工程监理中的许多信息和决定是在工地会议上产生和决定的，协调工作大部分也是在此进行的，因此开好工地例会是工程监理的一项重要工作。

工地会议决定同其他发出的各种指令性文件一样，具有等效作用。因此，工地例会的会议纪要是一个很重要的文件，要求纪录应真实、准确。当会议上对有关问题有不同意见时，监理工程师应站在公正的立场上做出决定；但对一些比较复杂的技术问题或难度较大的问题，不宜在工地例会上详细研究讨论，而可以由监理工程师做出决定，另行安排专题会议研究。

工地例会由于定期召开，一般均按照一个标准的会议议程进行，主要是：对进度、质量、投资的执行情况进行全面检查，交流信息，并提出对有关问题的处理意见以及今后工作中应采取的措施。此外，还要讨论延期、索赔及其他事项。

工地例会举行次数较多，要防止流于形式。监理工程师可根据工程进展情况确定分阶段的例会协调要点，保证监理目标控制的需要。例如：对于高层建筑工程，基础施工阶段主要是交流支护结构、桩基础工程、地下室施工及防水等工作质量监控情况；主体阶段主要是质量、进度、文明生产情况；装饰阶段主要是考虑土建、设备、装饰等多种工种协作问题及围绕质量目标进行工程预验收、竣工验收等内容。对例会要点进行预先筹划，使会议内容丰富，针对性强，可以真正发挥协调的作用。

（3）专题现场协调会。对于一些工程中的重大问题，以及不宜在工地例会上解决的问题，根据工程施工需要，可召开有相关人员参加的现场协调会，就设计交底、施工方案或施工组织设计审查、材料供应、复杂技术问题的研讨、重大工程质量事故的分析和处理、工程延期、费用索赔等进行协调，提出解决办法，并要求各方及时落实。

专题会议一般由总监理工程师提出，或由承包商提出后，由总监理工程师确定。参加专题会议的人员应根据会议的内容确定，除业主、承包商和监理单位的有关人员外，还可以邀请设计人员和有关部门人员参加。

由于专题会议研究的问题重大，又较复杂，因此会前应与有关单位一起，做好充分的准备，如进行调查、收集资料，以便介绍情况。有时为了使协调会达到更好的共识，避免在会议上形成冲突或僵局，或为了更快地达成一致，可以先将议程打印发给各位参加者，并可以就议程与一些主要人员进行预先磋商，这样才能在有限的时间内，让有关人员充分地研究并得出结论。会议过程中，主持人应能驾驭会议局势，防止不正常的干扰影响会议的正常秩序。应善于发现和抓住有价值的问题，集思广益，补充解决方案。应通过沟通和协调，使大家意见一致，使会议富有成效。会议的目的是使大家取得协调一致，同时要争取各方面心悦诚服地接受协调，并以积极的态度完成工作。对于专题会议，应有会议记录和会议纪要，并作为监理工程师发出的相关指令文件的附件或存档备查的文件。

2. 书面文件协调法

监理工程师组织协调的方法除上述会议制度外,还可以通过一系列书面文件进行,监理书面文件形式可根据工程情况和监理要求制定。书面协调方法的特点是具有合同效力,一般常用于以下几个方面:

(1)不需双方直接交流的书面报告、报表、指令和通知等;

(2)需要以书面形式向各方提供详细信息和情况通报的报告、信函和备忘录等;

(3)事后对会议记录、交谈内容或口头指令的书面确认。

3. 交谈协调法

在实践中,有时可采用"交谈"这一方法。交谈包括面对面的交谈和电话交谈两种形式。无论是内部协调还是外部协调,这种方法使用频率都是相当高的,其原因在于:

(1)它是一条保持信息畅通的最好渠道。由于交谈本身没有合同效力及其方便性和及时性,所以建设工程参与各方之间及监理机构内部都愿意采用这一方法进行。

(2)它是寻求协作和帮助的最好方法。在寻求别人帮助和协作时,往往要及时听取对方的反应和意见,以便采取相应的对策。另外,相对于书面寻求协作,人们更难于拒绝面对面的请求。因此,采用交谈方式请求协作和帮助比采用书面方法实现的可能性要大。

(3)它是正确及时地发布工程指令的有效方法。在实践中,监理工程师一般都采用交谈方式先发布口头指令,这样,一方面可以使对方及时地执行指令,另一方面可以和对方交流,了解对方是否正确理解了指令。随后,再以书面形式加以确认。表 12-1 为工程协调事项办理单。

表 12-1　　　　　　　　　　　　　××工程协调事项办理单

提出协调事项的单位	
要求协调解决的时间	
需具体协调的事项及原因 <div align="right">提出协调事项的单位: 年　月　日</div>	
监理协调意见 <div align="right">监理工程师/总监理工程师: 年　月　日</div>	
协调落实情况 <div align="right">承办 年　月　日 承办单位(盖章): 负责人: 年　月　日</div>	

思考题

1. 建设工程监理组织协调及目的是什么?
2. 建设工程监理组织协调包括哪些内容?
3. 建设工程监理组织协调有哪些方法?

附录 1

建设工程监理规范

中华人民共和国住房和城乡建设部
中华人民共和国国家质量技术监督局
联合发布

2014 年 3 月 1 日实施

1 总则

1.0.1 为规范建设工程监理与相关服务行为,提高建设工程监理与相关服务水平,制定本规范。

1.0.2 本规范适用于新建、扩建、改建建设工程监理与相关服务活动。

1.0.3 实施建设工程监理前,建设单位应委托具有相应资质的工程监理单位,并以书面形式与工程监理单位订立建设工程监理合同,合同中应包括监理工作的范围、内容、服务期限和酬金,以及双方的义务、违约责任等相关条款。

在订立建设工程监理合同时,建设单位将勘察、设计、保修阶段等相关服务一并委托的,应在合同中明确相关服务的工作范围、内容、服务期限和酬金等相关条款。

1.0.4 工程开工前,建设单位应将工程监理单位的名称,监理的范围、内容和权限及总监理工程师的姓名书面通知施工单位。

1.0.5 在建设工程监理工作范围内,建设单位与施工单位之间涉及施工合同的联系活动,应通过工程监理单位进行。

1.0.6 实施建设工程监理应遵循下列主要依据:

1.法律法规及工程建设标准;

2.建设工程勘察设计文件;

3.建设工程监理合同及其他合同文件。

1.0.7 建设工程监理应实行总监理工程师负责制。

1.0.8 建设工程监理宜实施信息化管理。

1.0.9 工程监理单位应公平、独立、诚信、科学地开展建设工程监理与相关服务活动。

1.0.10　建设工程监理与相关服务活动,除应符合本规范外,尚应符合国家现行有关标准的规定。

2　术语

2.0.1　工程监理单位 Construction Project Management Enterprise

依法成立并取得建设主管部门颁发的工程监理企业资质证书,从事建设工程监理与相关服务活动的服务机构。

2.0.2　建设工程监理 Construction Project Management

工程监理单位受建设单位委托,根据法律法规、工程建设标准、勘察设计文件及合同,在施工阶段对建设工程质量、造价、进度进行控制,对合同、信息进行管理,对工程建设相关方的关系进行协调,并履行建设工程安全生产管理法定职责的服务活动。

2.0.3　相关服务 Related Services

工程监理单位受建设单位委托,按照建设工程监理合同约定,在建设工程勘察、设计、保修等阶段提供的服务活动。

2.0.4　项目监理机构 Project Management Department

工程监理单位派驻工程负责履行建设工程监理合同的组织机构。

2.0.5　注册监理工程师 Registered Project Management Engineer

取得国务院建设主管部门颁发的《中华人民共和国注册监理工程师注册执业证书》和执业印章,从事建设工程监理与相关服务等活动的人员。

2.0.6　总监理工程师 Chief Project Management Engineer

由工程监理单位法定代表人书面任命,负责履行建设工程监理合同、主持项目监理机构工作的注册监理工程师。

2.0.7　总监理工程师代表 Representative of Chief Project Management Engineer

经工程监理单位法定代表人同意,由总监理工程师书面授权,代表总监理工程师行使其部分职责和权力,具有工程类注册执业资格或具有中级及以上专业技术职称、3 年及以上工程实践经验并经监理业务培训的人员。

2.0.8　专业监理工程师 Specialty Project Management Engineer

由总监理工程师授权,负责实施某一专业或某一岗位的监理工作,有相应监理文件签发权,具有工程类注册执业资格或具有中级及以上专业技术职称、2 年及以上工程实践经验并经监理业务培训的人员。

2.0.9　监理员 Site Supervisor

从事具体监理工作,具有中专及以上学历并经过监理业务培训的人员。

2.0.10　监理规划 Project Management Planning

项目监理机构全面开展建设工程监理工作的指导性文件。

2.0.11　监理实施细则 Detailed Rules for Project Management

针对某一专业或某一方面建设工程监理工作的操作性文件。

2.0.12　工程计量 Engineering Measuring

根据工程设计文件及施工合同约定,项目监理机构对施工单位申报的合格工程的工程量进行的核验。

2.0.13　旁站 Key Works Supervising

项目监理机构对工程的关键部位或关键工序的施工质量进行的监督活动。

2.0.14　巡视 Patrol Inspecting

项目监理机构对施工现场进行的定期或不定期的检查活动。

2.0.15　平行检验 Parallel Testing

项目监理机构在施工单位自检的同时，按有关规定、建设工程监理合同约定对同一检验项目进行的检测试验活动。

2.0.16　见证取样 Sampling Witness

项目监理机构对施工单位进行的涉及结构安全的试块、试件及工程材料现场取样、封样、送检工作的监督活动。

2.0.17　工程延期 Construction Duration Extension

由于非施工单位原因造成合同工期延长的时间。

2.0.18　工期延误 Delay of Construction Period

由于施工单位自身原因造成施工期延长的时间。

2.0.19　工程临时延期批准 Approval of Construction Duration Temporary Extension

发生非施工单位原因造成的持续性影响工期事件时所做出的临时延长合同工期的批准。

2.0.20　工程最终延期批准 Approval of Construction Duration Final Extension

发生非施工单位原因造成的持续性影响工期事件时所做出的最终延长合同工期的批准。

2.0.21　监理日志 Daily Record of Project Management

项目监理机构每日对建设工程监理工作及施工进展情况所做的记录。

2.0.22　监理月报 Monthly Report of Project Management

项目监理机构每月向建设单位提交的建设工程监理工作及建设工程实施情况等分析总结报告。

2.0.23　设备监造 Supervision of Equipment Manufacturing

项目监理机构按照建设工程监理合同和设备采购合同约定，对设备制造过程进行的监督检查活动。

2.0.24　监理文件资料 Project Document & Data

工程监理单位在履行建设工程监理合同过程中形成或获取的，以一定形式记录、保存的文件资料。

3　项目监理机构及其设施

3.1　一般规定

3.1.1　工程监理单位实施监理时，应在施工现场派驻项目监理机构。项目监理机构的组织形式和规模，可根据建设工程监理合同约定的服务内容、服务期限，以及工程特点、规模、技术复杂程度、环境等因素确定。

3.1.2 项目监理机构的监理人员应由总监理工程师、专业监理工程师和监理员组成,且专业配套、数量应满足建设工程监理工作需要,必要时可设总监理工程师代表。

3.1.3 工程监理单位在建设工程监理合同签订后,应及时将项目监理机构的组织形式、人员构成及对总监理工程师的任命书面通知建设单位。

总监理工程师任命书应按本规范表 A.0.1 的要求填写。

3.1.4 工程监理单位调换总监理工程师时,应征得建设单位书面同意;调换专业监理工程师时,总监理工程师应书面通知建设单位。

3.1.5 一名注册监理工程师可担任一项建设工程监理合同的总监理工程师。当需要同时担任多项建筑工程监理合同的总监理工程师时,应经建设单位书面同意,且最多不得超过三项。

3.1.6 施工现场监理工作全部完成或建设工程监理合同终止时,项目监理机构可撤离施工现场。

3.2 监理人员职责

3.2.1 总监理工程师应履行下列职责:

1.确定项目监理机构人员及其岗位职责。

2.组织编制监理规划,审批监理实施细则。

3.根据工程进展及监理工作情况调配监理人员,检查监理人员工作。

4.组织召开监理例会。

5.组织审核分包单位资格。

6.组织审查施工组织设计、(专项)施工方案。

7.审查工程开复工报审表,签发工程开工令、暂停令和复工令。

8.组织检查施工单位现场质量、安全生产管理体系的建立及运行情况。

9.组织审核施工单位的付款申请,签发工程款支付证书,组织审核竣工结算。

10.组织审查和处理工程变更。

11.调解建设单位与施工单位的合同争议,处理工程索赔。

12.组织验收分部工程,组织审查单位工程质量检验资料。

13.审查施工单位的竣工申请,组织工程竣工预验收,组织编写工程质量评估报告,参与工程竣工验收。

14.参与或配合工程质量安全事故的调查和处理。

15.组织编写监理月报、监理工作总结,组织整理监理文件资料。

3.2.2 总监理工程师不得将下列工作委托给总监理工程师代表:

1.组织编制监理规划,审批监理实施细则。

2.根据工程进展及监理工作情况调配监理人员。

3.组织审查施工组织设计、(专项)施工方案。

4.签发工程开工令、暂停令和复工令。

5.签发工程款支付证书,组织审核竣工结算。

6.调解建设单位与施工单位的合同争议,处理工程索赔。

7.审查施工单位的竣工申请,组织工程竣工预验收,组织编写工程质量评估报告,参与工程竣工验收。

8.参与或配合工程质量安全事故的调查和处理。

3.2.3 专业监理工程师应履行下列职责:

1.参与编制监理规划,负责编制监理实施细则。

2.审查施工单位提交的涉及本专业的报审文件,并向总监理工程师报告。

3.参与审核分包单位资格。

4.指导、检查监理员工作,定期向总监理工程师报告本专业监理工作实施情况。

5.检查进场的工程材料、构配件、设备的质量。

6.验收检验批、隐蔽工程、分项工程,参与验收分部工程。

7.处置发现的质量问题和安全事故隐患。

8.进行工程计量。

9.参与工程变更的审查和处理。

10.组织编写监理日志,参与编写监理月报。

11.收集、汇总、参与整理监理文件资料。

12.参与工程竣工预验收和竣工验收。

3.2.4 监理员应履行下列职责:

1.检查施工单位投入工程的人力、主要设备的使用及运行状况。

2.进行见证取样。

3.复核工程计量有关数据。

4.检查工序施工结果。

5.发现施工作业中的问题,及时指出并向专业监理工程师报告。

3.3 监理设施

3.3.1 建设单位应按建设工程监理合同约定,提供监理工作需要的办公、交通、通信、生活等设施。

项目监理机构宜妥善使用和保管建设单位提供的设施,并应按建设工程监理合同约定的时间移交建设单位。

3.3.2 工程监理单位宜按建设工程监理合同约定,配备满足监理工作需要的检测设备和工器具。

4 监理规划及监理实施细则

4.1 一般规定

4.1.1 监理规划应结合工程实际情况,明确项目监理机构的工作目标,确定具体的监理工作制度、内容、程序、方法和措施。

4.1.2 监理实施细则应符合监理规划的要求,并应具有可操作性。

4.2 监理规划

4.2.1 监理规划可在签订建设工程监理合同及收到工程设计文件后由总监理工程师组织编制,并应在召开第一次工地会议前报送建设单位。

4.2.2　监理规划编审应遵循下列程序：

1.总监理工程师组织专业监理工程师编制。

2.总监理工程师签字后由工程监理单位技术负责人审批。

4.2.3　监理规划应包括下列主要内容：

1.工程概况。

2.监理工作的范围、内容、目标。

3.监理工作依据。

4.监理组织形式、人员配备及进退场计划、监理人员岗位职责。

5.监理工作制度。

6.工程质量控制。

7.工程造价控制。

8.工程进度控制。

9.安全生产管理的监理工作。

10.合同与信息管理。

11.组织协调。

12.监理工作设施。

4.2.4　在实施建设工程监理过程中,实际情况或条件发生变化而需要调整监理规划时,应由总监理工程师组织专业监理工程师修改,并应经工程监理单位技术负责人批准后报建设单位。

4.3　监理实施细则

4.3.1　对专业性较强、危险性较大的分部分项工程,项目监理机构应编制监理实施细则。

4.3.2　监理实施细则应在相应工程施工开始前由专业监理工程师编制,并应报总监理工程师审批。

4.3.3　监理实施细则的编制应依据下列资料：

1.监理规划。

2.工程建设标准、工程设计文件。

3.施工组织设计、(专项)施工方案。

4.3.4　监理实施细则应包括下列主要内容：

1.专业工程特点。

2.监理工作流程。

3.监理工作要点。

4.监理工作方法及措施。

4.3.5　在实施建设工程监理过程中,监理实施细则可根据实际情况进行补充、修改,并应经总监理工程师批准后实施。

5　工程质量、造价、进度控制及安全生产管理的监理工作

5.1　一般规定

5.1.1　项目监理机构应根据建设工程监理合同约定,遵循动态控制原理,坚持预防

为主的原则,制定和实施相应的监理措施,采用旁站、巡视和平行检验等方式对建设工程实施监理。

5.1.2 监理人员应熟悉工程设计文件,并应参加建设单位主持的图纸会审和设计交底会议,会议纪要应由总监理工程师签认。

5.1.3 工程开工前,监理人员应参加由建设单位主持召开的第一次工地会议,会议纪要应由项目监理机构负责整理,与会各方代表应会签。

5.1.4 项目监理机构应定期召开监理例会,并组织有关单位研究解决与监理相关的问题。项目监理机构可根据工程需要,主持或参加专题会议,解决监理工作范围内工程专项问题。

监理例会以及由项目监理机构主持召开的专题会议的会议纪要,应由项目监理机构负责整理,与会各方代表应会签。

5.1.5 项目监理机构应协调工程建设相关方的关系。项目监理机构与工程建设相关方之间的工作联系,除另有规定外宜采用工作联系单形式进行。

工作联系单应按本规范表 C.0.1 的要求填写。

5.1.6 项目监理机构应审查施工单位报审的施工组织设计,符合要求时,应由总监理工程师签认后报建设单位。项目监理机构应要求施工单位按已批准的施工组织设计组织施工。施工组织设计需要调整时,项目监理机构应按程序重新审查。

施工组织设计审查应包括下列基本内容:

1.编审程序应符合相关规定。

2.施工进度、施工方案及工程质量保证措施应符合施工合同要求。

3.资金、劳动力、材料、设备等资源供应计划应满足工程施工需要。

4.安全技术措施应符合工程建设强制性标准。

5.施工总平面布置应科学合理。

5.1.7 施工组织设计或(专项)施工方案报审表,应按本规范表 B.0.1 的要求填写。

5.1.8 总监理工程师应组织专业监理工程师审查施工单位报送的工程开工报审表及相关资料;同时具备下列条件时,应由总监理工程师签署审核意见,并应报建设单位批准后,总监理工程师签发工程开工令:

1.设计交底和图纸会审已完成。

2.施工组织设计已由总监理工程师签认。

3.施工单位现场质量、安全生产管理体系已建立,管理及施工人员已到位,施工机械具备使用条件,主要工程材料已落实。

4.进场道路及水、电、通信等已满足开工要求。

5.1.9 工程开工报审表应按本规范表 B.0.2 的要求填写。工程开工令应按本规范表 A.0.2 的要求填写。

5.1.10 分包工程开工前,项目监理机构应审核施工单位报送的分包单位资格报审表,专业监理工程师提出审查意见后,应由总监理工程师审核签认。

分包单位资格审核应包括下列基本内容:

1.营业执照、企业资质等级证书。

2.安全生产许可文件。

3.类似工程业绩。

4.专职管理人员和特种作业人员的资格。

5.1.11 分包单位资格报审表应按本规范表 B.0.4 的要求填写。

5.1.12 项目监理机构宜根据工程特点、施工合同、工程设计文件及经过批准的施工组织设计对工程风险进行分析,并宜提出工程质量、造价、进度目标控制及安全生产管理的防范性对策。

5.2 工程质量控制

5.2.1 工程开工前,项目监理机构应审查施工单位现场的质量管理组织机构、管理制度及专职管理人员和特种作业人员的资格。

5.2.2 总监理工程师应组织专业监理工程师审查施工单位报审的施工方案,符合要求后应予以签认。

施工方案审查应包括下列基本内容:

1.编审程序应符合相关规定。

2.工程质量保证措施应符合有关标准。

5.2.3 施工方案报审表应按本规范表 B.0.1 的要求填写。

5.2.4 专业监理工程师应审查施工单位报送的新材料、新工艺、新技术、新设备的质量认证材料和相关验收标准的适用性,必要时,应要求施工单位组织专题论证,审查合格后报总监理工程师签认。

5.2.5 专业监理工程师应检查、复核施工单位报送的施工控制测量成果及保护措施,签署意见。

专业监理工程师应对施工单位在施工过程中报送的施工测量放线成果进行查验。

施工控制测量成果及保护措施的检查、复核,应包括下列内容:

1.施工单位测量人员的资格证书及测量设备检定证书。

2.施工平面控制网、高程控制网和临时水准点的测量成果及控制桩的保护措施。

5.2.6 施工控制测量成果报验表应按本规范表 B.0.5 的要求填写。

5.2.7 专业监理工程师应检查施工单位为工程提供服务的试验室。

试验室的检查应包括下列内容:

1.试验室的资质等级及试验范围。

2.法定计量部门对试验设备出具的计量检定证明。

3.试验室管理制度。

4.试验人员资格证书。

5.2.8 施工单位的试验室报审表应按本规范表 B.0.7 的要求填写。

5.2.9 项目监理机构应审查施工单位报送的用于工程的材料、构配件、设备的质量证明文件,并应按有关规定、建设工程监理合同约定,对用于工程的材料进行见证取样、平行检验。

项目监理机构对已进场经检验不合格的工程材料、构配件、设备,应要求施工单位限期将其撤出施工现场。

工程材料、构配件、设备报审表应按本规范表 B.0.6 的要求填写。

5.2.10 专业监理工程师应审查施工单位定期提交影响工程质量的计量设备的检查和检定报告。

5.2.11 项目监理机构应根据工程特点和施工单位报送的施工组织设计,确定旁站的关键部位、关键工序,安排监理人员进行旁站,并应及时记录旁站情况。

旁站记录应按本规范表 A.0.6 的要求填写。

5.2.12 项目监理机构应安排监理人员对工程施工质量进行巡视。巡视应包括下列主要内容:

1.施工单位是否按工程设计文件、工程建设标准和批准的施工组织设计、(专项)施工方案施工。

2.使用的工程材料、构配件和设备是否合格。

3.施工现场管理人员,特别是施工质量管理人员是否到位。

4.特种作业人员是否持证上岗。

5.2.13 项目监理机构应根据工程特点、专业要求,以及建设工程监理合同约定,对施工质量进行平行检验。

5.2.14 项目监理机构应对施工单位报验的隐蔽工程、检验批、分项工程和分部工程进行验收,对验收合格的应给予签认;对验收不合格的应拒绝签认,同时应要求施工单位在指定的时间内整改并重新报验。

对已同意覆盖的工程隐蔽部位质量有疑问的,或发现施工单位私自覆盖工程隐蔽部位的,项目监理机构应要求施工单位对该隐蔽部位进行钻孔探测、剥离或其他方法进行重新检验。

隐蔽工程、检验批、分项工程报验表应按本规范表 B.0.7 的要求填写。分部工程报验表应按本规范表 B.0.8 的要求填写。

5.2.15 项目监理机构发现施工存在质量问题的,或施工单位采用不适当的施工工艺,或施工不当,造成工程质量不合格的,应及时签发监理通知单,要求施工单位整改。整改完毕后,项目监理机构应根据施工单位报送的监理通知回复单对整改情况进行复查,提出复查意见。

监理通知单应按本规范表 A.0.3 的要求填写,监理通知回复单应按本规范表 B.0.9 的要求填写。

5.2.16 对需要返工处理或加固补强的质量缺陷,项目监理机构应要求施工单位报送经设计等相关单位认可的处理方案,并应对质量缺陷的处理过程进行跟踪检查,同时应对处理结果进行验收。

5.2.17 对需要返工处理或加固补强的质量事故,项目监理机构应要求施工单位报送质量事故调查报告和经设计等相关单位认可的处理方案,并应对质量事故的处理过程进行跟踪检查,同时应对处理结果进行验收。

项目监理机构应及时向建设单位提交质量事故书面报告,并应将完整的质量事故处理记录整理归档。

5.2.18 项目监理机构应审查施工单位提交的单位工程竣工验收报审表及竣工资料,组织工程竣工预验收。存在问题的,应要求施工单位及时整改;合格的,总监理工程师应签认单位工程竣工验收报审表。

单位工程竣工验收报审表应按本规范表 B.0.10 的要求填写。

5.2.19 工程竣工预验收合格后,项目监理机构应编写工程质量评估报告,并应经总监理工程师和工程监理单位技术负责人审核签字后报建设单位。

5.2.20 项目监理机构应参加由建设单位组织的竣工验收,对验收中提出的整改问题,应督促施工单位及时整改。工程质量符合要求的,总监理工程师应在工程竣工验收报告中签署意见。

5.3 工程造价控制

5.3.1 项目监理机构应按下列程序进行工程计量和付款签证:

1.专业监理工程师对施工单位在工程款支付报审表中提交的工程量和支付金额进行复核,确定实际完成的工程量,提出到期应支付给施工单位的金额,并提出相应的支持性材料。

2.总监理工程师对专业监理工程师的审查意见进行审核,签认后报建设单位审批。

3.总监理工程师根据建设单位的审批意见,向施工单位签发工程款支付证书。

5.3.2 工程款支付报审表应按本规范表 B.0.11 的要求填写,工程款支付证书应按本规范表 A.0.8 的要求填写。

5.3.3 项目监理机构应编制月完成工程量统计表,对实际完成量与计划完成量进行比较分析,发现偏差的,应提出调整建议,并应在监理月报中向建设单位报告。

5.3.4 项目监理机构应按下列程序进行竣工结算款审核:

1.专业监理工程师审查施工单位提交的竣工结算款支付申请,提出审查意见。

2.总监理工程师对专业监理工程师的审查意见进行审核,签认后报建设单位审批,同时抄送施工单位,并就工程竣工结算事宜与建设单位、施工单位协商;达成一致意见的,根据建设单位审批意见向施工单位签发竣工结算款支付证书;不能达成一致意见的,应按施工合同约定处理。

5.3.5 工程竣工结算款支付报审表应按本规范表 B.0.11 的要求填写,竣工结算款支付证书应按本规范表 A.0.8 的要求填写。

5.4 工程进度控制

5.4.1 项目监理机构应审查施工单位报审的施工总进度计划和阶段性施工进度计划,提出审查意见,并应由总监理工程师审核后报建设单位。

施工进度计划审查应包括下列基本内容:

1.施工进度计划应符合施工合同中工期的约定。

2.施工进度计划中主要工程项目无遗漏,应满足分批投入试运、分批动用的需要,阶段性施工进度计划应满足总进度控制目标的要求。

3.施工顺序的安排应符合施工工艺要求。

4.施工人员、工程材料、施工机械等资源供应计划应满足施工进度计划的需要。

5.施工进度计划应符合建设单位提供的资金、施工图纸、施工场地、物资等施工条件。

5.4.2　施工进度计划报审表应按本规范表 B.0.12 的要求填写。

5.4.3　项目监理机构应检查施工进度计划的实施情况,发现实际进度严重滞后于计划进度且影响合同工期时,应签发监理通知单,要求施工单位采取调整措施加快施工进度。总监理工程师应向建设单位报告工期延误风险。

5.4.4　项目监理机构应比较分析工程施工实际进度与计划进度,预测实际进度对工程总工期的影响,并应在监理月报中向建设单位报告工程实际进展情况。

5.5　安全生产管理的监理工作

5.5.1　项目监理机构应根据法律法规、工程建设强制性标准,履行建设工程安全生产管理的监理职责,并应将安全生产管理的监理工作内容、方法和措施纳入监理规划及监理实施细则。

5.5.2　项目监理机构应审查施工单位现场安全生产规章制度的建立和实施情况,并应审查施工单位安全生产许可证及施工单位项目经理、专职安全生产管理人员和特种作业人员的资格,同时应核查施工机械和设施的安全许可验收手续。

5.5.3　项目监理机构应审查施工单位报审的专项施工方案,符合要求的,应由总监理工程师签认后报建设单位。超过一定规模的危险性较大的分部分项工程的专项施工方案,应检查施工单位组织专家进行论证、审查的情况,以及是否附具安全验算结果。项目监理机构应要求施工单位按已批准的专项施工方案组织施工。专项施工方案需要调整时,施工单位应按程序重新提交项目监理机构审查。

专项施工方案审查应包括下列基本内容:

1.编审程序应符合相关规定。

2.安全技术措施应符合工程建设强制性标准。

5.5.4　专项施工方案报审表应按本规范表 B.0.1 的要求填写。

5.5.5　项目监理机构应巡视检查危险性较大的分部分项工程专项施工方案实施情况。发现未按专项施工方案实施时,应签发监理通知单,要求施工单位按专项施工方案实施。

5.5.6　项目监理机构在实施监理过程中,发现工程存在安全事故隐患时,应签发监理通知单,要求施工单位整改;情况严重时,应签发工程暂停令,并应及时报告建设单位。施工单位拒不整改或不停止施工时,项目监理机构应及时向有关主管部门报送监理报告。

监理报告应按本规范表 A.0.4 的要求填写。

6　工程变更、索赔及施工合同争议处理

6.1　一般规定

6.1.1　项目监理机构应依据建设工程监理合同约定进行施工合同管理,处理工程暂停及复工、工程变更、索赔及施工合同争议、解除等事宜。

6.1.2　施工合同终止时,项目监理机构应协助建设单位按施工合同约定处理施工合同终止的有关事宜。

6.2　工程暂停及复工

6.2.1　总监理工程师在签发工程暂停令时,可根据停工原因的影响范围和影响程度,确定停工范围,并应按施工合同和建设工程监理合同的约定签发工程暂停令。

6.2.2　项目监理机构发现下列情况之一时,总监理工程师应及时签发工程暂停令:

1.建设单位要求暂停施工且工程需要暂停施工的。

2.施工单位未经批准擅自施工或拒绝项目监理机构管理的。

3.施工单位未按审查通过的工程设计文件施工的。

4.施工单位违反工程建设强制性标准的。

5.施工存在重大质量、安全事故隐患或发生质量、安全事故的。

6.2.3　总监理工程师签发工程暂停令应事先征得建设单位同意,在紧急情况下未能事先报告时,应在事后及时向建设单位做出书面报告。

工程暂停令应按本规范表 A.0.5 的要求填写。

6.2.4　暂停施工事件发生时,项目监理机构应如实记录所发生的情况。

6.2.5　总监理工程师应会同有关各方按施工合同约定,处理因工程暂停引起的与工期、费用有关的问题。

6.2.6　因施工单位原因暂停施工时,项目监理机构应检查、验收施工单位的停工整改过程、结果。

6.2.7　当暂停施工原因消失、具备复工条件时,施工单位提出复工申请的,项目监理机构应审查施工单位报送的工程复工报审表及有关材料,符合要求后,总监理工程师应及时签署审查意见,并应报建设单位批准后签发工程复工令;施工单位未提出复工申请的,总监理工程师应根据工程实际情况指令施工单位恢复施工。

工程复工报审表应按本规范表 B.0.3 的要求填写,工程复工令应按本规范表 A.0.7 的要求填写。

6.3　工程变更

6.3.1　项目监理机构可按下列程序处理施工单位提出的工程变更:

1.总监理工程师组织专业监理工程师审查施工单位提出的工程变更申请,提出审查意见。对涉及工程设计文件修改的工程变更,应由建设单位转交原设计单位修改工程设计文件。必要时,项目监理机构应建议建设单位组织设计、施工等单位召开论证工程设计文件的修改方案的专题会议。

2.总监理工程师组织专业监理工程师对工程变更费用及工期影响做出评估。

3.总监理工程师组织建设单位、施工单位等共同协商确定工程变更费用及工期变化,会签工程变更单。

4.项目监理机构根据批准的工程变更文件监督施工单位实施工程变更。

6.3.2　工程变更单应按本规范表 C.0.2 的要求填写。

6.3.3　项目监理机构可在工程变更实施前与建设单位、施工单位等协商确定工程变更的计价原则、计价方法或价款。

6.3.4 建设单位与施工单位未能就工程变更费用达成协议时,项目监理机构可提出一个暂定价格并经建设单位同意,作为临时支付工程款的依据。工程变更款项最终结算时,应以建设单位与施工单位达成的协议为依据。

6.3.5 项目监理机构可对建设单位要求的工程变更提出评估意见,并应督促施工单位按会签后的工程变更单组织施工。

6.4 费用索赔

6.4.1 项目监理机构应及时收集、整理有关工程费用的原始资料,为处理费用索赔提供证据。

6.4.2 项目监理机构处理费用索赔的主要依据应包括下列内容:

1.法律法规。

2.勘察设计文件、施工合同文件。

3.工程建设标准。

4.索赔事件的证据。

6.4.3 项目监理机构可按下列程序处理施工单位提出的费用索赔:

1.受理施工单位在施工合同约定的期限内提交的费用索赔意向通知书。

2.收集与索赔有关的资料。

3.受理施工单位在施工合同约定的期限内提交的费用索赔报审表。

4.审查费用索赔报审表。需要施工单位进一步提交详细资料时,应在施工合同约定的期限内发出通知。

5.与建设单位和施工单位协商一致后,在施工合同约定的期限内签发费用索赔报审表,并报建设单位。

6.4.4 费用索赔意向通知书应按本规范表C.0.3的要求填写;费用索赔报审表应按本规范表B.0.13的要求填写。

6.4.5 项目监理机构批准施工单位费用索赔应同时满足下列条件:

1.施工单位在施工合同约定的期限内提出费用索赔。

2.索赔事件是因非施工单位原因造成,且符合施工合同约定。

3.索赔事件造成施工单位直接经济损失。

6.4.6 当施工单位的费用索赔要求与工程延期要求相关联时,项目监理机构可提出费用索赔和工程延期的综合处理意见,并应与建设单位和施工单位协商。

6.4.7 因施工单位原因造成建设单位损失,建设单位提出索赔时,项目监理机构应与建设单位和施工单位协商处理。

6.5 工程延期及工期延误

6.5.1 施工单位提出工程延期要求符合施工合同约定时,项目监理机构应予以受理。

6.5.2 当影响工期事件具有持续性时,项目监理机构应对施工单位提交的阶段性工程临时延期报审表进行审查,并应签署工程临时延期审核意见后报建设单位。

当影响工期事件结束后,项目监理机构应对施工单位提交的工程最终延期报审表进行审查,并应签署工程最终延期审核意见后报建设单位。

工程临时延期报审表和工程最终延期报审表应按本规范表 B.0.14 的要求填写。

6.5.3 项目监理机构在批准工程临时延期、工程最终延期前,均应与建设单位和施工单位协商。

6.5.4 项目监理机构批准工程延期应同时满足下列条件:

1.施工单位在施工合同约定的期限内提出工程延期。

2.因非施工单位原因造成施工进度滞后。

3.施工进度滞后影响到施工合同约定的工期。

6.5.5 施工单位因工程延期提出费用索赔时,项目监理机构可按施工合同约定进行处理。

6.5.6 发生工期延误时,项目监理机构应按施工合同约定进行处理。

6.6 施工合同争议

6.6.1 项目监理机构处理施工合同争议时应进行下列工作:

1.了解合同争议情况。

2.及时与合同争议双方进行磋商。

3.提出处理方案后,由总监理工程师进行协调。

4.当双方未能达成一致时,总监理工程师应提出处理合同争议的意见。

6.6.2 项目监理机构在施工合同争议处理过程中,对未达到施工合同约定的暂停履行合同条件的,应要求施工合同双方继续履行合同。

6.6.3 在施工合同争议的仲裁或诉讼过程中,项目监理机构应按仲裁机关或法院要求提供与争议有关的证据。

6.7 施工合同解除

6.7.1 因建设单位原因导致施工合同解除时,项目监理机构应按施工合同约定与建设单位和施工单位按下列款项协商确定施工单位应得款项,并应签发工程款支付证书:

1.施工单位按施工合同约定已完成的工作应得款项。

2.施工单位按批准的采购计划订购工程材料、构配件、设备的款项。

3.施工单位撤离施工设备至原基地或其他目的地的合理费用。

4.施工单位人员的合理遣返费用。

5.施工单位合理的利润补偿。

6.施工合同约定的建设单位应支付的违约金。

6.7.2 因施工单位原因导致施工合同解除时,项目监理机构应按施工合同约定,从下列款项中确定施工单位应得款项或偿还建设单位的款项,并应与建设单位和施工协商后,书面提交施工单位应得款项或偿还建设单位款项的证明:

1.施工单位已按施工合同约定实际完成的工作应得款项和已给付的款项。

2.施工单位已提供的材料、构配件、设备和临时工程等的价值。

3.对已完工程进行检查和验收、移交工程资料、修复已完工程质量缺陷等所需的费用。

4.施工合同约定的施工单位应支付的违约金。

6.7.3　因非建设单位、施工单位原因导致施工合同解除时,项目监理机构应按施工合同约定处理合同解除后的有关事宜。

7　监理文件资料管理

7.1　一般规定

7.1.1　项目监理机构应建立完善监理文件资料管理制度,宜设专人管理监理文件资料。

7.1.2　项目监理机构应及时、准确、完整地收集、整理、编制、传递监理文件资料。

7.1.3　项目监理机构宜采用信息技术进行监理文件资料管理。

7.2　监理文件资料内容

7.2.1　监理文件资料应包括下列主要内容:

1.勘察设计文件、建设工程监理合同及其他合同文件。

2.监理规划、监理实施细则。

3.设计交底和图纸会审会议纪要。

4.施工组织设计、(专项)施工方案、施工进度计划报审文件资料。

5.分包单位资格报审文件资料。

6.施工控制测量成果报验文件资料。

7.总监理工程师任命书,开工令、暂停令、复工令,工程开工或复工报审文件资料。

8.工程材料、构配件、设备报验文件资料。

9.见证取样和平行检验文件资料。

10.工程质量检查报验资料及工程有关验收资料。

11.工程变更、费用索赔及工程延期文件资料。

12.工程计量、工程款支付文件资料。

13.监理通知单、工作联系单与监理报告。

14.第一次工地会议、监理例会、专题会议等会议纪要。

15.监理月报、监理日志、旁站记录。

16.工程质量或生产安全事故处理文件资料。

17.工程质量评估报告及竣工验收监理文件资料。

18.监理工作总结。

7.2.2　监理日志应包括下列主要内容:

1.天气和施工环境情况。

2.当日施工进展情况。

3.当日监理工作情况,包括旁站、巡视、见证取样、平行检验等情况。

4.当日存在的问题及处理情况。

5.其他有关事项。

7.2.3 监理月报应包括下列主要内容:

1.本月工程实施情况。

2.本月监理工作情况。

3.本月施工中存在的问题及处理情况。

4.下月监理工作重点。

7.2.4 监理工作总结应包括下列主要内容:

1.工程概况。

2.项目监理机构。

3.建设工程监理合同履行情况。

4.监理工作成效。

5.监理工作中发现的问题及其处理情况。

6.说明和建议。

7.3 监理文件资料归档

7.3.1 项目监理机构应及时整理、分类汇总监理文件资料,并应按规定组卷,形成监理档案。

7.3.2 工程监理单位应根据工程特点和有关规定,保存监理档案,并应向有关单位、部门移交需要存档的监理文件资料。

8 设备采购与设备监造

8.1 一般规定

8.1.1 项目监理机构应根据建设工程监理合同约定的设备采购与设备监造工作内容配备监理人员,并明确岗位职责。

8.1.2 项目监理机构应编制设备采购与设备监造工作计划,并应协助建设单位编制设备采购与设备监造方案。

8.2 设备采购

8.2.1 采用招标方式进行设备采购时,项目监理机构应协助建设单位按有关规定组织设备采购招标。采用其他方式进行设备采购时,项目监理机构应协助建设单位进行询价。

8.2.2 项目监理机构应协助建设单位进行设备采购合同谈判,并应协助签订设备采购合同。

8.2.3 设备采购文件资料应包括下列主要内容:

1.建设工程监理合同及设备采购合同。

2.设备采购招投标文件。

3.工程设计文件和图纸。

4.市场调查、考察报告。

5.设备采购方案。

6.设备采购工作总结。

8.3 设备监造

8.3.1 项目监理机构应检查设备制造单位的质量管理体系,并应审查设备制造单位报送的设备制造生产计划和工艺方案。

8.3.2 项目监理机构应审查设备制造的检验计划和检验要求,并应确认各阶段的检验时间、内容、方法、标准,以及检测手段、检测设备和仪器。

8.3.3 专业监理工程师应审查设备制造的原材料、外购配套件、元器件、标准件,以及坯料的质量证明文件及检验报告,并应审查设备制造单位提交的报验资料,符合规定时应予以签认。

8.3.4 项目监理机构应对设备制造过程进行监督和检查,对主要及关键零部件的制造工序应进行抽检。

8.3.5 项目监理机构应要求设备制造单位按批准的检验计划和检验要求进行设备制造过程的检验工作,并应做好检验记录。项目监理机构应对检验结果进行审核,认为不符合质量要求时,应要求设备制造单位进行整改、返修或返工。当发生质量失控或重大质量事故时,应由总监理工程师签发暂停令,提出处理意见,并应及时报告建设单位。

8.3.6 项目监理机构应检查和监督设备的装配过程。

8.3.7 在设备制造过程中如需要对设备的原设计进行变更时,项目监理机构应审查设计变更,并应协调处理因变更引起的费用和工期调整,同时应报建设单位批准。

8.3.8 项目监理机构应参加设备整机性能检测、调试和出厂验收,符合要求后应予以签认。

8.3.9 在设备运往现场前,项目监理机构应检查设备制造单位对待运设备采取的防护和包装措施,并应检查是否符合运输、装卸、储存、安装的要求,以及随机文件、装箱单和附件是否齐全。

8.3.10 设备运到现场后,项目监理机构应参加设备制造单位按合同约定与接收单位的交接工作。

8.3.11 专业监理工程师应按设备制造合同的约定审查设备制造单位提交的付款申请单,提出审查意见,并应由总监理工程师审核后签发支付证书。

8.3.12 专业监理工程师应审查设备制造单位提出的索赔文件,提出意见后报总监理工程师,并应由总监理工程师与建设单位、设备制造单位协商一致后签署意见。

8.3.13 专业监理工程师应审查设备制造单位报送的设备制造结算文件,提出审查意见,并应由总监理工程师签署意见后报建设单位。

8.3.14 设备监造文件资料应包括下列主要内容:

1.建设工程监理合同及设备采购合同。

2.设备监造工作计划。

3.设备制造工艺方案报审资料。

4.设备制造的检验计划和检验要求。

5.分包单位资格报审资料。

6.原材料、零配件的检验报告。

7. 工程暂停令、开工或复工报审资料。

8. 检验记录及试验报告。

9. 变更资料。

10. 会议纪要。

11. 来往函件。

12. 监理通知单与工作联系单。

13. 监理日志。

14. 监理月报。

15. 质量事故处理文件。

16. 索赔文件。

17. 设备验收文件。

18. 设备交接文件。

19. 支付证书和设备制造结算审核文件。

20. 设备监造工作总结。

9　相关服务

9.1　一般规定

9.1.1　工程监理单位应根据建设工程监理合同约定的相关服务范围,开展相关服务工作,编制相关服务工作计划。

9.1.2　工程监理单位应按规定汇总整理、分类归档相关服务工作的文件资料。

9.2　工程勘察设计阶段服务

9.2.1　工程监理单位应协助建设单位编制工程勘察设计任务书和选择工程勘察设计单位,并应协助签订工程勘察设计合同。

9.2.2　工程监理单位应审查勘察单位提交的勘察方案,提出审查意见,并应报建设单位。变更勘察方案时,应按原程序重新审查。

勘察方案报审表可按本规范表 B.0.1 的要求填写。

9.2.3　工程监理单位应检查勘查现场及室内试验主要岗位操作人员的资格,及所使用设备、仪器计量的检定情况。

9.2.4　工程监理单位应检查勘察进度执行情况、督促勘察单位完成勘察合同约定的工作内容、审查勘察单位提交的勘察费用支付申请表,以及签发勘察费用支付证书,并应报建设单位。

工程勘察阶段的监理通知单可按本规范表 A.0.3 的要求填写,监理通知回复单可按本规范表 B.0.9 的要求填写;勘察费用支付申请表可按本规范表 B.0.11 的要求填写;勘察费用支付证书可按本规范表 A.0.8 的要求填写。

9.2.5　工程监理单位应检查勘察单位执行勘察方案的情况,对重要点位的勘探与测试应进行现场检查。

9.2.6　工程监理单位应审查勘察单位提交的勘察成果报告,并应向建设单位提交勘察成果评估报告,同时应参与勘察成果验收。

勘察成果评估报告应包括下列内容：

1. 勘察工作概况。

2. 勘察报告编制深度、与勘察标准的符合情况。

3. 勘察任务书的完成情况。

4. 存在问题及建议。

5. 评估结论。

9.2.7 勘察成果报审表可按本规范表 B.0.7 的要求填写。

9.2.8 工程监理单位应依据设计合同及项目总体计划要求审查设计各专业、各阶段设计进度计划。

9.2.9 工程监理单位应检查设计进度计划执行情况、督促设计单位完成设计合同约定的工作内容、审核设计单位提交的设计费用支付申请表，以及签认设计费用支付证书，并应报建设单位。

工程设计阶段的监理通知单可按本规范表 A.0.3 的要求填写；监理通知回复单可按本规范表 B.0.9 的要求填写；设计费用支付申请表可按本规范表 B.0.11 的要求填写；设计费用支付证书可按本规范表 A.0.8 的要求填写。

9.2.10 工程监理单位应审查设计单位提交的设计成果，并应提出评估报告。评估报告应包括下列主要内容：

1. 设计工作概况。

2. 设计深度、与设计标准的符合情况。

3. 设计任务书的完成情况。

4. 有关部门审查意见的落实情况。

5. 存在的问题及建议。

9.2.11 设计阶段成果报审表可按本规范表 B.0.7 的要求填写。

9.2.12 工程监理单位应审查设计单位提出的新材料、新工艺、新技术、新设备在相关部门的备案情况。必要时应协助建设单位组织专家评审。

9.2.13 工程监理单位应审查设计单位提出的设计概算、施工图预算，提出审查意见，并应报建设单位。

9.2.14 工程监理单位应分析可能发生索赔的原因，并应制定防范对策。

9.2.15 工程监理单位应协助建设单位组织专家对设计成果进行评审。

9.2.16 工程监理单位可协助建设单位向政府有关部门报审有关工程设计文件，并应根据审批意见，督促设计单位予以完善。

9.2.17 工程监理单位应根据勘察设计合同，协调处理勘察设计延期、费用索赔等事宜。

勘察设计延期报审表可按本规范表 B.0.14 的要求填写；勘察设计费用索赔报审表可按本规范表 B.0.13 的要求填写。

9.3 工程保修阶段服务

9.3.1 承担工程保修阶段的服务工作时，工程监理单位应定期回访。

9.3.2　对建设单位或使用单位提出的工程质量缺陷,工程监理单位应安排监理人员进行检查和记录,并应要求施工单位予以修复,同时应监督实施,合格后应予以签认。

9.3.3　工程监理单位应对工程质量缺陷原因进行调查,并应与建设单位、施工单位协商确定责任归属。对非施工单位原因造成的工程质量缺陷,应核实施工单位申报的修复工程费用,并应签认工程款支付证书,同时应报建设单位。

附录 2

工程建设监理合同

工程建设监理合同范本

_____(以下简称"业主")与_____(以下简称"监理单位")经过双方协商一致,签订本合同。

一、业主委托监理单位监理的工程(以下简称"本工程")概况如下:

工程名称:

工程地点:

工程规模:

总投资:

监理范围:

二、本合同中的措辞和用词与所属的监理合同条件及有关附件同义。

三、下列文件均为本合同的组成部分:

①监理委托函或中标函;

②工程建设监理合同标准条件;

③工程建设监理合同专用条件;

④在实施过程中共同签署的补充与修正文件。

四、监理单位同意,按照本合同的规定,承担本工程合同专用条件中议定范围内的监理业务。

五、业主同意按照本合同注明的期限、方式、币种,向监理单位支付酬金。

本合同的监理业务自 年 月 日开始实施,至 年 月 日完成。

本合同正本一式两份,具有同等法律效力,双方各执一份。副本__份,各执__份。

业主:(签章)   监理单位(签章)

法定代表人:(签章)   法定代表人:(签章)

地址: 地址:

开户银行: 开户银行:

账号: 账号:

邮编：　　　　　　　　　　　　　邮编：

电话：　　　　　　　　　　　　　电话：

　　年　月　日　　　　　　　　　　年　月　日

签于

工程建设监理合同标准条件

词语定义、适用语言和法规

第一条　下列名词和用语,除上下文另有规定外,具有如下含义:

(1)"工程"是指业主委托实施监理的工程。

(2)"业主"是指承担直接投资责任的、委托监理业务的一方,以及其合法继承人。

(3)"监理单位"是指承担监理业务和监理责任的一方,以及其合法继承人。

(4)"监理机构"是指监理单位派驻本工程现场实施监理业务的组织。

(5)"第三方"是指除业主、监理单位以外与工程建设有关的当事人。

(6)"工程建设监理"包括正常的监理工作、附加工作和额外工作。

(7)"日"是指任何一个午夜至下一个午夜的时间段。

(8)"月"是指公历从一个月份中任何一天开始到下一个月份相应日期的前一天的时间段。

第二条　工程建设监理合同适用的法规是国家的法律、行政法规,以及专用条件中议定的部门规章或工程所在地的地方法规、地方规章。

第三条　监理合同的书写、解释和说明,以汉语为主导语言。当不同语言文本发生不同解释时,以汉语合同文本为准。

监理单位的义务

第四条　向业主报送委派的总监理工程师及其监理机构主要成员名单、监理规划,完成监理合同专用条件中约定的监理工程范围内的监理业务。

第五条　监理机构在履行本合同的义务期间,应运用合理的技能,为业主提供与其监理机构水平相适应的咨询意见,认真、勤奋地工作。帮助业主实现合同预定的目标,公正地维护各方的合法权益。

第六条　监理机构使用业主提供的设施和物品属于业主的财产。在监理工作完成或中止时,应将其设施和剩余的物品库存清单提交给业主,并按合同约定的时间和方式移交此类设施和物品。

第七条　在本合同期内或合同终止后,未征得有关方同意,不得泄露与本工程、本合同业务活动有关的保密资料。

业主的义务

第八条　业主应当负责工程建设的所有外部关系的协调,为监理工作提供外部条件。

第九条　业主应当在双方约定的时间内免费向监理机构提供与工程有关的监理机构所需要的工程资料。

第十条　业主应当在约定的时间内就监理单位书面提交并要求做出决定的一切事宜做出书面决定。

第十一条　业主应当授权一名熟悉本工程情况、能迅速做出决定的常驻代表,负责与监理单位联系。更换常驻代表,要提前通知监理单位。

第十二条　业主应当将授予监理单位的监理权利,以及监理机构主要成员的职能分工,及时书面通知已选定的第三方,并在与第三方签订的合同中予以明确。

第十三条　业主应为监理机构提供如下协助:

(1)获取本工程使用的原材料、构配件、机械设备等生产厂家名录。

(2)提供与本工程有关的协作单位、配合单位的名录。

第十四条　业主免费向监理机构提供合同专用条件约定的设施,对监理单位自备的设施给予合理的经济补偿。

第十五条　如果双方约定,由业主免费向监理机构提供职员和服务人员,则应在监理合同专用条件中增加与此相应的条款。

监理单位的权利

第十六条　业主在委托的工程范围内,授予监理单位以下监理权利:

(1)选择工程设计单位和施工总承包单位的建议权。

(2)选择工程分包设计单位和施工分包单位的确认权与否定权。

(3)工程建设有关事项包括工程规模、设计标准、规划设计、生产工艺设计和使用功能要求,向业主的建议权。

(4)工程结构设计和其他专业设计中的技术问题,按照安全和优化的原则,自主向设计单位提出建议,并向业主提出书面报告;如果由于拟提出的建议会提高工程造价,或延长工期,应当事先取得业主的同意。

(5)工程施工组织设计和技术方案,按照保质量、保工期和降低成本的原则,自主向承建商提出建议,并向业主提出书面报告;如果由于拟提出的建议会提高工程造价、延长工期,应当事先取得业主的同意。

(6)工程建设有关的协作单位的组织协调的主持权,重要协调事项应当事先向业主报告。

(7)报经业主同意后,发布开工令、停工令、复工令。

(8)工程上使用的材料和施工质量的检验权。对于不符合设计要求及国家质量标准的材料设备,有权通知承建商停止使用;不符合规范和质量标准的工序、分项分部工程和不安全的施工作业,有权通知承建商停工整改、返工。承建商取得监理机构复工令后才能复工。发布停、复工令应当事先向业主报告,如在紧急情况下未能事先报告时,则应在 24 小时内向业主做出书面报告。

(9)工程施工进度的检查、监督权,以及工程实际竣工日期提前或超过工程承包合同规定的竣工期限的签订权。

(10)在工程承包合同约定的工程价格范围内,工程款支付的审核和签认权,以及结算工程款的复核确认权与否定权。未经监理机构签字确认,业主不支付工程款。

第十七条 监理机构在业主授权下,可对任何第三方合同规定的义务提出变更。如果由此严重影响了工程费用,或质量、进度,则这种变更须经业主事先批准。在紧急情况下未能事先报业主批准时,监理机构所做的变更也应尽快通知业主。在监理过程中如发现承建商工作不力,监理机构可提出调换有关人员的建议。

第十八条 在委托的工程范围内,业主或第三方对对方的任何意见和要求(包括索赔要求),均必须首先向监理机构提出,由监理机构研究处置意见,再同双方协商确定。当业主和第三方发生争议时,监理机构应根据自己的职能,以独立的身份判断,公正地进行调解。当其双方的争议由政府建设行政主管部门或仲裁机关进行调解和仲裁时,应当提供作证的事实材料。

业主的权利

第十九条 业主有选定工程总设计单位和总承包单位,以及与其订立合同的签订权;

第二十条 业主有对工程规模、设计标准、规划设计、生产工艺设计和设计使用功能要求的认定权,以及对工程设计变更的审批权;

第二十一条 监理单位调换总监理工程师须经业主同意;

第二十二条 业主有权要求监理机构提交监理工作月度报告及监理业务范围内的专项报告。

第二十三条 业主有权要求监理单位更换不称职的监理人员,直到终止合同。

监理单位的责任

第二十四条 监理单位的责任期即监理合同有效期。在监理过程中,如果因工程建设进度的推迟或延误而超过约定的日期,双方应进一步约定相应延长的合同期。

第二十五条 监理单位在责任期内,应当履行监理合同中约定的义务。如果因监理单位过失而造成了经济损失,应当向业主进行赔偿。累计赔偿总额不应超过监理酬金总数(除去税金)。

第二十六条 监理单位对第三方违反合同规定的质量要求和完工(交图、交货)时限,不承担责任。

因不可抗力导致监理合同不能全部或部分履行,监理单位不承担责任。

第二十七条 监理单位向业主提出赔偿要求不能成立时,监理单位应当补偿由于该索赔所导致业主的各种费用支出。

业主的责任

第二十八条 业主应当履行监理合同约定的义务,如有违反则应当承担违约责任,赔偿给监理单位造成的经济损失。

第二十九条 业主如果向监理单位提出的赔偿要求不能成立,则应当补偿由该索赔所引起的监理单位的各种费用支出。

合同生效、变更与终止

第三十条 本合同自签字之日起生效。

第三十一条 由于业主或第三方的原因使监理工作受到阻碍或延误,以致增加了工作量或持续时间,则监理单位应当将此情况与可能产生的影响及时通知业主。由此增加的工作量视为附加工作,完成监理业务的时间应当相应延长,并得到额外的酬金。

第三十二条　在监理合同签订后,实际情况发生变化,使得监理单位不能全部或部分执行监理业务时,监理单位应当立即通知业主。该监理业务的完成时间应予延长。当恢复执行监理业务时,应当增加不超过 42 天的时间用于恢复执行监理业务,并按双方约定的数量支付监理酬金。

第三十三条　业主如果要求监理单位全部或部分暂停执行监理业务或终止监理合同,则应当在 56 天前通知监理单位,监理单位应当立即安排停止执行监理业务。

当业主认为监理单位无正当理由而又未履行监理义务时,可向监理单位发出指明其未履行义务的通知。若业主发出通知后 21 天内没收到满意答复,可在第一个通知发出后 35 天内发出终止监理合同的通知,监理合同即行终止。

第三十四条　监理单位在应当获得监理酬金之日起 30 天内仍未收到支付单据,而业主又未对监理单位提出任何书面意见时,或根据第 32 条或第 33 条已暂停执行监理业务时限超过半年时,监理单位可向业主发出终止合同的通知。如果终止监理合同的通知发出后 14 天内未得到业主答复,可进一步发出终止合同的通知,如果第二次通知发出后 42 天内仍未得到业主答复,可终止合同,或自行暂停或继续暂停执行全部或部分监理业务。

第三十五条　监理单位由于非自己的原因而暂停或终止执行监理业务,其善后工作以及恢复执行监理业务的工作,应当视为额外工作,有权得到额外的时间和酬金。

第三十六条　合同的协议终止并不影响各方应有的权利和应当承担的责任。

监理酬金

第三十七条　正常的监理业务、附加工作和额外工作的酬金,按照监理合同专用条件约定的方法计取,并按约定的时间和数额支付。

第三十八条　如果业主在规定的支付期限内未支付监理酬金,自规定支付之日起,应当向监理单位补偿应支付的酬金利息。利息额按规定支付期限最后一日银行贷款利息率乘以拖欠酬金时间计算。

第三十九条　支付监理酬金所采用的货币币种、汇率由合同专用条件约定。

第四十条　如果业主对监理单位提交的支付通知书中酬金或部分酬金项目提出异议,应当在收到支付通知书 24 小时内向监理单位发出异议的通知,但业主不得拖延其他无异议酬金项目的支付。

其他

第四十一条　委托的工程建设监理所必要的监理人员出外考察,经业主同意其所需费用随时向业主实报实销。

第四十二条　监理单位如需另聘专家咨询或协助,在监理业务范围内其费用由监理单位承担,监理业务范围以外,其费用由业主承担。

第四十三条　监理机构在监理工作中提出的合理化建议,使业主得到了经济效益,业主给予适当的物质奖励。

第四十四条　未经对方的书面同意,无论业主或监理单位均不得转让本合同约定的权利和义务。

第四十五条 除业主书面同意外,监理单位及职工不应接受监理合同约定以外的与监理工程项目有关的报酬。

监理单位不得参与可能与合同规定的与业主的利益相冲突的任何活动。

争议的解决

第四十六条 因违反或终止合同而引起的对损失和损害的赔偿,业主与监理单位之间应当协商解决,如未能达成一致,可提交主管部门协调,仍不能达成一致时,根据双方约定提交仲裁机关仲裁,或向人民法院起诉。

工程建设监理合同专用条件

第二条 合同适用的法规及监理依据:

第四条 监理业务:

第八条 外部条件包括:

第九条 双方约定的业主应提供的工程资料及提供时间:

第十条 业主应在__天内对监理单位书面提交并要求做出决定的事宜做出书面答复。

第十四条 业主免费向监理机构提供如下设施:

监理单位自备的,业主给予经济补偿的设施如下:

第十五条 在监理期间,业主免费向监理机构提供_____名职员,由总监理工程师安排其工作,并免费提供_____名服务人员。

第二十五条 监理单位在责任期内如果失职,同意按以下办法承担责任,赔偿损失:

赔偿金＝直接经济损失×酬金比率(扣除税金)

第三十七条 业主同意按以下的计算方法、支付时间与金额,支付监理单位的酬金。

业主同意按以下计算方法、支付时间与金额,支付附加工作酬金:

业主同意按以下计算方法、支付时间与金额,支付额外工作酬金:

第三十九条 双方同意用_____支付酬金,按_____汇率计付。

第四十三条 奖励办法:

第四十六条 工程建设监理合同在履行过程中发生争议时,业主与监理单位应及时协商解决。协商不成时,双方同意由_____仲裁委员会仲裁(双方不在本合同中约定仲裁机构,事后又没有达成书面仲裁协议的,可向人民法院起诉)。

附加协议条款:

《工程建设监理合同》使用说明

《工程建设监理合同》包括《工程建设监理合同标准条件》和《工程建设监理合同专用条件》(以下简称为《标准条件》《专用条件》)。《标准条件》适用于各个工程项目建设监理委托,各个业主和监理单位都应当遵守。《专用条件》是各个工程项目根据自己的个别和所处的自然和社会环境,由业主和监理单位协商一致后进行填写。双方如果认为需要,还可在其中增加约定的补充条款和修正条款。现对《专用条件》的填写说明如下:

《专用条件》应当对应《标准条件》的顺利进行填写。例如：

"第2条"，要根据工程的具体情况，填写所适用的部门、地方法规、规章。

"第4条"，在协商和写明其"监理工程范围"时，一般要与工程项目总概算、单位工程概算所涵盖的工程范围相一致，或与工程总承包合同、分包合同所涵盖工程范围相一致。在写明"监理业务"时，首先要写明是承担哪个阶段的监理业务，或设计阶段的监理业务，或施工和保修阶段的监理业务，或全过程的监理业务；其次要详细写明委托阶段内每项具体监理工作，应当避免遗漏。其办法可按照《建设监理规定》中所列的监理内容和《监理大纲》所列的监理内容进一步细化。

如果业主还要求监理单位承担一些咨询业务和事务性工作，也应当在本条款中详细列出。例如，建设项目可行性研究、编制概预算、编制标底、提供改造交通、供水、供电设施的技术方案等。又例如，办理购地拆迁，提供临时设施的设计和监督其施工等。

"第14条"，在填写业主提供的设施和监理单位自备的设施时，一般是指下列设施与设备：

(1)检测试验设备；(2)测量设备；(3)通信设备；(4)交通设备；(5)气象设备；(6)照相录像设备；(7)电算设备；(8)打字复印设备；(9)办公用房；(10)生活用房。

在写明业主给予监理单位自备设备经济补偿时，一般应写明补偿金额。其计算方法为：补偿金额＝设施在工程上使用时间占折旧年限的比率×设施原值＋管理费。

"第15条"，如果双方同意，可在专用条件中设立此条款。在填写此条款时应写明提供的人数和时间。

"第26条"，在写明"赔偿额"时，应写明其计算方法。

"第37条"，在写明"监理任务酬金"时，按照国家物价局和建设部(92)价费字479号文《工程建设监理费有关规定的通知》的规定计收，其支付时间应当写明某年某月某日支付数额。

在写明"附加工作酬金"时，应当写明如果业主未按原约定提供职员或服务员，或设施，业主应当按照监理实际用于这方面的费用给以完全补偿。还应写明，如果由于业主或第三方的阻碍或延误而使监理单位发生附加工作，也应当支付酬金。计算方法为：酬金＝附加工作日数×监理任务日平均酬金额。在写明其支付时间时，应当写明在其发生后的多少天内支付。

在写明"额外工作酬金"时，应当写明如果由于非监理单位的原因所发生的监理业务暂停，其暂停时间和用于恢复执行监理业务的时间为额外工作时间。如果中途中止委托合同而必须进行的善后工作时间也属于额外工作时间。额外工作时间均应收取酬金。其计算方法为：酬金＝额外工作日数×监理业务日平均酬金额。在写明其支付时间时，应写明其后的多少天内支付。

"第43条"，如果双方同意，可以在专用条件中设立此条款。在填写此条款时应当写明在什么情况下业主给予奖励以及奖励办法。例如，由于监理单位的合理化建议而使业主获得实际经济利益，其奖励办法可参照国家颁布的合理化建议奖励办法。

参 考 文 献

[1] 中华人民共和国国家标准. 建设工程监理规范 GB50319-2000. 北京:中国建筑工业出版社,2001

[2] 黄如宝. 建设工程监理概论. 北京:知识产权出版社,2003

[3] 黄文杰. 建设工程合同管理. 北京:知识产权出版社,2003

[4] 刘伊生. 建设工程进度控制. 北京:知识产权出版社,2003

[5] 田金信. 建设工程质量控制. 北京:知识产权出版社,2003

[6] 王雪青. 建设工程投资控制. 北京:知识产权出版社,2003

[7] 顾辅柱. 建设工程信息管理. 北京:知识产权出版社,2003

[8] 中国建设监理协会. 建设工程监理相关法规文件汇编. 北京:知识产权出版社,2003

[9] 王雪青. 国际工程项目管理. 北京:中国建筑工业出版社,2000

[10] 巩天真,张泽平. 建设工程监理概论. 北京:北京大学出版社,2006

[11] 徐帆. 监理工程师手册. 北京:中国建筑工业出版社,2004

[12] 王立信. 建设工程监理工作实务应用指南. 北京:中国建筑工业出版社,2005

[13] 杨晓林,刘光忱. 建设工程监理. 北京:机械工业出版社,2004

[14] 李惠民,贾宏俊. 建设工程技术与计量. 北京:中国计划出版社,2007

[15] 柯宏. 工程造价计价与控制. 北京:中国计划出版社,2007

[16] 胡建兰,孙文怀. 建设监理. 郑州:黄河水利出版社,2001

[17] 邓铁军. 土木工程建设监理. 武汉:武汉理工大学出版社,2003

[18] 李世蓉,兰定筠. 建设工程安全监理. 北京:中国建筑工业出版社,2004

[19] 詹炳根,殷为民. 工程建设监理. 北京:中国建筑工业出版社,2003

[20] 肖维品. 建设监理与工程控制. 北京:科学出版社,2001

[21] 崔朝栋. 建设工程监理实例应用手册. 北京:中国建筑工业出版社,2002

[22] 徐伟,金福安,等. 建设工程监理规范实施手册. 北京:中国建筑工业出版社,2001

[23] 刘景园,陈向东. 建设监理与合同管理. 北京:北京工业大学出版社,2000

[24] 齐宝库. 工程项目管理. 大连:大连理工大学出版社,2007

[25] 邱忠毅,彭红清. 建设工程监理项目实录. 北京:中国建筑工业出版社,2001

[26] 许晓峰,等. 工程建设监理手册. 北京:中华工商联合出版社,2000

[27] 蔡宁. 现代管理学. 北京:科学出版社,2000

[28] 陆惠民,苏振民,王延树. 工程项目管理. 南京:东南大学出版社,2002

[29] 全国造价工程师考试培训教材编写委员会. 工程造价的确定与控制. 北京:中国计划出版社,2001

[30] 丛培经. 实用工程项目管理手册. 北京:中国建筑工业出版社,1999

[31] 刘金昌,李忠富,杨晓林. 建筑施工组织与现代管理. 北京:中国建筑工业出版社,1996

[32] 梁鑑. 国际工程施工索赔. 北京:中国建筑工业出版社,2002

[33] 王雪青. 国际工程项目管理. 北京:中国建筑工业出版社,2000